Springer-Lehrbuch

Springer

Berlin
Heidelberg
New York
Barcelona
Budapest
Hong Kong
London
Mailand
Paris
Tokyo

Michael Cremer

Regelungstechnik

Eine Einführung

2., überarbeitete Auflage
mit 121 Abbildungen

Professor Dr.-Ing. Michael Cremer
Technische Universität Hamburg-Harburg
Arbeitsgruppe Automatisierungstechnik
Lohbrügger Kirchstraße 65
21033 Hamburg

ISBN-13: 978-3-540-54638-2 e-ISBN-13: 978-3-642-76994-8
DOI: 10.1007/978-3-642-76994-8

Cip-Eintrag beantragt

Satz: Reproduktionsfertige Vorlage des Autors
SPIN: 10050219 68/3020 - 5 4 3 2 1 0 - Gedruckt auf säurefreiem Papier

Vorwort zur 1. Auflage

Angesichts einer Reihe hervorragender Lehr- und Fachbücher über Regelungstechnik, die im deutschsprachigen Schrifttum bereits zu finden sind, mag die Frage berechtigt erscheinen, ob es sich für einen Autor wie auch für den vermuteten Leserkreis gleichermaßen lohnt, die einschlägige Fachliteratur durch ein neues Buch zu ergänzen. Diese Frage haben sich der Verlag und ich auch gestellt; beide sind wir - der Verlag nach einer sorgfältigen Marktuntersuchung und ich nach einer Analyse meiner über fünfzehnjährigen Lehrerfahrung - zur Überzeugung gelangt, daß das vorliegende Buch bei seiner beabsichtigten Inhaltsgestaltung der Mühe des Schreibens und Verlegens wert ist.

Die Regelungstechnik hat als methodische Lehre vom Verhalten und von der Führung dynamischer Prozesse heute auch bei vielen nichttechnischen Wissenschaftszweigen Bedeutung und Nachfrage errungen. Ich habe dieses Interesse bei Vorlesungen im Kontaktstudium an der Technischen Universität München, bei Kursen für die Industrie, bei einer Vorlesung, die ich mehrere Jahre für Studenten der Physik und der Informatik an der Universität Hamburg gehalten habe, und in meinen Lehrveranstaltungen an der Technischen Universität Hamburg - Harburg unmittelbar erfahren. Während dieser fächerübergreifenden Lehrtätigkeit lernte ich, daß Betrachtungs- und Denkweisen, die mir als Elektrotechniker selbstverständlich waren und die in entsprechenden Vorlesungen für Elektrotechniker und Maschinenbauer mit Recht vorausgesetzt werden, für Hörer anderer wissenschaftlicher Disziplinen einer zusätzlichen Erklärung und eines weiteren Ausholens bedürfen.

Dieses Buch ist entstanden aus einem Skript zu einer Vorlesung über Regelungstechnik im Umfang von etwa zwölf Doppelstunden, die ich seit einigen Jahren an der Technischen Universität Hamburg - Harburg für Wirtschaftsingenieure halte. Der geringe zeitliche Umfang dieser Vorlesung und das Profil der Vorkenntnisse meiner Hörer haben mich dabei gezwungen, eine sorgfältige Auswahl zu treffen aus der Fülle der Denkweisen, Methoden und Verfahren, die heute zu den Grundlagen der Regelungstechnik zählen. Ich mußte dabei bewußt bei elementaren

Dingen ausführlicher sein und dafür auf andere stoffliche Inhalte verzichten. So werden viele grundsätzliche Eigenschaften dynamischer Systeme anhand des Systems 1. Ordnung eingehend behandelt, ehe diese Erkenntnisse auf Systeme höherer Ordnung übertragen werden. Die komplexe Zeigerdarstellung für den Frequenzgang - für Elektrotechniker ein vertrautes Mittel - erschien mir im Hinblick auf den Hörer- und Leserkreis einer breiteren Darstellung wert.

Neben der ausführlicheren Behandlung der Grundlagen war es aber dennoch auch das Ziel, an den wesentlichen Stellen vom Elementaren aus einen Ausblick in die moderne Regelungstechnik zu vermitteln, damit interessierte Leser auch einen Zugang zum Studium von weiterführenden Fachbüchern und zur wissenschaftlichen Beschäftigung mit diesem Gebiet erhalten. Es ist das Anliegen dieses Buches, grundlegendes Verständnis, aber nicht Rezeptdenken zu vermitteln. Dabei steht die Anschaulichkeit vor der Vollständigkeit und auch vor der oft abstrakten mathematischen Präzision. Die Beschränkung in der Stoffauswahl, die ausführliche Vermittlung des elementaren Grundwissens, die Betonung des Verständnisses und der Brückenschlag zu den Methoden der modernen Regelungstechnik sind die Merkmale dieses Buches, die ihm einen Platz in der Fachliteratur geben sollten.

In dieser Konzeption wendet sich diese Darstellung zunächst an Studenten des Wirtschaftsingenieurwesens, aber auch an Studierende der Physik, der Mathematik, der Chemie, der Informatik und anderer naturwissenschaftlicher Disziplinen, die einen schnellen Zugang zu den Grundprinzipien der Systemdynamik und der Regelungstechnik suchen.

Die Fertigstellung dieses Buches ist wie immer nicht die Leistung des Verfassers alleine. Ich habe mich an erster Stelle bei meiner Familie, insbesondere bei meiner Frau Gabriele herzlich zu bedanken, daß sie mich während vieler Wochenenden und Feierabendstunden geduldig entbehrten, während der nicht nur das Manuskript sondern auch die Druckvorlagen am Schreibautomaten entstanden, da sich die Genehmigung für den Betrieb eines Bildschirm - Schreibplatzes in unserem Sekretariat nicht fristgerecht einholen ließ. Weiterhin möchte ich meinen Mitarbeitern Herrn Dipl.-Math. S. Schoof und Herrn Dipl.-Math. H. Schütt für die Erstellung von einigen aufwendigen Abbildungen, für die Ausarbeitung von Beispielen und für Korrekturlesungen danken. Schließlich möchte ich nicht zuletzt meinen Dank dem Springer-Verlag aussprechen für seine Mithilfe bei der redaktionellen Gestaltung des Buches und für die Bereitschaft, dieses marktgerecht an seine Leser zu bringen.

Reinbek, 1. März 1988 Michael Cremer

Vorwort zur 2. Auflage

Es ist wohl für jeden Autor ein erhebender Augenblick, wenn der Verlag ihm mitteilt, daß eines seiner Bücher sich so gut verkauft hat, daß man eine Neuauflage ins Auge fassen müsse. Die Freude hierüber wird auch kaum von dem Bewußtsein geschmälert, daß nicht bei jedem Kauf des Buches dessen Qualität der ausschlaggebende Beweggrund dafür war, sondern daß sich auch eine größere Zahl allein deshalb an den Leser bringen ließ, weil dieser ein Hörer des Autors ist und sich über kurz oder lang von diesem prüfen lassen muß.

Der erste Gedanke bei der Vorbereitung der Neuauflage galt der willkommenen Gelegenheit, die Fehler in der ersten Auflage zu korrigieren, die sich seinerzeit auch mehrfachem Korrekturlesen hartnäckig entzogen haben. Aber dann war auch bald die Versuchung zu spüren, den stofflichen Inhalt auszuweiten und durch neue Entwicklungen zu ergänzen. Hiergegen sprach aber die in dem Buch bewußt verfolgte Beschränkung in der Stoffülle, die vielleicht auch ein Grund für seinen Erfolg war. Die zweite Auflage nur als korrigierte Version der ersten zu betrachten, erschien mir andererseits als zu unbefriedigend. So entschied ich mich, die Stoffdarstellung, von kleinen Ergänzungen abgesehen, bei ihrer Knappheit zu belassen und dafür eine Reihe von Beispielen zu ergänzen, die nach meiner Überzeugung die Anwendung der dargestellten Grundlagen besonders gut illustrieren. Ich habe hier insbesondere nach Beispielen mit einem konkreten technischen oder physikalischen Hintergrund Ausschau gehalten und versucht, reine Rechenbeispiele zu vermeiden. Es soll hiermit auch demonstriert werden, wie man von einer konkreten Problemstellung durch Anwendung physikalischer Gesetze und angemessener Abstraktion zu einer geeigneten mathematischen Systembeschreibung kommt, auf die dann die behandelten Methoden direkt angewendet werden können.

Ich möchte mich an dieser Stelle wiederum beim Springer-Verlag für die konstruktive und angenehme Zusammenarbeit bei der Erstellung dieser 2. Auflage bedanken. Mein besonderer Dank gilt aber meinen beiden Damen im Vorzimmer,

Frau Telse Schwidder und Frau Christine Harnack, die mit viel Hingabe alle Erweiterungen geschrieben und ihren besonderen Ehrgeiz darein gesetzt haben, die neuen Abbildungen weitgehend am Rechner zu erstellen, einer vor fünf Jahren noch hochgelobten, inzwischen aber etwas veralteten Software zum Trotz.

Hamburg, im Frühjahr 1995 Michael Cremer

Inhaltsverzeichnis

Benennungen, Formelzeichen und Symbole

Allgemeine Zeichen und Symbole

$\mathrm{adj}[\cdot]$	Adjungierte einer Matrix
$\arg(\cdot)$	Argument = Phasenwinkel eines komplexen Zeigers
$\det[\cdot]$	Determinante einer quadratischen Matrix
$\mathrm{d}z$	differentielles Element der Variablen z
$\frac{\mathrm{d}z}{\mathrm{d}t} = \dot{z}$	erste Ableitung von z nach der Zeit
$\frac{\partial}{\partial z}$	partielle Ableitung nach der Variablen z
$z^{(n)}$	n-te zeitliche Ableitung der Variablen z
$Z(p)$	*Laplace*-Transformierte der Variablen $z(t)$
$\bar{z}$	Wert von z in einem gewählten Arbeitspunkt
Δz	Abweichung der Variablen z vom Arbeitspunkt $\bar{z}$
$e^{(\cdot)}$	Exponentialfunktion
$\mathcal{F}$	Operator für allgemeinen kausalen Zusammenhang
$\mathcal{L}$	Operator der *Laplace*-Transformation
$\mathrm{Im}\{\cdot\}$	Imaginärteil von einer komplexen Größe
j	imaginäre Einheit (Wurzel aus -1)
$\mathrm{Re}\{\cdot\}$	Realteil von einer komplexen Größe
$\lvert\cdot\rvert$	Betrag einer Größe
$\lvert\cdot\rvert_{\mathrm{dB}}$	Betrag einer Größe in Dezibel = $20 \log\lvert\cdot\rvert$
$\angle$	Phasenwinkel von einer komplexen Größe
$[\cdot]'$	Transponierte einer Matrix oder eines Vektors

Die Variable z steht hierbei symbolisch für beliebige andere Variablen.

Lateinische Buchstaben

A	Fläche, Grundfläche des Behälters
$\boldsymbol{A}$	Systemmatrix
A_r	Amplitudenreserve
$A(\omega)$	Amplitudengang (Betrag des Frequenzgangs)
A_1	Querschnittsfläche des Rohres
$A_1, A_2, A_3 \ldots$	Koeffizienten der Partialbruchzerlegung
$A, B, C \ldots$	Koeffizienten der Partialbruchzerlegung
a	Systemkonstante der Dgl. 1. Ordnung
a_i	i-ter Koeffizient auf der linken Seite einer Dgl.
a_{ij}	Element der Matrix $\boldsymbol{A}$ (i-te Zeile; j-te Spalte)
b	Konstante, Gewichtung der Eingangsgröße
$\boldsymbol{b}$	Vektor der Gewichtungen der Eingangsgröße
b_i	i-tes Element des Vektors $\boldsymbol{b}$; auch: i-ter Koeffizient auf der rechten Seite einer Dgl.
C	Kapazität eines Kondensators
c, c_i, c_i'	reelle Konstanten; auch: Polynomkoeffizienten
$\boldsymbol{c}'$	Zeilenvektor zur Darstellung der Ausgangsgröße
$c(t)$	Zeitfunktion im Ansatz zur inhomogenen Lösung
c_h	Konstante der homogenen Lösung
c_j	j-tes Element des Zeilenvektors $\boldsymbol{c}'$
d	Gewichtung der direkten Wirkung der Eingangsgröße auf die Ausgangsgröße
d_i	Koeffizienten des Nennerpolynoms
$d_m(t)$	Störung der Meßgröße
$d_u(t)$	Störung der Stellgröße
$d_y(t)$	Störung der Ausgangsgröße (Laststörung)
$e(t)$	Regelfehler
e_∞	bleibende Regelabweichung
f	Frequenz
$f(\cdot)$	Funktion von einer oder mehreren Variablen
$\boldsymbol{f}'$	Vektor der Koeffizienten der Zustandsrückführung
$\boldsymbol{f}(\boldsymbol{x}, \boldsymbol{u})$	Funktionsvektor der rechten Seite einer allgemeinen Vektordifferentialgleichung
$f_i(\cdot)$	i-te Funktion einer Funktionenmenge
f_0	konstanter Wert in der Dgl. 1. Ordnung

$G(p)$	Übertragungsfunktion eines Übertragungssystems
$G(j\omega)$	Frequenzgang eines Übertragungssystems
$G_i(p)$	Übertragungsfunktion des i-ten Teilsystems
$G_r(p)$	Übertragungsfunktion des Reglers
$G_s(p)$	Übertragungsfunktion der Regelstrecke
$\tilde{G}_s(p)$	Übertragungsfunktion mit Parameteränderungen
g	Gewichtung der Führungsgröße; auch: Erdbeschleunigung
$g(t)$	Gewichtsfunktion = Impulsantwort
$\boldsymbol{g}(\boldsymbol{x}, \boldsymbol{u})$	allgemeiner Funktionsvektor zur Darstellung des Vektors der Ausgangsgrößen
H	magnetische Feldstärke
H_{soll}	Sollwert der magnetischen Feldstärke
H_z	magnetische Feldstärke in z-Richtung
h	Höhe des Flüssigkeitsstandes
$h(\Delta T)$	Gewichtung der Eingangsgröße in der Differenzengleichung 1. Ordnung
$\boldsymbol{h}$	Vektor der Eingangsgrößengewichtungen in einer Vektordifferenzengleichung
I	elektrischer Strom
$\boldsymbol{I}$	Einheitsmatrix
i	ganzzahliger Index; auch: elektrischer Strom
K, K_u, K_x, K_y	Konstanten
K_M	Motor-Konstante
K_r	Reglerverstärkung
K_{krit}	kritische Reglerverstärkung an der Stabilitätsgrenze
k	laufender Zeitindex (ganzzahlig)
k_i	reelle Konstanten
L	Induktivität; auch: Länge eines Straßensegments
$L(p)$	Übertragungsfunktion der offenen Kreisschleife
$L^{o}(p)$	Übertragungsfunktion der Kreisschleife mit $V = 1$
M	Überschwingweite
m	Masse; auch: Polynomgrad
$N(p)$	Nennerpolynom (mit diversen Indizes für verschiedene Übertragungsfunktionen)
n	Ordnung eines dynamischen Systems
n_a	Polstellen auf der imaginären Achse
n_l	Polstellen in der offenen linken kompl. Halbebene

n_r	Polstellen in der offenen rechten kompl. Halbebene
p	komplexe Frequenz
p_i	i-te Nennerwurzel einer Übertragungsfunktion
Q_a, Q_e	Volumenströme
q	Brennerleistung
q_i, q_r	Verkehrsstärken
R	Restglied der *Taylor*-Entwicklung; auch: Radius
r	Reibungsbeiwert
$r(t)$	Führungsgröße (Referenzgröße)
$S(p)$	relative Empfindlichkeit im Frequenzbereich
T	Zeitintervall, Zeitkonstante
$T(p)$	Übertragungsfunktion des geschlossenen Regelkreises
T_D	Vorhalt-Zeitkonstante
T_I	Integrations-Zeitkonstante
$T_{du}(p)$	Störübertragungsfunktion für Störung der Stellgröße
$T_{dy}(p)$	Störübertragungsfunktion für Laststörung
T_i	i-te Zeitkonstante
T_{krit}	Periodendauer an der Stabilitätsgrenze
T_t	Totzeit
T_Σ	Summenzeitkonstante
$\tilde{T}(p)$	Kreisübertragungsfunktion mit Parameteränderungen
t	laufende Zeit
t_i	i-ter Zeitpunkt
t_r	Anstiegszeit
t_φ	Zeitverschiebung infolge des Phasenwinkels φ
t'	verschobene laufende Zeit
$U(\mathrm{j}\omega)$	Spektrum der Eingangsgröße $u(t)$
U_0, U_1	konstante Werte der Eingangsgröße
$\hat{U}$	Scheitelwert der Schwingung am Eingang
$u(t)$	Stellgröße; auch: elektrische Spannung
$u_i(t)$	i-te Eingangsgröße
u_k	k-ter Wert einer zeitdiskreten Eingangsfolge
$u_+(t)$	additive Überlagerung zweier Eingangsgrößenverläufe
$u^0(t)$	spezieller Verlauf der Eingangsgröße
$u^*(t)$	komplexer rotierender Zeiger als Eingangsgröße
V	Kreisverstärkung; auch: Volumen
V_{krit}	kritische Kreisverstärkung

V_r	Reglerverstärkung
V_s	Verstärkung der Regelstrecke
v	Geschwindigkeit; auch Variable des Beispiels 3.3
$\boldsymbol{v}_i$	Vektoren der Bestimmungsgleichung für die Zustandsrückführung
w	Variable des Beispiels 3.3
w_i	Konstanten für die Bestimmungsgleichung der Zustandsrückführung
$x(t)$	Systemvariable des Systems 1. Ordnung
$\boldsymbol{x}(t)$	Zustandsvektor
$x_h(t)$	homogene Lösung der linearen Dgl. 1. Ordnung
$\boldsymbol{x}_h(t)$	homogene Lösung für den Zustandsvektor
$x_i(t)$	i-te Zustandsgröße, i-te Komponente von $\boldsymbol{x}(t)$
$\boldsymbol{x}_{inh}(t)$	inhomogene Lösung für den Zustandsvektor
$x_{inh}(t)$	inhomogene Lösung der linearen Dgl. 1. Ordnung
x_0	Anfangswert $x(0)$ von $x(t)$
$x_\delta(t)$	Impulsantwort des Systems 1. Ordnung
$x_\sigma(t)$	Sprungantwort des Systems 1. Ordnung
$x_\sim(t)$	stationäre harmonische Antwort
$Y(j\omega)$	Spektrum der Ausgangsgröße
$\hat{Y}$	Scheitelwert der Schwingung am Systemausgang
Y_∞	Endwert der Ausgangsgröße
y	Ortskoordinate
$y(t)$	Ausgangsgröße
y_h	homogene Lösung der Ausgangsgröße
$y_i(t)$	i-te Ausgangsgröße
$y_p(t)$	partikuläre Lösung der Ausgangsgröße
$y_\delta(t)$	Impulsantwort der Ausgangsgröße
$y_\sigma(t)$	Sprungantwort der Ausgangsgröße
$y_+(t)$	additive Überlagerung zweier Ausgangsgrößenverläufe
$y^*(t)$	harmonische Systemantwort als komplexer Zeiger
$y_\sim(t)$	stationäre harmonische Systemantwort
$Z(p)$	Zählerpolynom (mit diversen Indizes für verschiedene Übertragungsfunktionen)
z	Ortskoordinate
z_i	komplexe Zahl
z_0	fester Wert der Ortskordinate z

Griechische Buchstaben

α	konstanter Faktor; auch: Polstelle, Zeitkonstante
β	Polstelle ($p = -\beta$)
γ	Polstelle ($p = -\gamma$), Aufallrate
$\boldsymbol{\gamma}$	konstanter Vektor der homogenen Lösung $\boldsymbol{x}_h(t)$
$\tilde{\boldsymbol{\gamma}}_i$	i-ter Eigenvektor
$\Delta(p)$	charakteristisches Polynom in p
ΔT	Abtastzeitintervall
δ	Realteil der komplexen Frequenz p
$\delta(t)$	*Dirac*-sche Impulsfunktion
$\delta^*(t)$	Rechteckimpuls endlicher Breite
δ_0	fester Wert für den Realteil δ
ε	kleine reelle Zahl
ζ	Dämpfungsparameter zweier konj. kompl. Eigenwerte
Θ	Trägheitsmoment
ϑ	Temperatur (mit diversen Indizes)
λ, λ_i	(i-ter) Eigenwert (zeitkontinuierliches System)
μ_i	i-ter Eigenwert (zeitdiskretes System)
ν	Getriebe - Übersetzung
σ	negativer Realteil eines konj. kompl. Eigenwertpaares
$\sigma(t)$	Einheits-Sprungfunktion
τ	Zeitkonstante; auch: laufender Zeitparameter
τ_i	i-te Zählerzeitkonstante
Φ	Systemkonstante für die Differenzengl. 1. Ordnung
Φ_r	Phasenreserve
$\boldsymbol{\Phi}(t)$	Transitionsmatrix
$\varphi(t)$	zeitveränderlicher Phasenwinkel
$\varphi(\omega)$	Phasengang (Phase des Frequenzgangs)
φ_i	konstante Phasenwinkel
ω	Kreisfrequenz; auch: Imaginärteil von p
ω_E, ω_{Ei}	Eckfrequenzen
ω_b	Bandbreite
ω_d	Durchtrittsfrequenz
ω_n	Kreisfrequenzparameter konj. kompl. Eigenwerte
ω_{krit}	Kreisfrequenz an der Stabilitätsgrenze
ω_0, ω_u, ω^*	feste Kreisfrequenzen
ω_π	Kreisfrequenz beim Phasenwinkel $-\pi$

Verzeichnis der Tabellen

1 Einführungsbeispiel

In dem hier behandelten Beispiel sollen Wesen und Funktion eines Regelkreises aufgezeigt werden. Daneben sollen Begriffe wie *Kausalität, Dynamik, Steuerung* und *Regelung* verdeutlicht werden und Methoden der Modellbildung mit Hilfe von *Wirkschaltbildern, Blockschaltbildern* und *Signalflußbildern* vermittelt werden.

Es werde das System einer Gebäudeheizung betrachtet, die, auf die wesentlichen Komponenten reduziert, in folgendem Wirkschaltbild dargestellt ist.

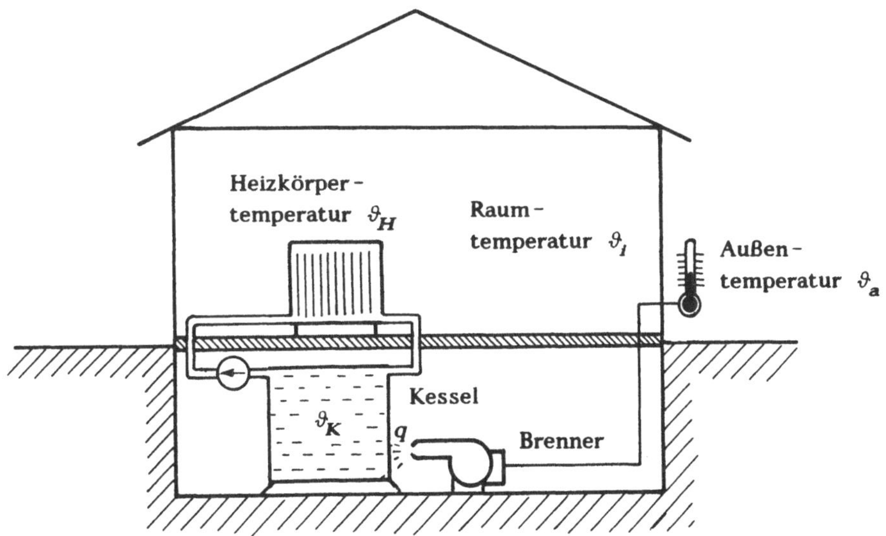

Bild 1.1. Wirkschaltbild einer Gebäudeheizung

Die Wirksamkeit der Anlage stelle man sich folgendermaßen vor: ein Abfall der *Außentemperatur* ϑ_a wird durch einen Temperaturfühler erfaßt und durch eine feste (z.B. elektronisch realisierte) Zuordnung in eine entsprechende Vergrößerung der *Brennerleistung* q umgesetzt. Dies wiederum führt zu einer Erhöhung der *Kesseltemperatur* ϑ_K, die über den Heizwasserkreislauf eine höhere *Heizkörpertemperatur* ϑ_H bewirkt, was schließlich zu einer Wiederanhebung der *Innenraumtemperatur* ϑ_i führt, die vorher infolge der niedrigeren Außentemperatur über den Wärmeverlust durch die Außenwände abgesunken war. (Im Falle eines Anstiegs von ϑ_a ist die Wirkungsrichtung jeweils umgekehrt.)

Es liegt hier also eine *kausale, offene Wirkungskette* vor, bei der die einzelnen Systemgrößen jeweils ursächlich eine oder mehrere andere Größen beeinflussen. Die Kette ist offen, da die Innenraumtemperatur ϑ_i nicht (wie auch keine andere der beteiligten Größen) auf die Außentemperatur rückwirkt.

Um die Wirkungsrichtung und die Struktur der gegenseitigen Beeinflussung herauszuheben, abstrahiert man nun den kausalen Zusammenhang zum *Blockschaltbild.*

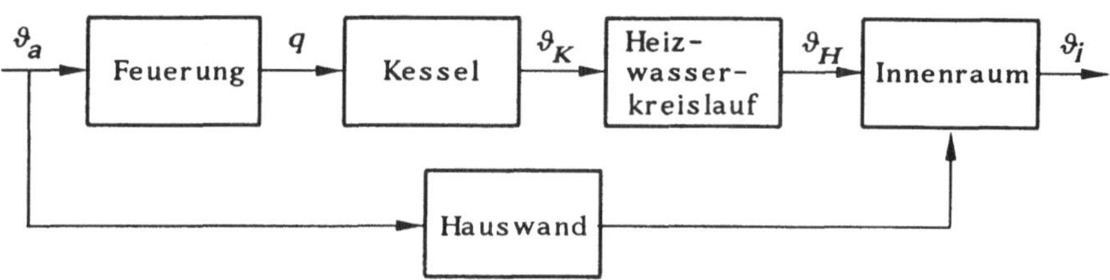

Bild 1.2. Blockschaltbild der Gebäudeheizung

Hierin treten die oben genannten Variablen als Träger des Zusammenwirkens in Form von Signalen auf, deren Wirkungsrichtung durch die mit einem Pfeil versehenen Verbindungen gekennzeichnet ist. Die technischen oder physikalischen Komponenten, über die die Variablen einander beeinflussen, werden zu rechteckigen Blöcken abstrahiert. Die Variablen, die aus einem Block austreten, sind jeweils *Ausgangsgrößen* des einzelnen Blocks, die Variablen, die mit einem Pfeil auf den Block zulaufen, sind *Eingangsgrößen.* Das Gesamtsystem hat demnach die Eingangsgröße ϑ_a und die Ausgangsgröße ϑ_i (Anfang und Ende der Wirkungs- oder auch Steuerkette).

Bis jetzt wurde über die Qualität der einzelnen Zusammenhänge noch nichts ausgesagt. Will man hierüber, also über Art und Funktion des jeweiligen Zusammenhangs, etwas ausdrücken, dann geht man zu einem verfeinerten grafischen Bild, dem *Signalflußbild*, über. Bevor wir das hier tun können, müssen wir uns einige Gedanken machen, durch welche technischen oder physikalischen Gesetzmäßigkeiten das Wirken der genannten Variablen beschrieben wird. Wir wollen dazu in der Reihenfolge der Wirkungskette vorgehen.

Die Brennerleistung wird von der Außentemperatur über die Messung und z.B. eine elektromechanische Einrichtung am Brenner beeinflußt. Sowohl die Messung als auch die Veränderung der Brennstoffzufuhr geschieht zwar nicht unendlich schnell, aber doch noch recht schnell im Vergleich zu den anderen Vorgängen in dem System. Wir wollen daher vereinfachend so tun, als würde die Umsetzung von ϑ_a zu q ohne Zeitverzögerung, d.h. trägheitslos, nach einer gerätetechnisch realisierten Funktion erfolgen. Der Zusammenhang ist dann durch eine gewöhnliche Funktion gegeben (um auszudrücken, daß die beteiligten Systemvariablen zeitlichen Änderungen unterliegen, werden sie im folgenden als Funktionen der Zeit t notiert):

$$q(t) = f_1(\vartheta_a(t)). \tag{1.1}$$

Bild 1.3 stellt einen denkbaren Verlauf dieser Funktion dar. Er ist hier zwischen zwei Grenzen linear; unterhalb von -15^0 C ist der Brenner bei seiner maximalen Leistung angelangt, oberhalb von $+20^0$ C ist der Brenner ganz abgeschaltet.

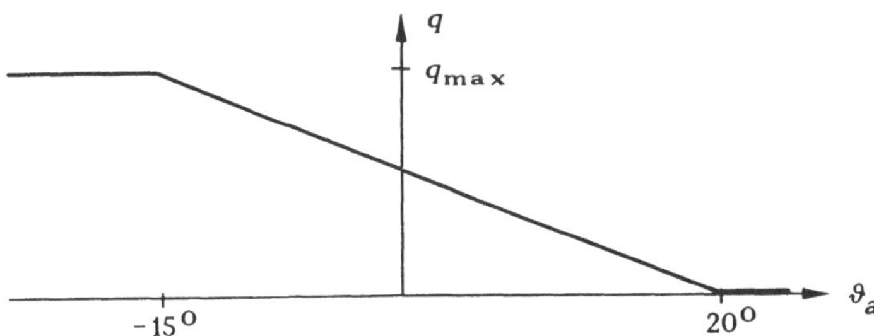

Bild 1.3. Zusammenhang zwischen Außentemperatur und Brennerleistung

Den Zusammenhang zwischen der Brennerleistung q und der Kesseltemperatur ϑ_K erhalten wir durch eine *Bilanz* über die zu- und abgeführten Wärmemengen. (Bilanzgleichungen bzw. Erhaltungssätze über Massen, Stoffkomponenten, Energien u.a.m. gehören zu den am meisten angewendeten Prinzipien bei der Modellbildung.) Danach ist die Änderung der Kesseltemperatur (und damit die der im Kesselwasser gespeicherten Energie) proportional zur Differenz aus zu- und abgeführter Wärmemenge. Die zugeführte Wärmemenge ist hierbei proportional zur Brennerleistung q, die abgeführte Wärmemenge ist proportional zur Temperaturdifferenz $\vartheta_K - \vartheta_i$, d.h. zur Differenz der Temperaturen des aus dem Kessel abfließenden Heizwassers und des auf Raumtemperatur abgekühlten rückkehrenden Wassers. Die Proportionalitätskonstanten, die von verschiedenen physikalischen und konstruktiven Parametern abhängen (Kesselvolumen, Umlaufmenge, Wärmeübergangszahlen, spezifische Wärmen u.a.), bezeichnen wir mit $1/T_1$ und k_1, so daß wir nach diesen Überlegungen schreiben können

$$\frac{d}{dt}\vartheta_K(t) = -\frac{1}{T_1}\left(\vartheta_K(t) - \vartheta_i(t)\right) + k_1\, q(t). \tag{1.2}$$

Da auf der linken Seite die Einheit *"Grad/Zeit"* steht, muß die Konstante T_1 die Einheit *"Zeit"* haben, weshalb wir sie als Zeitkonstante angesetzt haben.

Da Änderungen der Brennerleistung nicht die Kesseltemperatur unmittelbar, sondern nur deren Änderungsgeschwindigkeit beeinflussen, haben wir hier eine *Differentialgleichung* 1. Ordnung als kausalen Zusammenhang zwischen $q(t)$ und $\vartheta_K(t)$ erhalten. Die Variable $\vartheta_K(t)$ selbst ist offenbar von den Wärmeflüssen in der Vergangenheit bis zum gegenwärtigen Zeitpunkt t bestimmt; sie repräsentiert die im Heizkessel gespeicherte Energie. Einen solchen Übertragungsblock mit Speichervermögen nennen wir auch ein *dynamisches Übertragungsglied*. Wir führen nun das folgende Gedankenexperiment durch: Kesselwasser und Innenraum befinden sich auf der Temperatur 0°; zum Zeitpunkt $t = 0$ wird die Wärmeleistung des Brenners sprungförmig erhöht. Wie wir im nachfolgenden Kapitel noch herleiten werden, ändert sich dann die Temperatur $\vartheta_K(t)$ nach einer Exponentialfunktion gemäß der folgenden Skizze:

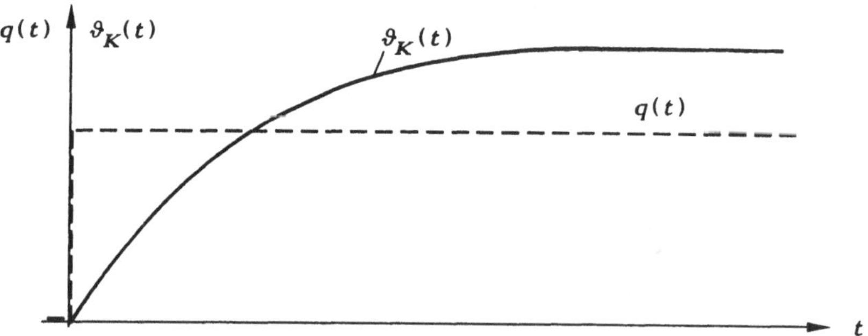

Bild 1.4. Sprungantwort der Kesseltemperatur nach einem Sprung in $q(t)$ bei ϑ_i = konst.

Das Bild zeigt, daß aufgrund der Trägheit des dynamischen Gliedes die Temperatur $\vartheta_K(t)$ erst nach einem Übergangsvorgang in ihren neuen, durch die vergrößerte Energiezufuhr bedingten Beharrungszustand einläuft.

Die Temperatur im Heizkörper $\vartheta_H(t)$ folgt der Temperatur im Kessel nach folgender Gesetzmäßigkeit. Vernachlässigt man Dispersionsvorgänge und setzt man die Wärmeverluste entlang der gut isolierten Rohre zu Null, dann hat das Wasser beim Eintritt in den Heizkörper die Temperatur, mit der es vorher den Kessel verlassen hat. Der zeitliche Verlauf von ϑ_H folgt demnach dem Verlauf von ϑ_K, jedoch um die Transportzeit τ (Länge des Rohres dividiert durch die Wassergeschwindigkeit im Rohr) versetzt:

$$\vartheta_H(t) = \vartheta_K(t-\tau). \tag{1.3}$$

Diese *Differenzengleichung* stellt wiederum keine gewöhnliche Funktion wie (1.1) dar, sondern beschreibt einen dynamischen Vorgang, bei dem eine reine Zeitverschiebung, auch *Totzeit* genannt, wirksam ist. Stellen wir uns wiederum als Gedankenexperiment vor, daß die Temperatur im Kessel ϑ_K eine sprungartige Änderung erfährt (diese Vorstellung ist allerdings physikalisch nicht sehr realistisch, da hierzu im Augenblick des Sprungs eine unendlich hohe Leistungszufuhr erforderlich wäre), dann wird auch $\vartheta_H(t)$ nach (1.3) mit einer sprungartigen Änderung antworten, jedoch erst nach τ Sekunden (Bild 1.5).

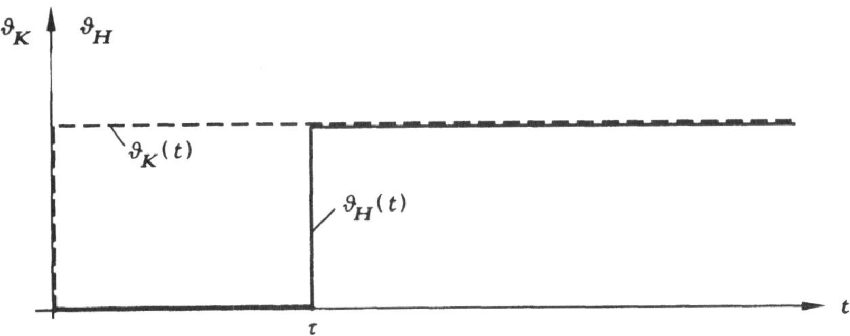

Bild 1.5. Sprungantwort des Übertragungsgliedes "Transport-Leitung"

Wie sich schließlich die Heizkörpertemperatur auf die Innenraumtemperatur auswirkt, erkennen wir wieder anhand einer Bilanzgleichung der zu- und abgeführten Wärmemengen im Innenraum. Die vom Heizkörper an die Umgebung abgegebene Wärmemenge ist bei festen konstruktiven Gegebenheiten dabei zur Temperaturdifferenz $\vartheta_H - \vartheta_i$ proportional, während die vom Innenraum über Fenster und Wände nach außen abgegebene Wärmemenge proportional zur Differenz zwischen Innen- und Außentemperatur $\vartheta_i - \vartheta_a$ ist.

Mit ähnlichen Überlegungen wie bei der Kesseltemperatur können wir aus der Bilanz der Wärmeflüsse wieder eine Beziehung für die zeitliche Änderung der Raumtemperatur ϑ_i, d. h. eine Differentialgleichung für ϑ_i aufstellen.

$$\begin{aligned}\frac{\mathrm{d}}{\mathrm{d}t}\vartheta_i(t) &= -k_2\left(\vartheta_i(t)-\vartheta_a(t)\right) + k_3\left(\vartheta_H(t)-\vartheta_i(t)\right)\\ &= -\frac{1}{T_2}\vartheta_i(t) + k_2\vartheta_a(t) + k_3\vartheta_H(t).\end{aligned} \tag{1.4}$$

Diese Beziehung ist qualitativ sehr ähnlich wie (1.2), wobei hier nicht nur die Heizkörpertemperatur sondern auch die Außentemperatur auf die Größe ϑ_i einwirken. Ein gedanklich vorgenommener Sprung in ϑ_H würde bei konstantem ϑ_a daher auch einen Übergangsverlauf von $\vartheta_i(t)$ gemäß Bild 1.4 bewirken.

Wir haben mit diesen Überlegungen ein detaillierteres Verständnis über die Qualität der gegenseitigen Abhängigkeiten der eingeführten Systemvariablen erarbeitet, das in komprimierter, übersichtlicher Form durch das folgende *Signalflußbild* wiedergegeben werden kann.

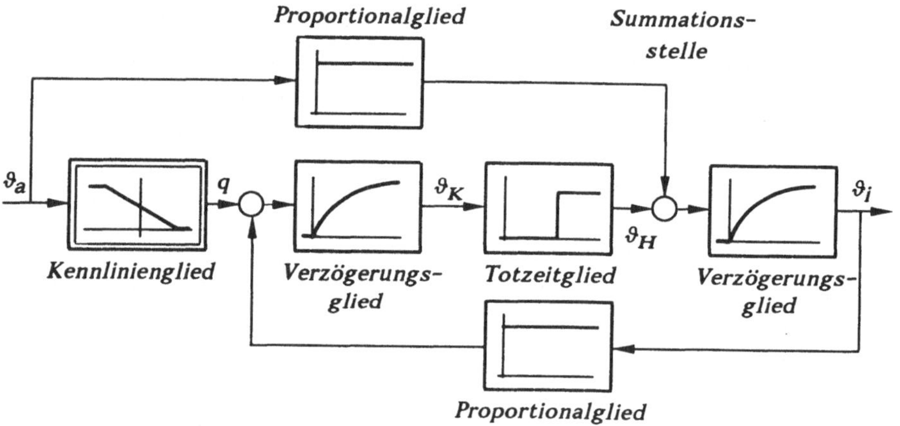

Bild 1.6. Signalflußbild der Gebäudeheizung

Zusammenhänge, die durch eine gewöhnliche, *nichtlineare* Funktion wie in Gl. (1.1) gegeben sind, werden durch eine symbolische Skizze der entsprechenden Kennlinie oder auch durch ein mathematisches Symbol der Verknüpfung (z. B. × bei einer Multiplikation oder $f_1(\cdot)$ als Funktionssymbol) gekennzeichnet und zur Verdeutlichung des nichtlinearen Charakters doppelt umrahmt (letzteres entspricht allerdings nicht der Norm). *Lineare, dynamische* Übertragungselemente, wie sie durch die Beziehungen (1.2), (1.3) und (1.4) beschrieben sind, werden durch Blöcke repräsentiert, die das Symbol ihrer Sprungantwort enthalten. (Andere Charakterisierungen werden wir später noch kennenlernen.) Die additive Überlagerung von Systemvariablen wird durch Summationsstellen dargestellt, bei denen die Variablen als Pfeile auf einen Kreis zusammengeführt werden. Vorzeichen werden jeweils rechts vom Pfeil (genauer: neben dem Pfeil in mathematisch positiver Drehrichtung) vermerkt, wobei das Pluszeichen auch entfallen darf, das Minuszeichen aber notiert werden muß.

Das so dargestellte Signalflußbild kann auch als eine grafische Darstellung des verkoppelten Gleichungssystems (1.1) bis (1.4) angesehen werden.

Bei dem bisher betrachteten Systemkonzept handelt es sich um eine *Steuerung* der Innenraumtemperatur, bei der die Außentemperatur ϑ_a als von außen eingeprägte Größe in einer definierten Folge von hintereinandergeschalteten Wirkungsmechanismen die Zielgröße ϑ_i beeinflußt. Diese wird hierbei nicht meßtechnisch erfaßt und für die Wahl der Brennerleistung herangezogen. (Die Rückwirkung von ϑ_i auf die Kesseltemperatur gemäß Gl. (1.2) darf hier nicht als eine Rückführung im Sinne einer Regelung gedeutet werden.)

Gemäß den erarbeiteten Abhängigkeiten würde sich ein sprunghafter Abfall der Außentemperatur qualitativ entsprechend Bild 1.7 auf die Zeitverläufe der Systemvariablen dieser Wirkungskette fortsetzen.

Man erkennt an diesen Verläufen, daß ein Abfall der Außentemperatur einerseits die Brennerleistung unmittelbar erhöht, andererseits aber auch die Raumtemperatur zunächst absinken läßt, ehe die erhöhte Heizleistung über die Verzögerungen durch Kessel und Rohrleitungen sie wieder auf den vorigen Wert anhebt.

Wenn die hier auftretenden Wechselwirkungen genau bekannt sind und keinen Änderungen oder Störungen unterliegen, ist eine so konzipierte Steuerung ein wirksames Automatisierungsmittel. Im vorliegenden Fall müssen wir allerdings mit *Störungen* rechnen, die auf das System wirken und nicht vorhersehbar sind. Hierunter sind zu zählen: der Einfluß von Wind und Regen auf die Wärmeverluste über die Wände, Schwankungen der Brennstoffqualität, Änderungen der Leistung der Umwälzpumpe, Meßfehler bei der Erfassung von ϑ_a u. a. m. (In der Regelungstechnik unterscheidet man dabei zwischen *inneren Störungen* = Parameteränderungen und *äußeren Störungen* = von außen einwirkenden, unbekannten Einflußgrößen.) In diesem Fall kann die vorliegende Steuerung nicht gewährleisten, daß nach Änderungen der Außentemperatur ϑ_a die Innentemperatur ϑ_i nach einem Übergangsvorgang wie in Bild 1.7 wieder auf den gewünschten Wert gebracht wird. Zum Beispiel wird eine geringere Brennstoffqualität bei gleicher Brennstoffzufuhr zur Folge haben, daß die Brennerleistung sinkt; damit sinkt auch die Kesseltemperatur, die Heizkörpertemperatur und schließlich die Innenraumtemperatur.

Eine Abhilfe bietet hier ein Mechanismus, der eine Rückkontrolle durchführt, ob der tatsächlich vorliegende *Istwert* der Raumtemperatur ϑ_i auch dem ge-

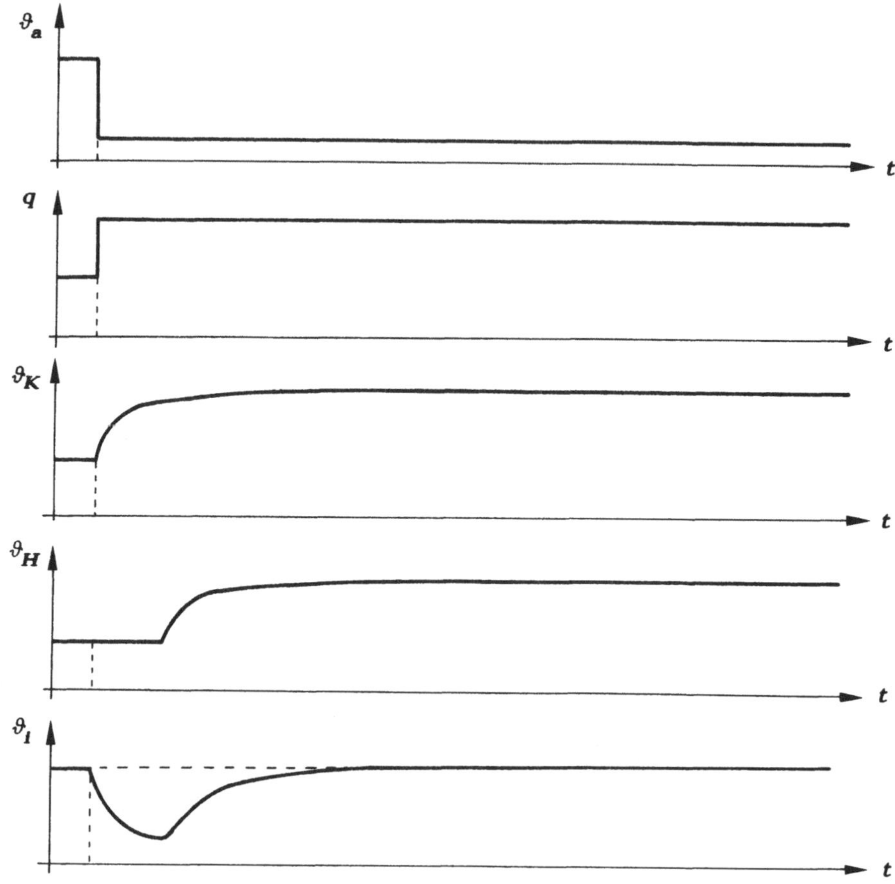

Bild 1.7. Zeitlicher Verlauf der Systemvariablen nach einem Sprung in der Außentemperatur; *offene Steuerkette* .

wünschten *Sollwert* ϑ_{soll} angeglichen ist. Der aus diesem Vergleich abgeleitete *Regelfehler* $e = \vartheta_{soll} - \vartheta_i$ wird jetzt zur Einstellung der Brennerleistung q herangezogen. Das Wirkschaltbild ist hierbei um einen Sollwertgeber (z. B. eine Stellschraube) und einen Meßsensor für die Raumtemperatur sowie um die Vergleichsstelle zu erweitern (Bild 1.8).

Das entsprechend modifizierte Blockschaltbild zeigt Bild 1.9. Wie man hieraus erkennt, ist jetzt ein *geschlossener Wirkungskreislauf*, d. h. ein *Regelkreis* entstanden: die Zielgröße ϑ_i beeinflußt über den Soll-Istwert-Vergleich wieder die Stellgröße u am Eingang des Brenners und damit alle folgenden Systemvariablen.

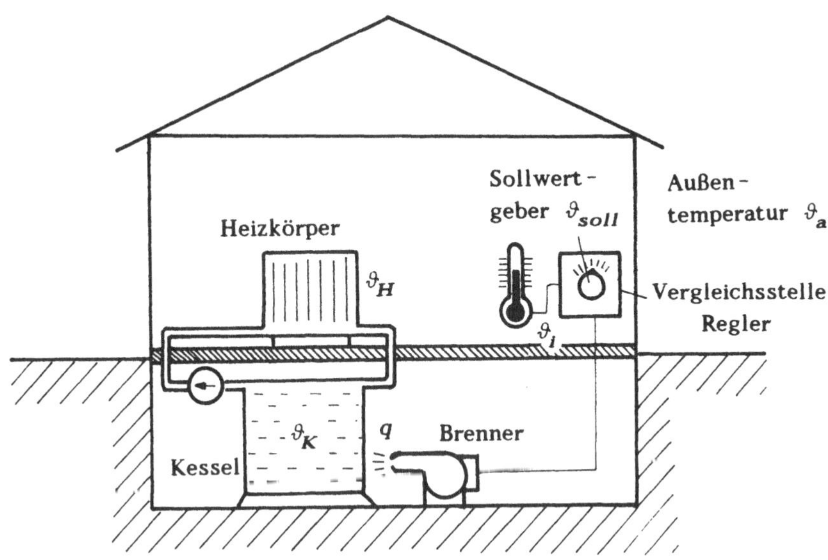

Bild 1.8. Wirkschaltbild der Gebäudeheizung mit Soll-Istwert-Vergleich

Um die entsprechenden Änderungen am Signalflußbild vorzunehmen, ergänzen wir das ursprüngliche Gleichungssystem um die neu hinzugekommenen Zusammenhänge. Wir führen zunächst die Differenz von Soll- und Ist-Temperatur als *Regelfehler* $e(t)$ ein:

$$e(t) = \vartheta_{soll} - \vartheta_i(t) . \tag{1.5}$$

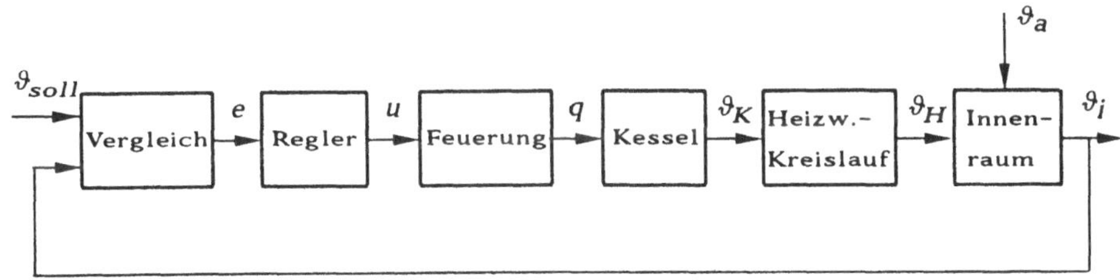

Bild 1.9. Blockschaltbild der Gebäudeheizung mit Soll-Istwert-Vergleich

Dieser Regelfehler werde hier durch einfache Verstärkung in die *Stellgröße* $u(t)$ (z. B. die Spannung am Gebläse der Gaszufuhr am Brenner) umgesetzt:

$$u(t) = K_r \, e(t) \,. \tag{1.6}$$

Die Brennerleistung folgt der Stellgröße an der Brennstoffzufuhr nach einer Funktion, die durch die konstruktiven Eigenschaften des Brenners gegeben ist,

$$q(t) = f_2\big(u(t)\big) \,, \tag{1.7}$$

wobei z. B. folgender qualitativer Verlauf denkbar wäre

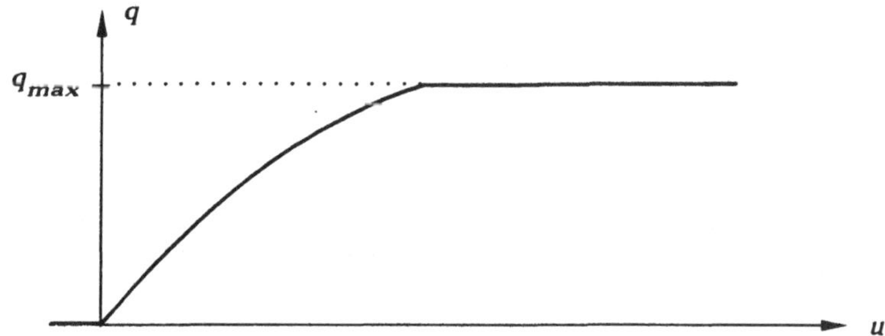

Bild 1.10. Verlauf der Charakteristik $f_2(\cdot)$

Die Gleichungen (1.2) bis (1.4) gelten unverändert. Dies führt zu dem folgenden, abgewandelten Signalflußbild des geschlossenen Temperatur-Regelkreises:

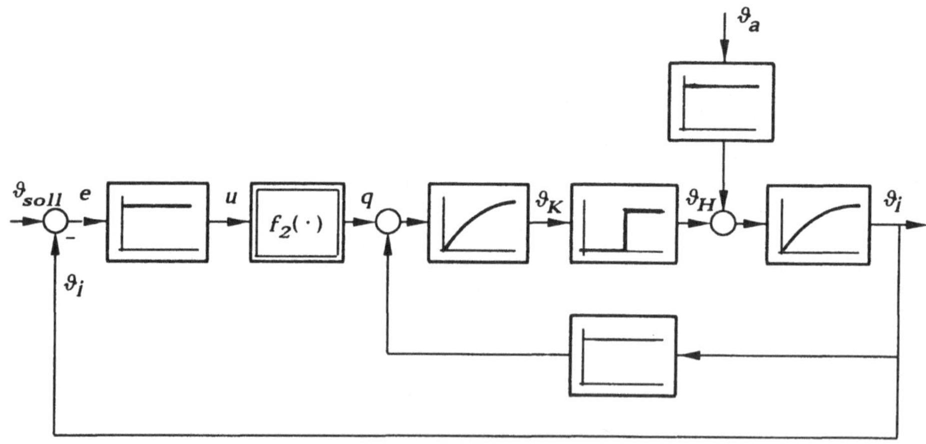

Bild 1.11. Signalflußbild des geschlossenen Temperatur-Regelkreises

Wegen der Rückführung des gemessenen Temperaturverlaufs $\vartheta_i(t)$ an die Vergleichsstelle ist der Zeitverlauf der einzelnen Systemvariablen nach einem sprungartigen Abfall der Außentemperatur ϑ_a - die jetzt die Rolle einer äußeren Störgröße hat - nicht mehr wie bei der Steuerkette Schritt für Schritt konstruierbar. Dynamische Vorgänge wie dieser, die sich einer einfachen Berechnung oder Konstruktion aufgrund ihrer Vermaschung entziehen, werden zweckmäßigerweise auf einem Rechner *simuliert*. Das folgende Bild 1.12 stellt die Zeitantworten gemäß Bild 1.7 für den geschlossenen Regelkreis dar, wobei der Verstärkungsfaktor K_r zwischen Regelfehler und Stellgröße, die *Reglerverstärkung*, variiert wurde.

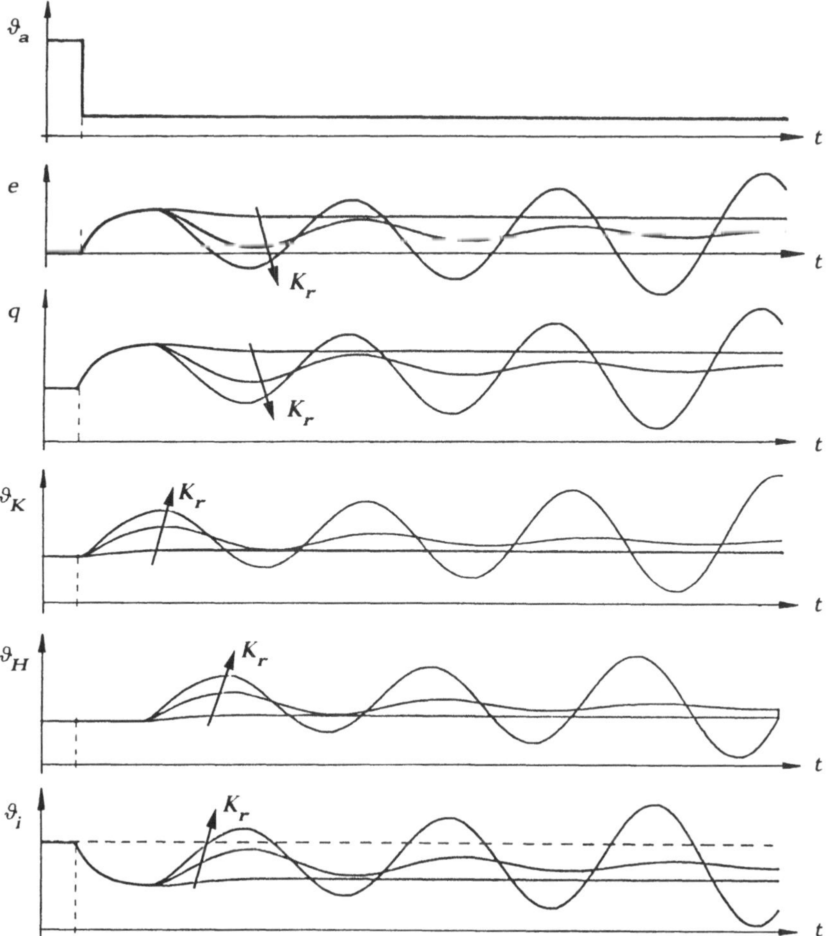

Bild 1.12. Zeitlicher Verlauf der Systemvariablen nach einem Sprung in der Außentemperatur; *Regelkreis mit Proportionalregler*

Man erkennt, daß bei geringer Verstärkung K_r der Istwert ϑ_i den Sollwert nicht erreicht, d. h. man erhält trotz der Rückkontrolle einen *bleibenden Regelfehler*. Wird K_r vergrößert, zeigt der Temperaturverlauf geringe, abklingende Schwingungen; der bleibende Regelfehler wird kleiner. Bei weiterer Vergrößerung von K_r antwortet die Raumtemperatur mit Schwingungen, die anklingen, bis sie durch physikalische Begrenzungen - hier z. B. durch die Waagerechten der Kennlinie $f_2(u)$ - beschränkt werden.

Dieses Phänomen läßt sich auch plausibel machen. Bei zu großer Gewichtung des Regelfehlers wird eine übermäßig große Heizleistung eingestellt. Da der Kessel sich aber nur langsam aufheizt und der Transport das heiße Wasser verspätet beim Heizkörper ankommen läßt, bleibt die Raumtemperatur zunächst zu niedrig. Wenn sie schließlich den gewünschten Wert erreicht, ist das Kesselwasser bereits zu stark aufgeheizt; das Herunterfahren der Heizleistung läßt den Kessel nun verspätet abkühlen, während die Raumtemperatur zunächst weiter steigt. Wenn dann der Kessel weitgehend abgekühlt ist, geht die Raumtemperatur ϑ_i mit Verspätung zurück. Der Vorgang wiederholt sich jetzt bei der Abkühlungsphase unter Verstärkung, so daß sich schließlich die Aufheizung mit noch größeren Ausschlägen wiederholt u. s. f. Der Regelkreis ist *instabil*.

Dies Beispiel hat gezeigt, daß eine Regelung trotz der flexibleren Struktur mit einer Kontrolle der Regelabweichung zwischen Soll- und Istwert nicht das gewünschte Verhalten zeigt, wenn der Regler falsch ausgelegt ist. Der hier verwendete Proportional-Regler, der den Regelfehler nur mit einer konstanten Verstärkung K_r gewichtet, war offensichtlich nicht geeignet, einen bleibenden Regelfehler zu vermeiden und führte bei zu großer Wahl von K_r sogar zur Instabilität des Kreises.

Um dem Eindruck entgegenzuwirken, daß die Kunst der Regelungstechnik damit bereits am Ende sei, soll hier noch gezeigt werden, daß es durchaus gelingt, den bleibenden Regelfehler zum Verschwinden zu bringen, wenn man den Regler geeignet auslegt. Der Regler wird hierzu als dynamisches Übertragungsglied z.B. nach den im Kapitel 5 vorgestellten Verfahren entworfen, wodurch er eine Art "Gedächtnis" und mehr Flexibilität erhält (es wird ein *PI*-Regler nach Abschnitt 3.4 eingesetzt). Das Bild 1.13 zeigt die Zeitverläufe der Systemvariablen, wie sie sich nach einem sprungartigen Abfall der Außentemperatur ergeben. Ein Vergleich mit Bild 1.12 macht deutlich, daß der Regelkreis jetzt stabil ist und nach einem Übergangsvorgang den Sollwert der Innenraumtemperatur ohne bleibende Abweichung einstellt.

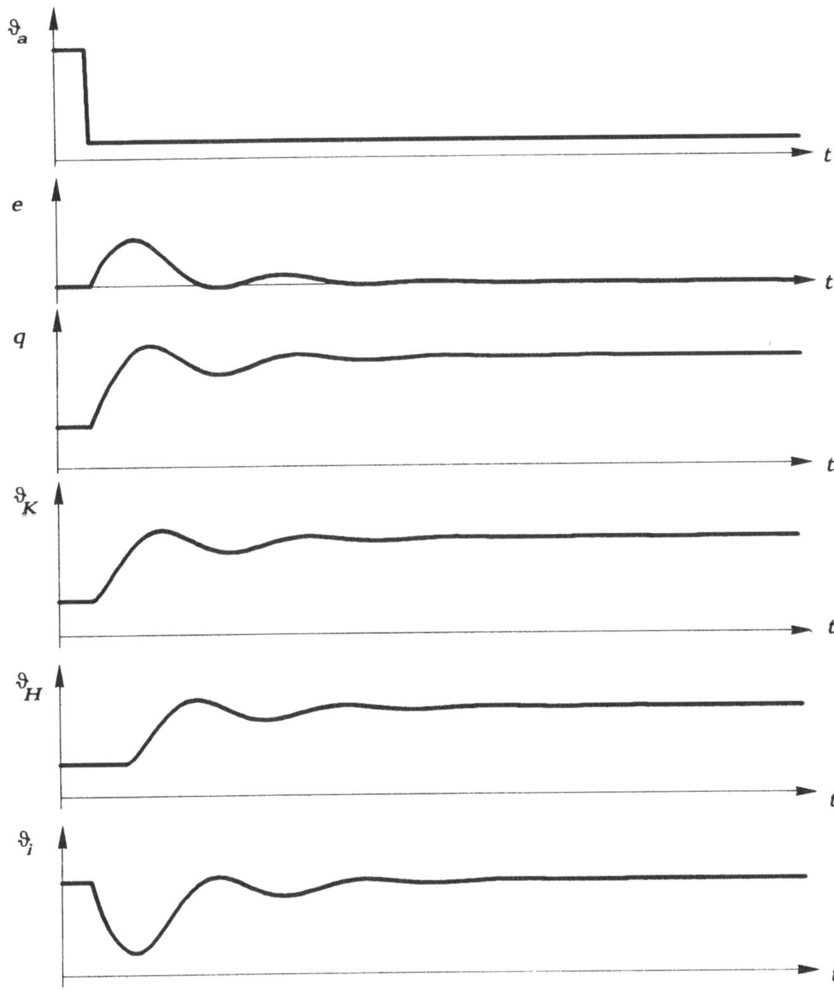

Bild 1.13. Zeitlicher Verlauf der Systemvariablen nach einem Sprung in der Außentemperatur; *Regelkreis mit dynamischem Regler*

Wir wollen zusammenfassend die folgenden Punkte aus den drei Experimenten festhalten:

- Eine Steuerung ist bei ungestörten Prozessen mit bekannten Zusammenhängen wirkungsvoll und zweckmäßig; sie kann aber unbekannte Störungen nicht ausgleichen.

- Eine Regelung kann durch den Soll-Istwert-Vergleich auch die Folgen von Parameteränderungen, ungenau erkannten Zusammenhängen und äußeren Störungen ausgleichen (ggfs. mit einer geringen bleibenden Regelabweichung).

- Ein schlecht ausgelegter Regelkreis kann instabil sein (Zusammenwirken einer hohen Verstärkung bei größeren Zeitverzögerungen).

- Die Kenntnis der Wirkungszusammenhänge und der dynamischen Eigenschaften eines Systems sind notwendig, um einen Regelkreis funktionsgerecht auszulegen.

Im Hinblick auf den letzten Punkt werden wir uns in diesem Buch zunächst der Beschreibung und der Analyse dynamischer, kausaler Systeme, d. h. der *Systemdynamik* zuwenden (Kapitel 2) . Hierzu gehören Beschreibungen im Zeit- und Frequenzbereich (Kapitel 3) sowie die Analyse charakteristischer Eigenschaften. Im Anschluß daran werden wir den Begriff der Stabilität erörtern und Stabilitätskriterien kennenlernen (Kapitel 4). Hierauf aufbauend werden wir allgemeine Anforderungen an Regelkreise formulieren, uns mit Grundlagen der Regelkreissynthese befassen und schließlich zwei systematische Entwurfsverfahren, darunter das Frequenzkennlinienverfahren kennenlernen (Kapitel 5).

2 Beschreibung dynamischer Systeme im Zeitbereich

2.1 Systeme 1. Ordnung

Die folgenden Überlegungen und die daraus abgeleiteten Erkenntnisse wollen wir zunächst mit der Betrachtung eines konkreten Beispiels beginnen, ehe sie verallgemeinert werden.

2.1.1 Einführungs-Beispiel und Grundbegriffe

Es werde das folgende einfache System eines Füllbehälters betrachtet, dem, über ein Ventil gesteuert, ein Flüssigkeitsstrom $Q_e(t)$ (z. B. als Volumenstrom in m^3/s) zugeführt wird, während durch einen festen Auslaß im Boden ein Volumenstrom $Q_a(t)$ abfließt (Bild 2.1).

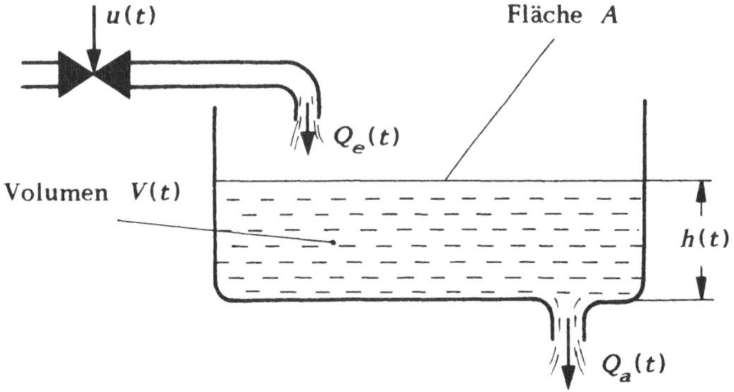

Bild 2.1. Füllbehälter mit Zu- und Abfluß

Gesucht sei nun eine mathematische Beschreibung dafür, wie sich das gespeicherte Volumen in kausaler Abhängigkeit von dem gesteuerten Zufluß zeitlich ändert. Wie bei vielen physikalischen Systembeschreibungen führt uns eine

Bilanzgleichung über zu- und abgeführte Flußgrößen (Mengenströme, Energieströme, Ereignisgrößen u. a.) zu einer solchen Beschreibung. Hier läßt sich die im Zeitintervall $\mathrm{d}t$ zu verzeichnende Änderung des im Behälter gespeicherten Volumens unmittelbar aus der Differenz von Zu- und Abfluß herleiten

$$\mathrm{d}V = \left(Q_e(t) - Q_a(t) \right) \mathrm{d}t \, . \tag{2.1}$$

(Da die Flußgrößen als Volumenströme angesetzt wurden, stehen auf beiden Seiten Volumina, die Gleichung ist also in den Dimensionen korrekt - eine Prüfung, die man bei der Aufstellung solcher Beziehungen zweckmäßigerweise durchführen sollte.) Bringt man den Faktor $\mathrm{d}t$ auf die linke Seite und berücksichtigt man, daß bei senkrechter Wandung gilt

$$V(t) = A\,h(t) \tag{2.2}$$

mit A: Grundfläche des Behälters,
h: Höhe des Flüssigkeitsstandes,

dann ergibt sich

$$\frac{\mathrm{d}V}{\mathrm{d}t} = A\frac{\mathrm{d}h}{\mathrm{d}t} = Q_e(t) - Q_a(t). \tag{2.3}$$

Wir wollen nun annehmen, daß das Stellventil eine lineare Charakteristik hat, d. h. daß der Zufluß $Q_e(t)$ proportional zur eingeprägten Stellgröße $u(t)$ (Schieberstellung oder Drehwinkel) ist

$$Q_e(t) = k_2 u(t)$$

Der abfließende Volumenstrom $Q_a(t)$ hängt nun von der Füllhöhe h (bzw. vom Volumen V) ab, was man über eine kurze Energiebilanz erkennt. Bei vernachlässigbarer Rohrreibung wird nämlich die Geschwindigkeit der ausströmenden Flüssigkeit aus einer Abnahme der potentiellen Energie des gesunkenen Flüssigkeitsspiegels gewonnen:

$$\mathrm{d}\not{m}\, g\, h(t) = \frac{1}{2}\mathrm{d}\not{m}\, v^2(t)\, .$$

Mit $Q_a(t) = A_1 v(t)$ (A_1 : Rohrquerschnitt) erhält man hieraus

$$Q_a(t) = A_1\sqrt{2g\,h(t)} = k_1\sqrt{h(t)}\ .$$

Setzen wir diese Beziehungen in (2.3) ein, erhalten wir mit

$$\frac{\mathrm{d}h(t)}{\mathrm{d}t} = -\frac{k_1}{A}\sqrt{h(t)} + \frac{k_2}{A}u(t) \tag{2.4a}$$

bzw.

$$\frac{\mathrm{d}V(t)}{\mathrm{d}t} = -\frac{k_1}{\sqrt{A}}\sqrt{V(t)} + k_2 u(t) \tag{2.4b}$$

zwei alternative Beschreibungen für ein und denselben physikalischen Vorgang, je nachdem ob die Höhe h oder das Volumen V gewählt werden, um den Zustand des Behälters zu beschreiben. Man beachte dabei, daß die Beziehungen nicht einfach dadurch ineinander zu überführen sind, daß man beide Seiten mit einem gemeinsamen Faktor, etwa A, multipliziert.

Wir haben hiermit einen kausalen Zusammenhang zwischen der Ventilstellung u als unabhängiger Größe und der Füllhöhe h als abhängiger Größe erhalten. Dieser Zusammenhang ist hier nicht durch eine einfache Funktion, sondern durch eine Differentialgleichung gegeben, d. h. der gesamte *Zeitverlauf* $u(t)$ nimmt Einfluß auf den Zeitverlauf $h(t)$, wobei der aktuelle Wert $h(t_1)$ auch von zurückliegenden Werten $u(t)$, $t \le t_1$ bestimmt wird. Diese Abhängigkeit wird symbolisch auch durch

$$h(t) = \mathcal{F}\{u(t)\} \tag{2.5}$$

dargestellt, wobei $\mathcal{F}$ einen *Operator* bezeichnet, der gewissermaßen ein Symbol ist für den in (2.4a) konkret beschriebenen Wirkungszusammenhang.

Infolge dieser in ihrer Wirkung gerichteten Abhängigkeit spricht man auch von einem *Übertragungssystem* mit der Eingangsgröße u und der davon abhängigen Ausgangsgröße h (bzw. V). Physikalisch gesehen handelt es sich hierbei um ein System mit *einem* Speicherelement (dem Behälter), das durch *eine* Differentialgleichung erster Ordnung (Gl. (2.4a) oder (2.4b)) beschrieben wird. Man spricht deshalb auch von einem (Übertragungs-) System *1. Ordnung*.

Wir stellen uns nun vor, daß wir den Zeitverlauf $h(t)$ durch Rechnersimulation oder durch ein Experiment bestimmen wollen. Um zu einer eindeutig definierten Lösung zu kommen, müßten wir hierzu kennen

- den Verlauf der Eingangsgröße $u(t)$ im interessierenden Zeitintervall $t_0 \le t \le t_1$
- und auch den Anfangswert $h(t_0)$, d. h. die Füllhöhe, mit der das Experiment beginnt.

Während $u(t)$ dabei von außen eingeprägt ist, beinhaltet $h(t_0)$ den *Zustand*, in dem sich der Wasserspeicher zum Zeitpunkt $t = t_0$ befindet. Wie dieser Höhenstand erreicht wurde, d. h. die Vorgeschichte $h(t)$ für $t < t_0$ ist für die Realisierung der Lösung für $t \geq t_0$ belanglos. Die Größe $h(t)$ wird daher auch als *Zustandsgröße* bezeichnet. (Die Wahl war dabei nicht eindeutig: wir hätten, wie oben bemerkt, ebenso das Volumen $V(t)$ als Zustandsgröße wählen können.)

Den Begriff des *System-Zustands* können wir mit der folgenden Definition allgemein fassen:

Definition 2.1: Wenn sich zu dem mathematischen Modell eines Übertragungssystems eine Menge von Größen $x_1(t)$, $x_2(t)$, ... $x_n(t)$ so angeben läßt, daß die Werte der Ausgangsgrößen für $t \geq t_0$ berechnet werden können, sofern neben den Eingangsgrößenverläufen $u_i(t)$, $t \geq t_0$ die Anfangswerte $x_1(t_0)$, $x_2(t_0)$, ... $x_n(t_0)$ bekannt sind, dann nennt man diese Größen *Zustandsgrößen*. Die Menge $\{x_1(t), x_2(t), \ldots x_n(t)\}$ heißt auch der *Zustand* des Systems zum Zeitpunkt t.

Wie in unserem Beispiel ist auch im allgemeinen die Wahl der Zustandsgrößen nicht eindeutig. Wir werden dies auch im folgenden an verschiedenen Beispielen erkennen.

Im Beispiel hatten wir *einen* Energiespeicher, dessen Verhalten durch *eine* Differentialgleichung 1. Ordnung beschrieben wird; es handelt sich um ein System *erster* Ordnung. Allgemein gilt nun:

Die Zahl der unabhängigen Energiespeicher ist gleich der Zahl der Zustandsvariablen, ist auch gleich der Zahl der Differentialgleichungen 1. Ordnung der Zustandsbeschreibung und gleich der Ordnung des Systems.

Eine wichtige Klasse von Übertragungssystemen, mit der wir uns im folgenden schwerpunktmäßig befassen werden, bilden die *linearen* und *zeitinvarianten* Übertragungssysteme. Die Eigenschaften der Linearität und der Zeitinvarianz, die diese Systeme auszeichnen, sind in den beiden folgenden Definitionen festgelegt.

Definition 2.2: Es sei der kausale Zusammenhang zwischen der Eingangsgröße $u(t)$ und der Ausgangsgröße $y(t)$ eines Übertragungssystems symbolisiert durch die Operator-Schreibweise

$$\mathcal{F}\{u(t)\} = y(t) \tag{2.6}$$

Seien $y_1(t)$ und $y_2(t)$ die Ausgangsgrößen des Systems bei verschwindenden Anfangswerten für die Eingangsgrößen $u_1(t)$ und $u_2(t)$.

Das Übertragungssystem heißt *linear*, wenn es das *Überlagerungsprinzip* (*Superpositionsprinzip*)

$$\mathcal{F}\{u_1(t) + u_2(t)\} = y_1(t) + y_2(t) \tag{2.7}$$

und das *Verstärkungsprinzip*

$$\mathcal{F}\{c \cdot u(t)\} = c \cdot y(t) \tag{2.8}$$

für beliebige Eingangsgrößen $u_1(t)$, $u_2(t)$ und für beliebige reelle Konstanten c erfüllt.

Ein Übertragungssystem, das eine der beiden Bedingungen für mindestens ein Paar $u_1(t)$, $u_2(t)$ oder eine Konstante c verletzt, heißt *nichtlinear*.

Bemerkung: Ein Übertragungssystem ist insbesondere linear, wenn in seiner Beschreibung durch Differentialgleichungen (Differenzengleichungen) und gewöhnliche Gleichungen keine nichtlineare Funktion (Quadrat, Wurzel, Produkte, nichtlineare Kennlinien u.a.m.) der Variablen auftritt.

Definition 2.3: Sei der kausale Zusammenhang zwischen der Eingangsgröße $u(t)$ und der Ausgangsgröße $y(t)$ eines Übertragungssystems symbolisiert durch die Operator-Schreibweise (2.5):

$$\mathcal{F}\{u(t)\} = y(t) .$$

Das Übertragungssystem heißt *zeitinvariant*, wenn es das *Verschiebungsprinzip* erfüllt

$$\mathcal{F}\{u(t-T)\} = y(t-T) \tag{2.9}$$

für beliebige Verläufe der Eingangsgröße $u(t)$ und beliebige Zeitverschiebungen T.

Bemerkung: Ein Übertragungssystem ist insbesondere zeitinvariant, wenn in seiner Beschreibung durch Differentialgleichungen, Differenzengleichungen und gewöhnliche Gleichungen keine Verknüpfung und kein Systemparameter explizit von der Zeit abhängen.

Wir wollen uns die für diese Eigenschaften zu erfüllenden Prinzipien an kurzen grafischen Beispielen klarmachen.

Zum Überlagerungsprinzip:

Seien die Reaktionen $y_1(t)$ und $y_2(t)$ auf zwei Eingangsverläufe $u_1(t)$ und $u_2(t)$ bei einem Übertragungssystem $y = \mathcal{F}\{u(t)\}$ wie in Bild 2.2 angenommen.

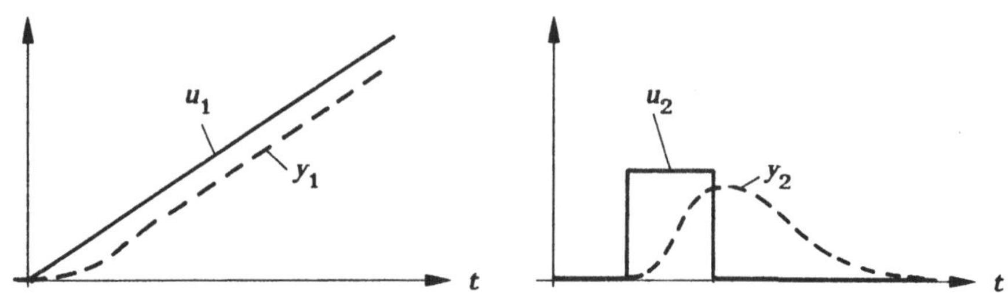

Bild 2.2. Eingangsgrößen und Ausgangsgrößen eines fiktiven Systems

Dann fordert das Überlagerungsprinzip, daß am Ausgang des Systems der Verlauf $y_+(t) = y_1(t) + y_2(t)$ erscheint, wenn auf den Eingang $u_+(t) = u_1(t) + u_2(t)$ gegeben wird. Dies muß für beliebige Paare $u_1(t)$, $u_2(t)$ und die zugehörigen $y_1(t)$, $y_2(t)$ gelten.

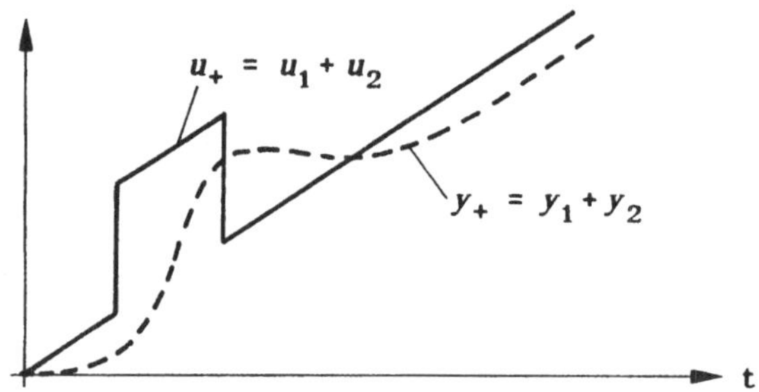

Bild 2.3. Zum Überlagerungsprinzip

Zum Verstärkungsprinzip:

Sei z. B. $u(t)$ eine Sprungfunktion, auf die das System mit einer Sprungantwort reagiert. Das Verstärkungsprinzip fordert dann bei einem Sprung der Höhe $c = 2{,}5$, daß auch die Ausgangsgröße um den Faktior 2,5 größer ausfällt.

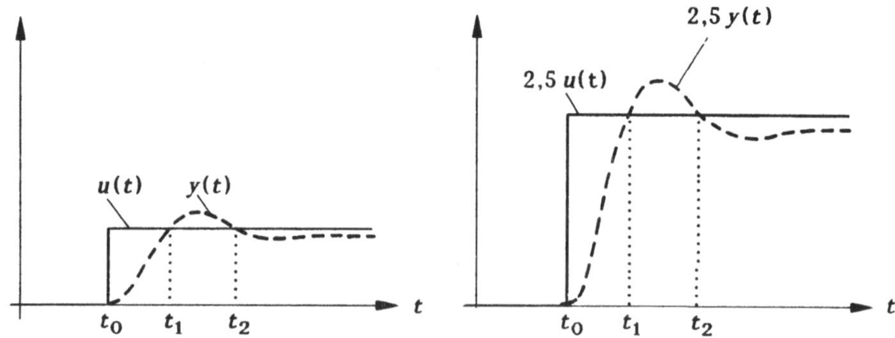

Bild 2.4. Zum Verstärkungsprinzip

Gleiches muß für beliebige andere $u(t)$-Verläufe und beliebige c gelten.

Zum Verschiebungsprinzip:

Das Verschiebungsprinzip verlangt, daß ein Übertragungssystem zu verschiedenen Zeiten auf gleiche Eingangsgrößenverläufe mit gleichen Ausgangsgrößenverläufen reagiert, wie es im nachfolgenden Bild 2.5 dargestellt ist:

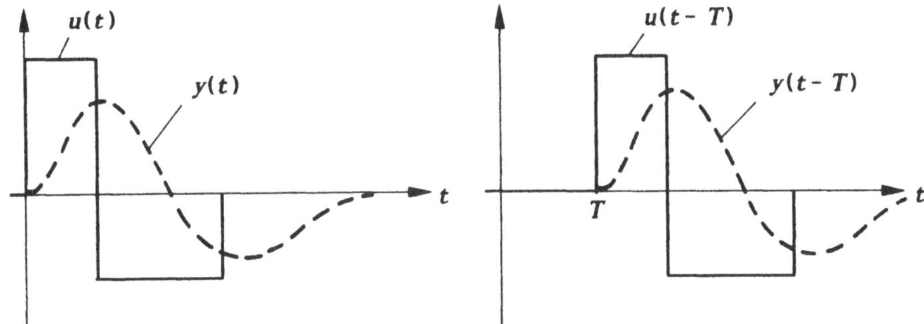

Bild 2.5. Zum Verschiebungsprinzip

Dieses muß für beliebige Verläufe $u(t)$ und für beliebige Zeitverschiebungen T gelten. Beispiele für zeitvariante Systeme, die dieses Prinzip nicht erfüllen, sind:

- Raketen, die aufgrund ihrer Treibstoffabnahme eine veränderliche Masse $m(t)$ und ein veränderliches Trägheitsmoment $\Theta(t)$ haben;

- Flugzeuge, deren aerodynamische Parameter sich in Abhängigkeit von der Flughöhe zeitlich ändern;

- Antriebe mit Aufwicklungen (Wickelmaschinen, Druckmaschinen mit Papierrollen), bei denen das Trägheitsmoment $\Theta(t)$ zeitabhängig ist.

Wir wollen uns jetzt wieder dem obigen Beispiel zuwenden, das wir hinter Gleichung (2.4) für die Einführung dieser wichtigen, allgemeinen Begriffe verlassen haben. Wir stellen uns die Frage, ob das durch Gl. (2.4a) beschriebene Übertragungssystem mit der Ausgangsgröße $y(t) = h(t)$ *linear* ist, d. h. ob es Überlagerungs- und Verstärkungsprinzip erfüllt. Wir beginnen mit der Überprüfung des Verstärkungsprinzips.

Sei der Verlauf $h^{o}(t)$ die Systemantwort auf eine bestimmte Anregung $u^{o}(t)$; in diesem Fall müssen $h^{o}(t)$ und $u^{o}(t)$ die Dgl. (2.4a) erfüllen:

$$\frac{dh^o(t)}{dt} = -\frac{k_1}{A}\sqrt{h^o(t)} + \frac{k_2}{A}u^o(t), \tag{2.10}$$

(denn $h^o(t)$ ist ja nach unserer Annahme die Lösung dieser Dgl., wenn man einen bestimmten Verlauf $u^o(t)$ einsetzt; wir brauchen hier den zeitlichen Verlauf, der analytisch, durch Simulation oder auch durch ein Experiment ermittelt werden kann, nicht im einzelnen zu kennen.)

Wenn nun das Verstärkungsprinzip erfüllt sein soll, dann muß $c \cdot h^o(t)$ die Reaktion auf die Eingangsgröße $c \cdot u^o(t)$ sein, d. h. $c \cdot h^o(t)$ muß die Dgl. befriedigen, wenn man für u den Verlauf $c \cdot u^o(t)$ einsetzt:

$$\frac{d\left(c \cdot h^o(t)\right)}{dt} = -\frac{k_1}{A}\sqrt{c \cdot h^o(t)} + \frac{k_2}{A}c \cdot u^o(t). \tag{2.11}$$

Wenn man beide Seiten durch die (von Null verschiedene) Konstante c dividiert, erhält man

$$\frac{dh^o(t)}{dt} = -\frac{1}{\sqrt{c}}\frac{k_1}{A}\sqrt{h^o(t)} + \frac{k_2}{A}u^o(t). \tag{2.12}$$

Ein Vergleich mit der obigen Dgl. für $h^o(t)$ zeigt, daß diese Beziehung nicht mehr die ursprüngliche Differentialgleichung ist, d. h. wir sind auf einen Widerspruch gestoßen: das System erfüllt das Verstärkungsprinzip *nicht*, es ist also nichtlinear. Das Überlagerungsprinzip, das auch verletzt wäre, brauchen wir nach diesem Widerspruch nicht weiter zu überprüfen, da beide Prinzipien zum Nachweis der Linearität erfüllt sein müssen.

Nichtlineare Übertragungssysteme sind nun analytisch schwer zu behandeln; außerdem lassen sich Aussagen, die man für ein System erhalten hat, nicht auf andere übertragen. Im Gegensatz dazu gibt es für lineare Systeme eine geschlossene Theorie mit allgemeingültigen Regeln. Um sich diese auch bei nichtlinearen Systemen nutzbar zu machen, schränkt man die Untersuchung nichtlinearer Systeme auf die Betrachtung kleiner Bewegungen um einen *Arbeitspunkt* ein, wobei das Verhalten des *nichtlinearen* Systems mit hinreichender Genauigkeit durch eine *lineare* Systembeschreibung ersetzt werden kann. (Hierzu müssen die rechten Seiten der nichtlinearen Differentialgleichungen in allen Variablen stetig und auch stetig differenzierbar sein, wie wir am Vorgehen gleich erkennen werden.) Bevor wir die allgemeine Verfahrensweise hierzu besprechen, soll die Vorgehensweise zunächst wieder am Beispiel von oben demonstriert werden.

Sei durch den Zustand $\bar{h}$ und den Wert der Eingangsgröße $\bar{u}$ ein bestimmter Betriebspunkt oder auch *Arbeitspunkt* $\left[\bar{h}; \bar{u}\right]$ gekennzeichnet. Wir wollen nun die zeitlichen Bewegungen aller Variablen nicht mehr absolut, sondern als relative Abweichungen von diesem Punkt betrachten, d. h.

$$h(t) = \bar{h} + \Delta h(t) \quad \text{und} \quad u(t) = \bar{u} + \Delta u(t)\,. \tag{2.13}$$

Hiermit ist zunächst nur eine Verschiebung des Bezugspunktes vollzogen. Wir wollen nun darüber hinaus annehmen, daß die Abweichungen $\Delta h(t)$ und $\Delta u(t)$ "vergleichsweise" klein sind (was darunter zu verstehen ist, wird noch näher umrissen). Die Beziehungen (2.13) in die Systembeschreibung (2.4a) eingesetzt ergibt (d/dt wurde formal durch den Punkt ersetzt):

$$\dot{h}(t) = \Delta\dot{h}(t) = f(h,u) = -\frac{k_1}{A}\sqrt{\bar{h} + \Delta h(t)} + \frac{k_2}{A}\left(\bar{u} + \Delta u(t)\right). \tag{2.14}$$

Die rechte Seite von (2.4a) wurde hierbei als Funktion $f(h,u)$ geschrieben. Diese Funktion läßt sich nun formal in eine zweidimensionale *Taylor-Reihe* entwickeln

$$\Delta\dot{h}(t) = f(\bar{h},\bar{u}) + \left.\frac{\partial f}{\partial h}\right|_{\bar{h},\bar{u}} \Delta h(t) + \left.\frac{\partial f}{\partial u}\right|_{\bar{h},\bar{u}} \Delta u(t) + \not{R}\,, \tag{2.15}$$

die wir hier bereits nach den ersten Potenzgliedern (d. h. nach den linearen Gliedern) abbrechen. Unter der oben getroffenen Annahme, daß die Abweichungen $\Delta h(t)$ und $\Delta u(t)$ hinreichend klein sind (dies wäre im Zweifelsfall konkret an den nachfolgenden Gliedern 2. Ordnung zu prüfen), ist das Restglied R, das bei Fortsetzung der Reihe Produkte von Δh und Δu bzw. höhere Potenzen enthält, vernachlässigbar klein. Führt man die Differentiationen aus, erhält man mit Unterdrückung des Restgliedes

$$\Delta\dot{h}(t) = \underbrace{-\frac{k_1}{A}\sqrt{\bar{h}} + \frac{k_2}{A}\bar{u}}_{f_0} - \underbrace{\frac{k_1}{2A\sqrt{\bar{h}}}}_{a}\Delta h(t) + \underbrace{\frac{k_2}{A}}_{b}\Delta u(t)\,. \tag{2.16}$$

Dies ist nun eine *lineare* Differentialgleichung der Form

$$\dot{x}(t) = f_0 - a\,x(t) + b\,u(t) \tag{2.17}$$

($\Delta h(t)$ durch $x(t)$ und $\Delta u(t)$ durch $u(t)$ ersetzt), die das vorliegende *nichtlineare* Systemverhalten wenigstens in der Umgebung des Arbeitspunktes mit guter Näherung beschreibt. Für die Entwicklung der *Taylor*-Reihe war es hierzu, wie bereits oben erwähnt, notwendig, daß die rechte Seite der Differentialgleichung $f(h,u)$ im Arbeitspunkt stetig ist und auch stetige Ableitungen hat, sowie ggf. zur Abschätzung des Restgliedes auch beschränkte zweite Ableitungen besitzt.

Ein besonderer Fall eines Arbeitspunktes liegt vor, wenn in ihm die rechten Seiten der Differentialgleichungen, und damit die zeitlichen Ableitungen verschwinden:

$$\Delta\dot{h}(t) = 0 = f(\bar{h},\bar{u}) = -\frac{k_1}{A}\sqrt{\bar{h}} + \frac{k_2}{A}\bar{u}\,, \tag{2.18}$$

bzw. allgemein

$$\dot{x} = 0 = f_0\,. \tag{2.19}$$

Für einen vorgegebenen konstanten Zufluß $\bar{u}$ stellt diese Beziehung eine Bestimmungsgleichung für den zugehörigen stationären Wert $\bar{h}$ dar. Ein solcher Arbeitspunkt heißt eine *Gleichgewichtslage* oder auch *Ruhelage*. Für die Bewegung um eine solche Ruhelage vereinfacht sich (2.16) mit (2.18) zu

$$\Delta\dot{h}(t) = -\frac{k_1}{2A\sqrt{\bar{h}}}\cdot\Delta h(t) + \frac{k_2}{A}\cdot\Delta u(t)\,, \tag{2.20}$$

bzw. allgemein (2.17) zu

$$\dot{x}(t) = -a\,x(t) + b\,u(t)\,. \tag{2.21}$$

Die Verallgemeinerung dieser Vorgehensweise für die Linearisierung von Systemen n-ter Ordnung ist in Tabelle 2.7 zusammengefaßt.

In vielen Fällen - wie auch in diesem Beispiel - besteht die rechte Seite einer Differentialgleichung aus einzelnen Summanden, die jeweils nur von einer Systemvariablen abhängen. Bei nichtlinearer Abhängigkeit stellen diese Summanden einfache Kennliniienglieder dar. Die Entwicklung der Taylor- Reihe bildet

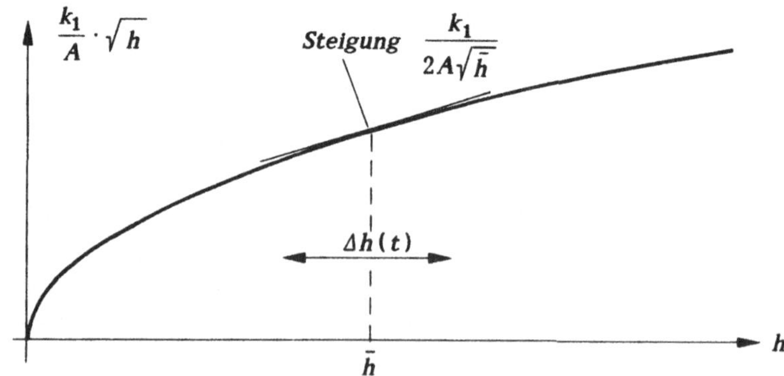

Bild 2.6. Linearisierung einer einfachen Kennlinie

dann jeweils die Ableitung dieser Kennlinien im Arbeitspunkt, d. h. bei der Linearisierung wird die Kennlinie an der Stelle des Arbeitspunktes durch ihre Tangente ersetzt. Man kann dabei an einer grafischen Betrachtung abschätzen, für welchen Aussteuerbereich diese Näherung brauchbar ist. Für die Wurzelfunktion des Beispiels ist dies im Bild 2.6. verdeutlicht. Bei komplizierten Zusammenhängen und Funktionen von mehreren Variablen ist die systematische Vorgehensweise nach der Taylor-Entwicklung aber unerläßlich.

2.1.2 Lösung der linearen Differentialgleichung 1. Ordnung

Wir werden nun das Einführungsbeispiel verlassen und uns der allgemeinen Behandlung eines linearen, zeitinvarianten Systems 1. Ordnung zuwenden. Ein großer Teil der an dieser einfachsten Systemklasse herausgearbeiteten Erkenntnisse wird bei den Systemen höherer Ordnung wiederkehren, wenn auch in aufwendigerer Form.

Zunächst soll die allgemeine Lösung für die Systembeschreibung (2.21) abgeleitet werden. Da es sich um eine lineare Systembeschreibung handelt, muß das Überlagerungsprinzip gelten, von dem wir hier Gebrauch machen wollen. Hierzu zerlegen wir die Lösung für einen Anfangszustand x_0 und eine beliebige Eingangsgröße $u(t)$, $t > 0$ in zwei Lösungsanteile für $x_1(0) = x_0$ mit $u_1(t) = 0$ und $x_2(0) = 0$ mit $u_2(t) = u(t)$, die dann zur Gesamtlösung überlagert werden. In diesem Sinne wird von der *inhomogenen* Differentialgleichung (2.21) ein *homogener* Anteil zunächst abgespalten:

$$\underbrace{\underbrace{\dot{x}(t) = -a\,x(t)}_{\textit{homogene Dgl.}} + b\,u(t)}_{\textit{inhomogene Dgl.}} \,. \qquad (2.22)$$

Der erste Lösungsanteil mit $u_1(t) = 0$ betrifft demnach nur die homogene Differentialgleichung, für die jetzt ein Lösungsansatz der Form

$$x_h(t) = c_h\,e^{\lambda t} \qquad (2.23)$$

gemacht wird. In (2.21) eingesetzt, ergibt dies

$$\lambda \not{c}_h\,e^{\lambda t} = -a \not{c}_h\,e^{\lambda t}.$$

Wir wollen nun die Triviallösung $c_h = 0 = x_h(t)$ ausschließen (diese Lösung existiert zwar mathematisch formal, sie hat aber physikalisch für allgemeine x_0 keinen Sinn), was bedeutet, daß wir $c_h \neq 0$ voraussetzen. Dann können wir in der obigen Beziehung durch c_h dividieren; der Faktor $e^{\lambda t}$ auf beiden Seiten ist für endliche $t > 0$ immer von Null verschieden, so daß wir auch ihn auf beiden Seiten kürzen können. Wir erhalten

$$\lambda = -a$$

bzw.

$$\lambda + a = 0\,. \tag{2.24}$$

Diese Gleichung für die Konstante λ heißt auch die *charakteristische Gleichung* der vorliegenden Systembeschreibung 1. Ordnung. Die linke Seite von (2.24) ist ein Polynom 1. Ordnung in λ, das *charakteristische Polynom* . Die Lösung der charakteristischen Gleichung

$$\lambda = -a$$

bestimmt den Parameter λ, der auch *Eigenwert* heißt.

Gemäß unserer Aufspaltung der Lösungsanteile muß die homogene Lösung den Anfangswert x_0 befriedigen, d. h. sie muß für $t = 0$ durch den Punkt

$$x_0 = x_h(0) = c_h e^{-a\cdot 0} = c_h \tag{2.25}$$

laufen. Hieraus ergibt sich, daß die Konstante c_h gleich dem Anfangswert x_0 ist, wodurch die homogene Lösung festliegt:

$$x_h(t) = x_0 \cdot e^{-at}\,. \tag{2.26}$$

In Abhängigkeit vom Wert des Parameters a ergeben sich verschiedene Zeitverläufe für diese Lösung

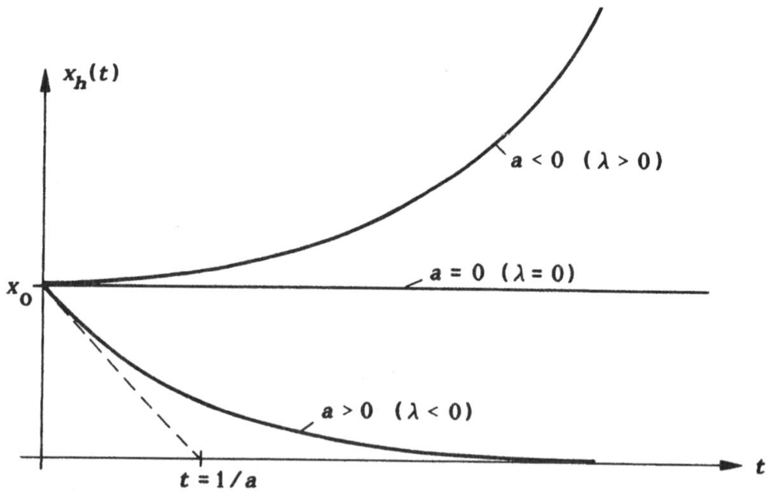

Bild 2.7. Eigenbewegungen des Systems 1. Ordnung

Die durch den Eigenwert λ geprägte Zeitfunktion $c_h \, e^{\lambda t}$ der homogenen Lösung heißt auch die *Eigenbewegung* des Systems. Aus Bild 2.7. erkennt man, daß eine Eigenbewegung nur abklingt, d. h. *stabil* verläuft, wenn $\lambda < 0$ bzw. $a > 0$ ist. Für $\lambda > 0$ ergibt sich eine *instabile* Eigenbewegung, die mit wachsendem t unbegrenzt wächst.

Für den Grenzfall $a = 0$ vereinfacht sich die Differentialgleichung zu

$$\dot{x}(t) = b\, u(t), \tag{2.27}$$

bzw. wenn man auf beiden Seiten integriert, zu

$$x(t) - x(t_0) = b \int_{t_0}^{t} u(\tau)\, d\tau . \tag{2.28}$$

Danach ergibt sich die Größe $x(t)$ als Integral über den Verlauf der Eingangsgröße; ein solches System stellt einen *Integrator* dar.

Eine nützliche Eigenschaft für die Konstruktion einer abklingenden Eigenbewegung ergibt sich, wenn man im Punkt x_0 eine Tangente an den Verlauf $x_h(t)$ legt. Diese schneidet die Zeitachse (wie man auch leicht rechnerisch nachweisen kann) an der Stelle $t = T = 1/a$, bei der der tatsächliche Wert 37 % des Anfangswerts beträgt; dieser Wert $T = 1/a = 1/|\lambda|$ heißt auch die *Zeitkonstante* des Systems. (Da a die Dimension $1/s$ hat, hat T die Dimension s, ist also tatsächlich ein Zeitwert.) Es ist übrigens eine Eigenschaft der Exponentialfunktion, daß die Tangente an einen beliebigen Punkt zum Zeitpunkt t_1 die Zeitachse T Sekunden später schneidet.

Für den zweiten Lösungsanteil mit $x_2(0) = 0$, $u_2(t) = u(t)$, die partikuläre Lösung, macht man einen Lösungsansatz von der Form (2.23), bei dem aber der Vorfaktor c jetzt allgemeiner als Zeitfunktion angenommen wird ("Variation" der Konstanten)

$$x(t) = c(t)\, e^{-at} . \tag{2.29}$$

In die Differentialgleichung (2.21) eingesetzt ergibt dies

$$\dot{c}(t)\, e^{-at} - \cancel{a\, c(t)\, e^{-at}} = - \cancel{a\, c(t)\, e^{-at}} + b\, u(t),$$

wobei sich auf beiden Seiten zwei gleiche Summanden aufheben. Man erhält somit

$$\dot{c}(t) = e^{at}\, b\, u(t) . \tag{2.30}$$

Dies ist zwar wiederum eine Differentialgleichung, ihre Form ist aber einfacher als die von (2.21), da die Variable $c(t)$ nur in ihrer Ableitung auftritt. Wir können nun auf beiden Seiten zwischen den Grenzen 0 und t formal integrieren und erhalten

$$c(t) - c(0) = \int_0^t e^{a\tau} b\, u(\tau)\, d\tau . \tag{2.31}$$

(Da als obere Grenze die laufende Zeit t gewählt wurde, muß unter dem Integral zu einer neuen Variablen τ übergegangen werden.) Da dieser Lösungsanteil die Anfangsbedingung

$$x_p(0) = x_2(0) = c(0)\cdot 1 = 0$$

erfüllen muß, fällt der Anfangswert $c(0) = 0$ in (2.31) weg. Für die inhomogene Lösung erhält man aus (2.29) mit (2.31)

$$x_p(t) = \int_0^t e^{-a(t-\tau)} b\, u(\tau)\, d\tau . \tag{2.32}$$

Dieses Integral wird auch als *Faltungsintegral* bezeichnet, und die Operation, die hierin die Eingangsgröße $u(t)$ mit der Eigenbewegung e^{-at} verknüpft, nennt man *Faltung* .

Die Gesamtlösung läßt sich dann als additive Überlagerung beider Lösungsanteile angeben

$$\boxed{x(t) = x_h(t) + x_p(t) = x_0 e^{-at} + \int_0^t e^{-a(t-\tau)} b\, u(\tau)\, d\tau .} \tag{2.33}$$

Daß die Lösung hier noch das Faltungsintegral enthält und sich nicht unmittelbar durch Zeitfunktionen darstellen läßt, darf nicht verwundern, da bis jetzt $u(t)$ noch nicht näher festgelegt wurde.

Bemerkung: Ein einfacher Sonderfall liegt vor, wenn $a = 0$ ist. Im Beispiel bedeutet dies, daß der Füllbehälter keinen Abfluß hat. Die Differentialgleichung (2.21) nimmt in diesem Fall die Form (2.27) an, und die Lösung nach (2.33) geht in die Darstellung (2.28) über, wie man leicht nachvollziehen kann. Danach ist der Wert der Größe $x(t)$ ausgehend vom Anfangswert x_0 das mit b gewichtete Integral über die Eingangsgröße; das System hat das Übertragungsverhalten eines Integrators. Andere physikalische Beispiele neben dem des Füllbehälters ohne Abfluß sind Spannung und Strom an einer Kapazität, wo gilt

$$\frac{du}{dt} = \frac{1}{C}\, i(t)$$

oder Strom und Spannung an einer (idealen) Induktivität:

$$\frac{di}{dt} = \frac{1}{L}\, u(t) .$$

2.1.3 Systemantwort auf Standard-Eingangsfunktionen

Für einige bedeutsame Spezialfälle soll nun die allgemeine Systemantwort (2.33) konkret berechnet werden. Hierfür wird zur Vereinfachung der Anfangswert zu Null gesetzt, d. h.

$$x(0) = x_0 = 0 ,$$

um die homogene Systemantwort nicht jedesmal in der Lösung addieren zu müssen.

Impulsantwort, $u(t) = \delta(t)$

Sei die Eingangsgröße ein Impuls, der in einem sehr kurzen Zeitintervall dem System eine bestimmte Menge Energie zuführt. Es gibt verschiedene Möglichkeiten, diesen Impuls mathematisch zu beschreiben. Eine saubere, aber auch sehr abstrakte mathematische Behandlung müßte über die Theorie der Distributionen erfolgen ([12]), was hier der Einfachheit halber unterlassen wird. Wir wollen hier die folgende Definition verwenden:

$$\delta(t) = \lim_{\varepsilon \to 0} \delta^*(t) = \begin{cases} \frac{1}{\varepsilon} & \text{für } 0 \le t \le \varepsilon \\ 0 & \text{sonst} . \end{cases} \tag{2.34}$$

Wie man sich auch anhand von Bild 2.8 klarmachen kann, ist hiermit ein unendlich kurzer und dabei unendlich hoher Impuls beschrieben, dessen Fläche gerade 1 ist. Diese mathematische Beschreibung ist streng genommen physikalisch nicht realisierbar, da sich unendlich große Signalwerte nicht erzeugen lassen. Bei einem praktischen Experiment würde aber ein Impuls endlicher Breite und endlicher Höhe nahezu dieselbe Impulsantwort erzeugen, wenn die Impulsdauer sehr klein im Verhältnis zur Zeitkonstanten $T = 1/a$ des Systems ist.

Mit $x_0 = 0$ und $u(t) = \delta(t)$ nach (2.34) erhalten wir aus (2.33):

$$x_\delta(t) = b\,\mathrm{e}^{-at}\int_0^t \mathrm{e}^{a\tau}u(\tau)\,\mathrm{d}\tau =$$

$$= b\,\mathrm{e}^{-at}\lim_{\varepsilon\to 0}\int_0^\varepsilon \underbrace{\mathrm{e}^{a\tau}}_{\approx 1}\frac{1}{\varepsilon}\,\mathrm{d}\tau =$$

$$= b\,\mathrm{e}^{-at}\lim_{\varepsilon\to 0}\int_0^\varepsilon \frac{1}{\varepsilon}\,\mathrm{d}\tau = b\,\mathrm{e}^{-at},$$

also

$$\boxed{x_\delta(t) = b\,\mathrm{e}^{-at} \quad \text{für} \quad t > 0\,.} \tag{2.35}$$

Wir erkennen hieraus: das System antwortet auf einen Einheitsimpuls mit seiner mit b gewichteten Eigenbewegung. Mit anderen Worten: die in unendlich kurzer Zeit zugeführte Energie des Einheitsimpulses wirkt sich so aus, als würde man zum Zeitpunkt $t = 0$ den Anfangswert $x(t) = b$ erzeugen.

Bild 2.8 zeigt die Impulsfunktion für kleines, aber endliches ε und die Impulsantwort.

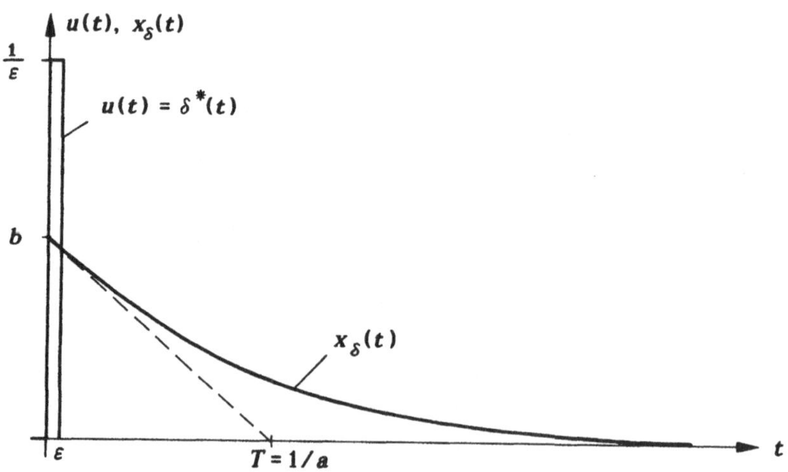

Bild 2.8. Impulsantwort des Systems 1. Ordnung

Über die bereits bei der homogenen Systemantwort angesprochene Tangenten-Konstruktion kann man aus der Impulsantwort die beiden Systemparameter a und b ablesen, die die Dgl. (2.21) des Systems 1. Ordnung eindeutig bestimmen. Diese Ermittlung der Parameter eines System-Modells aus der experimentell gemessenen Systemantwort (nicht notwendigerweise der Impulsantwort) nennt man *Systemidentifizierung*; diese ist ein wichtiges Teilproblem bei der Erstellung eines mathematischen Modells für ein dynamisches System.

Mit der Impulsantwort des Systems läßt sich auch das Faltungsintegral anschaulich interpretieren. (Dies gilt für Systeme beliebiger Ordnung.) Ein beliebiger Verlauf $u(t)$ läßt sich in infinitesimal schmale Einzelimpulse der Höhe $u(t)$ und der Fläche $u(t) \cdot d\tau$ zerlegen. Auf einen solchen Impuls, der nicht zur Zeit $t = 0$ sondern zur Zeit $t = \tau$ erfolgt, antwortet das System mit seiner Impulsantwort

$$u(\tau)\,\mathrm{d}\tau\; b\,\mathrm{e}^{-a(t-\tau)} .$$

Der Verlauf $u(t)$ ist die additive Überlagerung aller dieser Impulse von 0 bis t. Nach dem Überlagerungsprinzip muß auch die Systemantwort die additive Überlagerung aller dieser Impulsantworten sein. Da die Impulse unendlich dicht liegen, geht die entsprechende Summe in ein Integral, das Faltungsintegral, über. Bild 2.9 verdeutlicht dies.

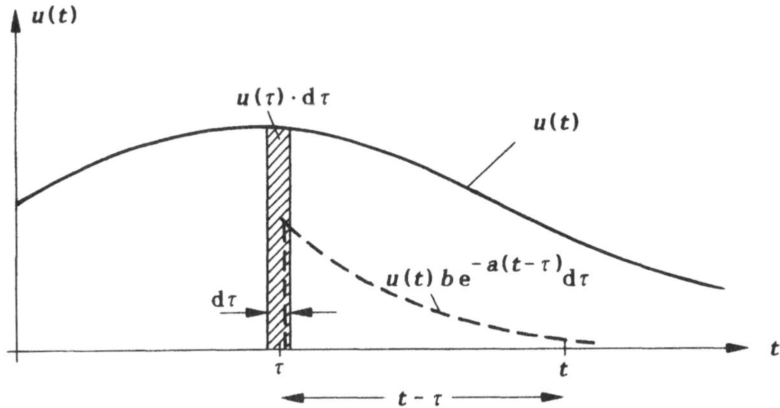

Bild 2.9. Zur Interpretation des Faltungsintegrals

Sprungantwort, $u(t) = \sigma(t)$

Es sei nun die Eingangsgröße ein Einheitssprung, d. h. $u(t)$ springt zum Zeitpunkt $t = 0$ vom Wert 0 auf den Wert 1 . (Bei einem Sprung von 0 auf einen beliebigen Wert c antwortet das System nach dem Verstärkungsprinzip mit der c - fachen Sprungantwort.) Man schreibt hierfür

$$u_\sigma(t) = \sigma(t) = \begin{cases} 1 & \text{für} \quad t > 0 \\ 0 & \text{für} \quad t \le 0 \end{cases} . \tag{2.36}$$

Dieses Eingangssignal in die allgemeine Systemantwort (2.33) eingesetzt ergibt

$$x(t) = b\int_0^t e^{-a(t-\tau)} \cdot 1\,d\tau = b\,e^{-at}\int_0^t e^{a\tau}\,d\tau =$$

$$= \frac{b}{a}\,e^{-at}\left[e^{a\tau}\right]_0^t = \frac{b}{a}\left[1 - e^{-at}\right],$$

also

$$\boxed{x_\sigma(t) = \frac{b}{a}\left[1 - e^{-at}\right]} \quad (t > 0). \tag{2.37}$$

Bild 2.10 zeigt Einheitssprung und Sprungantwort.

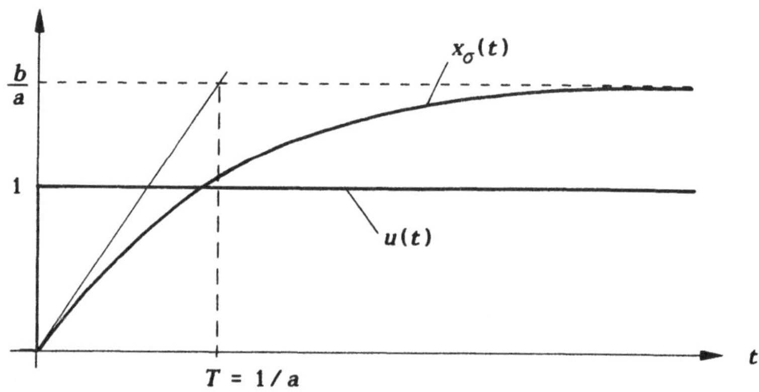

Bild 2.10. Sprungantwort des Systems 1. Ordnung

Wie man dem Bild 2.10 entnimmt, ist die Sprungantwort wieder durch die Eigenbewegung e^{-at} bestimmt. Folglich gilt auch hier die Tangenten - Konstruktion, mit der man den Wert $T = 1/a$ ablesen kann. Der Endwert läuft gegen den Wert b/a. Damit lassen sich auch aus der Sprungantwort beide Systemparameter a und b entnehmen (Systemidentifizierung). Wie man zeigen kann, ist die Sprungfunktion $\sigma(t)$ das Integral über den Einheitsimpuls $\delta(t)$, und ebenso ist die Sprungantwort das Integral über die Impulsantwort, was durch folgendes Schema versinnbildlicht wird:

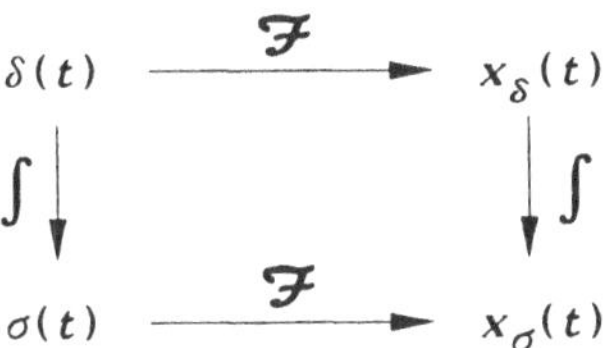

Im Sonderfall $a = 0$ (Integrator) kann die Sprungantwort durch einen Grenzübergang aus (2.37) oder direkt aus (2.28) berechnet werden zu

$$x(t) = b\, t\, \sigma(t)\,. \tag{2.38}$$

Dies ist ein mit der Steigung b linear anwachsender Verlauf; man nennt ihn auch eine *Rampenfunktion* .

Wir haben im Vorgriff auf diese Ergebnisse im Kapitel 1 die Sprungantwort eines linearen, dynamischen Übertragungsgliedes 1. Ordnung als Symbol zur Kennzeichnung des Übertragungsverhaltens im Signalflußbild eingeführt. Dies soll hier noch einmal herausgestellt werden. Für das Integrier-Glied wollen wir hier eine weitere Möglichkeit der Kennzeichnung einführen, die das Integralzeichen als Symbol verwendet.

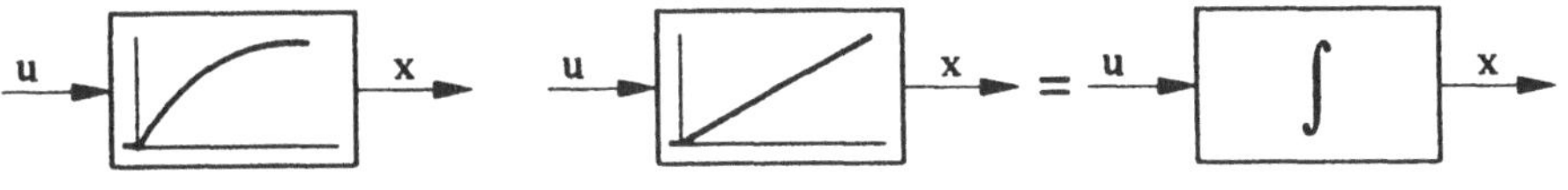

a) Verzögerungsglied b) Integrator

Bild 2.11. Signalflußbild für das Verzögerungsglied 1. Ordnung und das Integrierglied (Integrator)

Wenn man die Dgl. (2.21) formal auf beiden Seiten integriert, erhält man eine Integralgleichung

$$x(t) - x(0) = \int_0^t \left[-a\,x(\tau) + b\,u(\tau)\right] d\tau\,, \tag{2.39}$$

die mit Hilfe des Symbols eines Integrators auch durch das detaillierte Signalflußbild 2.12 grafisch dargestellt werden kann. Die Darstellung nach Bild 2.11a ist dieser äquivalent, die erste ist kompakter, die zweite ausführlicher.

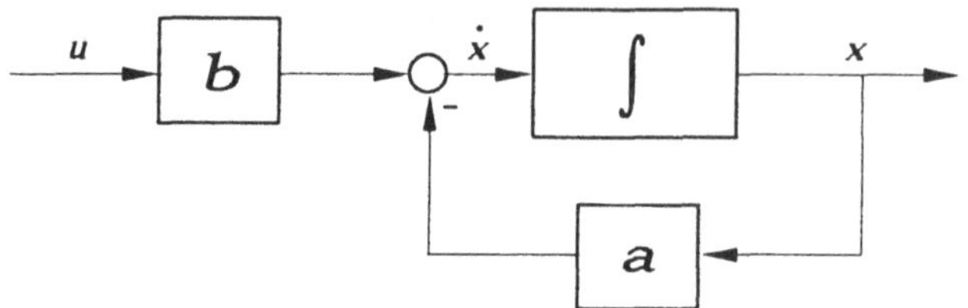

Bild 2.12. Verfeinertes Signalflußbild des Verzögerungsgliedes 1. Ordnung

Treppenfunktion, $u(t)$ stückweise konstant

Es werde nun der Fall betrachtet, daß die Eingangsgröße $u(t)$ treppenförmig verläuft, wobei sie jeweils nach ΔT Sekunden einen neuen Wert annimmt und diesen bis zum nächsten Schaltzeitpunkt konstant beibehält

$$u(t) = u_k = \text{const} \quad \text{für} \quad k\Delta T \leq t < (k+1)\Delta T. \tag{2.40}$$

(Ein beispielhafter Verlauf ist unten im Bild 2.13 gegeben.)

Dieser Fall ist insbesondere dann von Bedeutung, wenn als Steuerelement oder Regler eine digitale Einheit zur Erzeugung des Eingangsgrößenverlaufs verwendet wird. Da digitale Komponenten zeitdiskret arbeiten und oftmals eine Reihe von verschiedenen Aufgaben sequentiell abzuarbeiten haben (z. B. beim Prozeßrechner, der i. a. viele Regelkreise bedient und daneben auch andere Überwachungs- und Steuerungsaufgaben versieht), wird das Einzelsystem immer erst nach ΔT Sekunden mit einer neuen Stellgröße beaufschlagt, die dann durch ein Halteglied bis zum nächsten Zeitpunkt beibehalten wird.

Die Systemantwort läßt sich nun mit Hilfe der Sprungantwort stückweise ermitteln. Zunächst betrachten wir nur das erste Zeitintervall, in dem ein Sprung der Höhe u_0 auf das System wirkt. Hierauf antwortet das System zunächst mit seiner Sprungantwort (mit dem Faktor u_0 gewichtet), zu der wir in diesem Fall noch die homogene Lösung für einen Anfangszustand $x(0) \neq 0$ hinzufügen:

$0 < t \leq \Delta T$

$$x(t) = e^{-at}x(0) + \frac{b}{a}\left[1 - e^{-at}\right]u_0. \tag{2.41}$$

Insbesondere gilt für den Endpunkt des Zeitintervalls

$t = \Delta T$

$$x(\Delta T) = e^{-a\Delta T} x(0) + \frac{b}{a}\left[1 - e^{-a\Delta T}\right] u_0 . \qquad (2.42)$$

Nun betrachten wir das nächste Zeitintervall. Man könnte hierbei den zusätzlichen Sprung der Höhe $(u_1 - u_0) \cdot \sigma(t - \Delta T)$ im Sinne des Überlagerungsprinzips hinzuaddieren und die entsprechende Sprungantwort für $t > \Delta T$ zur obigen Lösung ergänzen. Diesen Weg wollen wir hier nicht gehen; statt dessen wählen wir uns eine neue um ΔT verschobene Zeitachse $t' = t - \Delta T$ (siehe Bild 2.13). Für diese Zeiteinteilung befinden wir uns für $t = \Delta T$ im Zeitpunkt $t' = 0$. Wir erinnern uns ferner, daß wir für die Fortsetzung der Lösung nur die Zustandsgrößen zum Anfangszeitpunkt und den folgenden Verlauf der Eingangsgröße kennen müssen (vgl. Definition 2.1). Hier bedeutet das, daß wir für die Lösung im Intervall $0 \le t' \le \Delta T$ (d. h. in $\Delta T \le t \le 2\,\Delta T$) nur den Anfangswert $x(t' = 0) = x(t = \Delta T)$ und den Verlauf von $u(t)$ in diesem Intervall kennen müssen. Für dieses Intervall liegt aber $u(t)$ wiederum als Sprungfunktion der Höhe u_1 vor, so daß bezüglich der t'-Achse das erste Zeitintervall wie oben behandelt werden kann:

$\Delta T \le t < 2\Delta T$ d. h. $0 \le t' < \Delta T$

$$x(t') = e^{-at'} x(t' = 0) + \frac{b}{a}\left[1 - e^{-at'}\right] u_1 . \qquad (2.43)$$

Wenn man hierin t' formal wieder durch $t - \Delta T$ ersetzt, ergibt sich

$$x(t) = e^{-a(t-\Delta T)} x(\Delta T) + \frac{b}{a}\left[1 - e^{-a(t-\Delta T)}\right] u_1 , \qquad (2.44)$$

wobei insbesondere für den Endzeitpunkt dieses Intervalls gilt

$t = 2\Delta T$

$$x(2\Delta T) = e^{-a\Delta T} x(\Delta T) + \frac{b}{a}\left[1 - e^{-a\Delta T}\right] u_1 . \qquad (2.45)$$

(Man mag sich fragen, ob es korrekt ist, daß der Zeitpunkt $t = \Delta T$ in beiden Intervallen enthalten ist. Es läßt sich nun zeigen, daß Zustandsgrößen immer stetig verlaufen, sofern die Eingangsgröße keine Dirac-Impulse enthält. Die Lösung ist folglich auch im Zeitpunkt $t = k\Delta T$ stetig, so daß dieser Punkt ohne Widerspruch in beide angrenzenden Zeitintervalle einbezogen werden kann.)

Diese Vorgehensweise kann nun für das folgende und alle weiteren Intervalle fortgesetzt werden (mit den Abkürzungen $x_2 = x(2\Delta T)$ und $x_k = x(k\Delta T)$):

$2\Delta T \le t \le 3\Delta T$

$$x(t) = e^{-a(t-2\Delta T)}x_2 + \frac{b}{a}\left[1 - e^{-a(t-2\Delta T)}\right]u_2, \qquad (2.46)$$

$t = 3\Delta T$

$$x(3\Delta T) = x_3 = e^{-a\Delta T}x_2 + \frac{b}{a}\left[1 - e^{-a\Delta T}\right]u_2. \qquad (2.47)$$

Allgemein gilt:

$k\Delta T \le t \le (k+1)\Delta T$

$$x(t) = e^{-a(t-k\Delta T)}x_k + \frac{b}{a}\left[1 - e^{-a(t-k\Delta T)}\right]u_k, \qquad (2.48)$$

$t = (k+1)\Delta T$

$$x_{k+1} = e^{-a\Delta T}x_k + \frac{b}{a}\left[1 - e^{-a\Delta T}\right]u_k. \qquad (2.49)$$

Betrachtet man nur die diskreten Zeitpunkte $k\Delta T$, so erkennt man aus den Beziehungen (2.42) bis (2.49), daß die Zustandsvariable x_k und die Eingangsgröße u_k jeweils mit den gleichbleibenden Vorfaktoren

$$\Phi(\Delta T) = e^{-a\Delta T}; \qquad h(\Delta T) = \frac{b}{a}\left[1 - e^{-a\Delta T}\right] \qquad (2.50)$$

multipliziert werden, um den neuen Wert x_{k+1} zu bestimmen. Beschränkt man sich also bei stückweise konstanter Eingangsgröße nur auf die diskreten Zeitpunkte $k\Delta T$, so kann das ursprünglich durch eine Differentialgleichung beschriebene System auch durch die folgende *Differenzengleichung* 1. Ordnung beschrieben werden

$$\boxed{x_{k+1} = \Phi(\Delta T)\, x_k + h(\Delta T)\, u_k\,.} \qquad (2.51)$$

Zeitdiskrete Systeme haben in der Systemanalyse viele Parallelitäten und Gemeinsamkeiten mit den zeitkontinuierlichen Systemen. Differenzengleichungen haben den zusätzlichen Vorteil, daß sie sich leicht lösen lassen; sie stellen ja unmittelbar eine Rekursionsbeziehung dar, über deren iterative Auswertung man schrittweise die Folge aufeinanderfolgender Zustandswerte (d. h. die zeitdiskrete *Trajektorie* des Systemzustands) berechnen kann.

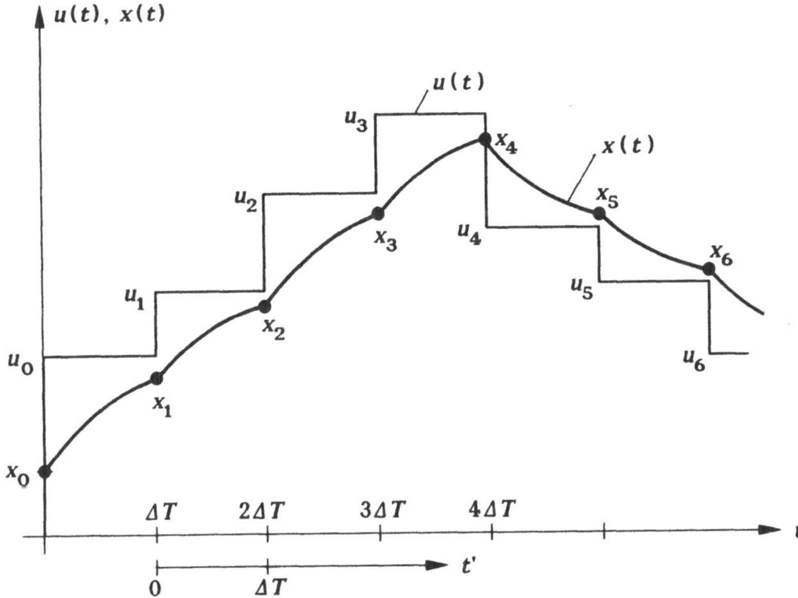

Bild 2.13 Systemantwort auf eine Treppenfunktion

Wir wollen uns an dieser Stelle noch mit der homogenen Lösung einer Differenzengleichung befassen. Setzen wir in (2.51) $u_k = 0$, erhalten wir die Folge

$$\begin{aligned} x_0 &= x(0) \\ x_1 &= \Phi\, x_0 \\ x_2 &= \Phi\, x_1 = \Phi^2 x_0 \\ &\vdots \\ x_k &= \Phi\, x_{k-1} = \Phi^k x_0 \,. \end{aligned} \tag{2.52}$$

Die Abfolge der Zustandswerte x_k bilden, wie man anhand der rechten Seite sieht, eine geometrische Folge $\{\Phi^k\}\, x_0$. Diese – und damit die homogene Lösung – konvergiert für wachsende k genau dann gegen Null, wenn

$$|\,\Phi\,| < 1 \,. \tag{2.53}$$

Wie im Falle eines kontinuierlichen Systems 1. Ordnung stellt auch hier die homogene Systemantwort die *Eigenbewegung* des Systems dar, die allgemein die Form einer Folge hat

$$x_h(k) = c \cdot \Phi^k. \tag{2.54}$$

Hier haben wir eine zeitdiskrete Beschreibung durch Diskretisierung der Lösung eines kontinuierlichen Systems für stückweise konstante Eingangsgrößen erhalten. Daneben gibt es auch eine Reihe von Prozessen, die von Natur aus zeitdiskret sind, für die es also keine zeitkontinuierliche Beschreibung gibt. Beispiele sind Ernteerträge, die nur von Jahr zu Jahr festgestellt werden, Populationen in der Biologie, die dem Rythmus des Generationswechsels unterliegen, Belegungen von Verkehrsmitteln, wirtschaftliche Erträge, amtliche Devisenkurse u. a. m.

Während die gefundene Lösung (2.49) bzw. (2.51) in den Schaltpunkten *exakt* gilt, kann man auf die folgende Weise auch eine Differenzengleichung ableiten, die nur *näherungsweise* gilt. Hierzu ersetzt man in der Differentialgleichung (2.21) den Differentialquotienten durch den Differenzenquotienten

$$\frac{\mathrm{d}x}{\mathrm{d}t} \approx \frac{x_{k+1} - x_k}{\Delta T}. \tag{2.55}$$

(Dies entspricht der *Euler* - schen Formel für die numerische Integration von Differentialgleichungen.) Diese Approximation eingesetzt, ergibt nach kurzer Zwischenrechnung (die rechte Seite von (2.21) zum Zeitpunkt $k\Delta T$ notiert):

$$x_{k+1} = (1 - a\Delta T)\,x_k + (b\,\Delta T)\,u_k\,. \tag{2.56}$$

Ein Vergleich mit (2.49) zeigt, daß die in runden Klammern stehenden Vorfaktoren jeweils die ersten Glieder einer Taylor-Entwicklung der Funktionen $\Phi(\Delta T)$ und $h(\Delta T)$ sind. Diese Approximation ist also desto besser, je kleiner ΔT ist.

Kosinusantwort ,	$u(t) = \cos \omega t$
Harmonische Antwort,	$u(t) = \mathrm{e}^{\mathrm{j}\omega t}$

Die Reaktion eines Übertragungssystems auf eine harmonische, d. h. sinus- bzw. kosinusförmige Anregung hat in der Systemtheorie eine besondere Bedeutung, wie wir im folgenden noch sehen werden. Wir wollen hier für das vorliegende System 1. Ordnung die Kosinusantwort, d. h. die Antwort auf die Eingangsgröße $u(t) = \cos \omega t \cdot \sigma(t)$ berechnen. Dies ist eine Kosinusschwingung der *Kreisfrequenz* ω, die zum Zeitpunkt $t = 0$ sprungartig aufgeschaltet wird, wie es im Bild 2.14 dargestellt ist. (Das Abschneiden der Schwingung für $t \leq 0$

wird durch die Multiplikation mit der Sprungfunktion $\sigma(t)$ bewirkt.) Die Antwort des Systems auf eine Sinusschwingung oder eine Kosinusschwingung mit einer allgemeinen Phasenlage φ_0 $\left(u(t) = \cos(\omega t + \varphi_0) \right)$ läßt sich entsprechend bestimmen.

Aus folgenden Gründen ist es nun zweckmäßig, die Berechnung der harmonischen Antwort im Komplexen durchzuführen:

- es führt zu einem einfacheren Rechengang;
- wir erhalten eine kompaktere Schreibweise der Systemantwort;
- es ergibt sich eine unmittelbare Beziehung zum *Frequenzgang* (s. u.);
- der Zusammenhang zur Fourier- und zur Laplace-Transformation wird transparenter (siehe Kapitel 3).

Hierzu schreiben wir zunächst

$$u(t) = \sigma(t) \cdot \cos \omega t = \sigma(t) \cdot \mathrm{Re}\{ e^{j\omega t} \}. \tag{2.57}$$

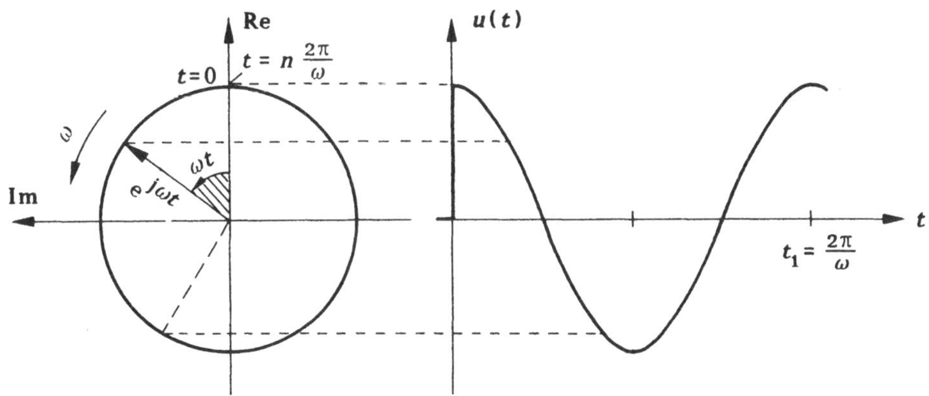

Bild 2.14. Kosinusschwingung als Realteil eines rotierenden komplexen Zeigers

Hierin bezeichnet Re{ } die Bildung des Realteils von der komplexen Zahl in den Klammern, hier $e^{j\omega t}$. Stellt man diese in der komplexen Ebene unter Beachtung des Satzes von *Moivre* dar, so ergibt sich ein Zeiger der Länge 1, der gegenüber der positiven reellen Achse um den Winkel $\varphi(t) = \omega t$ im mathematisch positiven Sinn verschoben ist. Mit wachsender Zeit t wächst dieser Winkel linear an und hat nach

$$t_1 = \frac{2\pi}{\omega} \tag{2.58}$$

einen Vollwinkel von $360^0 = 2\pi$ erreicht. ω ist hierbei die Winkelgeschwindigkeit

$$\omega = \dot{\varphi}(t) = \frac{d}{dt}(\omega \cdot t) \tag{2.59}$$

Bildet man von diesem rotierenden Zeiger den Realteil (das ist die Projektion des Zeigers auf die reelle Achse) und trägt diesen gemäß Bild 2.14 über der Zeitachse auf, so erhält man eine Kosinusfunktion, was sich auch über die *Euler* - schen Formeln zeigen läßt

$$\begin{aligned} e^{j\omega t} &= \frac{1}{2}\left[e^{j\omega t} + e^{-j\omega t}\right] + j\frac{1}{2j}\left[e^{j\omega t} - e^{-j\omega t}\right] = \\ &= \cos\omega t + j\sin\omega t \end{aligned} \tag{2.60}$$

Wir setzen nun für $x(0) = 0$ die Eingangsgröße nach (2.57) in das Faltungsintegral (2.32) ein und erhalten für die Systemantwort (die Bildung des Realteils kann dabei vor das Integral gezogen werden):

$$x_\sim(t) = \mathrm{Re}\left\{b e^{-at}\int_0^t e^{a\tau} e^{j\omega\tau} d\tau\right\} = \mathrm{Re}\left\{b e^{-at}\left[\frac{1}{a+j\omega} e^{(a+j\omega)\tau}\right]_0^t\right\}$$

$$x_\sim(t) = \mathrm{Re}\left\{\frac{b}{a+j\omega}\left(e^{j\omega t} - e^{-at}\right)\right\}\cdot\sigma(t)\,. \tag{2.61}$$

Dies ist bereits die Systemantwort in komplexer Darstellung. Sie besteht aus der additiven Überlagerung zweier Zeitfunktionen: einer harmonischen Schwingung $e^{j\omega t}$ und der Eigenbewegung e^{-at}. Beide Anteile werden mit dem ebenfalls komplexen Vorfaktor $b/(a+j\omega)$ multipliziert, in dem einmal die beiden Systemparameter a und b und zum anderen die Kreisfrequenz ω auftreten. Dieser Faktor ist also eine komplexe Funktion von ω.

Der Vorteil einer kompakten Schreibweise wird hier allerdings eingehandelt damit, daß die eigentliche Systemlösung nicht explizit als reelle Zeitfunktion vorliegt. Für eine solche Darstellung muß man den Realteil von (2.61) auswerten. Wir erinnern uns hierzu an die Multiplikationsregel für komplexe Zahlen

$$z_1 \cdot z_2 = |z_1|\, e^{j\varphi_1} \cdot |z_2|\, e^{j\varphi_2} = |z_1|\cdot|z_2|\cdot e^{j(\varphi_1+\varphi_2)}, \tag{2.62}$$

nach der Beträge zu multiplizieren und Phasenwinkel zu addieren sind (siehe Bild 2.15).

Diese Regel wollen wir nun auf den komplexen Vorfaktor und die beiden Summanden in (2.61) anwenden.

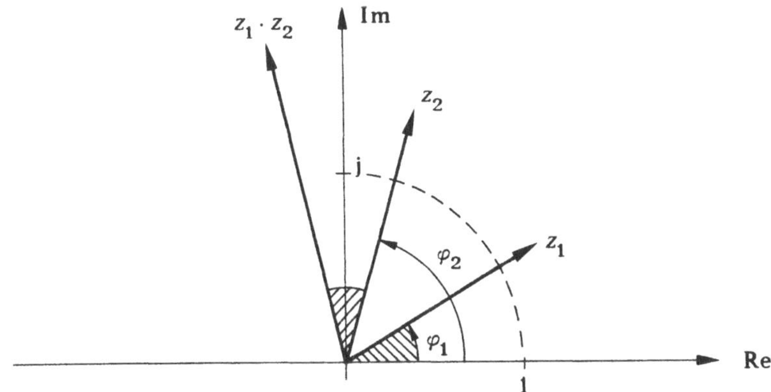

Bild 2.15. Zur Multiplikation zweier komplexer Zahlen

Führt man die komplexe Multiplikation für beide Lösungsanteile durch, so ergeben sich die in Bild 2.16 dargestellten Produktzeiger.

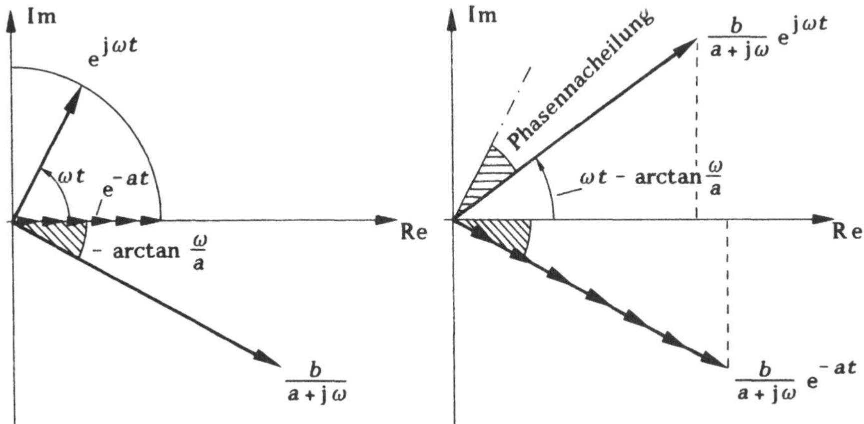

Bild 2.16. Lösungsanteile in der komplexen Ebene

Nimmt man von beiden komplexen Lösungsanteilen nun den Realteil, d. h. die Projektion der Produktzeiger auf die reelle Achse, erhält man die Lösung als reelle Zeitfunktion:

$$x_{\sim}(t) = \frac{b}{\sqrt{a^2+\omega^2}}\left[\cos\left(\omega t - \arctan\frac{\omega}{a}\right) - e^{-at}\cos\left(-\arctan\frac{\omega}{a}\right)\right]. \tag{2.63}$$

Diese Lösung, als Zeitfunktion aufgetragen, ergibt das Bild 2.17 (die beiden Lösungsanteile sind gestrichelt eingezeichnet).

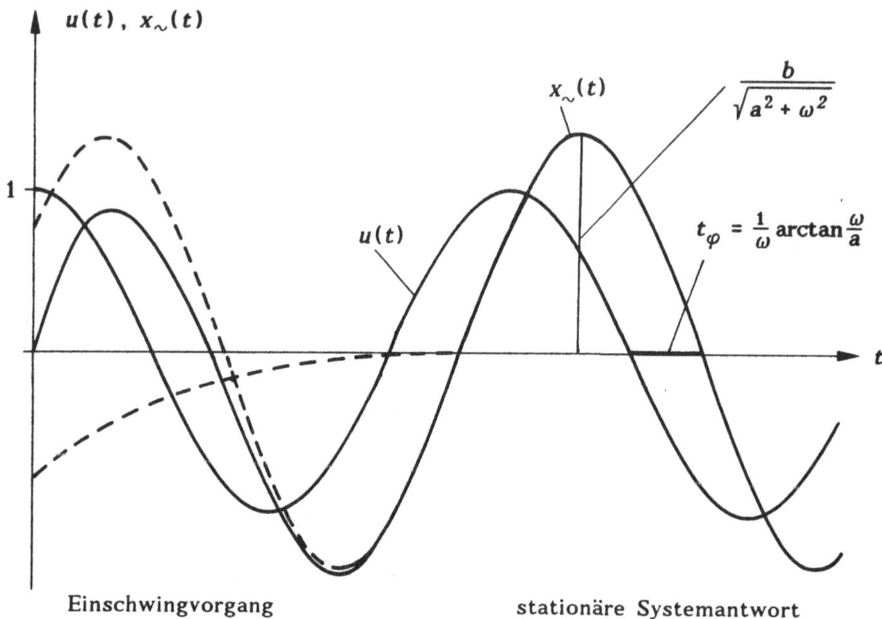

Bild 2.17. Harmonische Systemantwort des Verzögerungsgliedes 1. Ordnung

Man erkennt hieraus: die Antwort auf eine harmonische Anregung ist wiederum eine harmonische Schwingung, der sich die Eigenbewegung überlagert. Klingt die Eigenbewegung ab, stellt sich als Systemantwort eine stationäre Schwingung ein, deren Amplitude gegenüber der Amplitude des Eingangssignals um den Faktor $b/\sqrt{a^2 + \omega^2}$ verändert ist und die um die Zeit t_φ gegenüber der Eingangsschwingung verschoben ist. Diese Zeitverschiebung (man spricht auch von einer Phasenverschiebung in Anlehnung an Bild 2.16) ergibt sich aus dem Winkel, den der komplexe Vorfaktor $b/(a + \mathrm{j}\omega)$ aus (2.61) in der komplexen Ebene einnimmt. Dieser Faktor bestimmt also die stationäre Systemantwort eindeutig nach Amplitude und Phasenlage. Man nennt ihn, da er eine Funktion der Kreisfrequenz $\omega = 2\pi f$ ist, den *Frequenzgang* des Übertragungssystems und schreibt

$$G(\mathrm{j}\omega) = \frac{b}{a + \mathrm{j}\omega} = \underbrace{\frac{b}{\sqrt{a^2 + \omega^2}}}_{\textit{Betrag } |G(\mathrm{j}\omega)|} \; \underbrace{e^{\mathrm{j}(-\arctan\frac{\omega}{a})}}_{\textit{Phase} \text{ von } G(\mathrm{j}\omega)} . \tag{2.64}$$

Der Frequenzgang $G(\mathrm{j}\omega)$ eines Übertragungssystems spielt in der Regelungstechnik (wie auch in der Nachrichtentechnik und in der Meßtechnik) eine bedeutsame Rolle. Anhand des vorliegenden Systems 1. Ordnung wollen wir hierzu im nächsten Abschnitt einige wichtige Eigenschaften kennenlernen.

2.1.4 Der Frequenzgang

Wie die oben durchgeführte Rechnung zeigt, gilt nach dem Abklingen der Eigenbewegungen für den Frequenzgang $G(\mathrm{j}\omega)$ eines linearen Übertragungssystems

$$|G(\mathrm{j}\omega)| = \frac{\text{Amplitude der Ausgangsschwingung}}{\text{Amplitude der Eingangsschwingung}}$$

$$\underline{/G(j\omega)} = \text{Phasenverschiebung der Ausgangsschwingung gegenüber der Eingangsschwingung} .$$

Der Frequenzgang, der in der Lösung (2.61) als komplexer Vorfaktor auftritt, wird dabei bestimmt durch die Systemparameter (hier a und b) und ist eine Funktion der Kreisfrequenz ω der anregenden Schwingung. Um ihn in Abhängigkeit von ω darzustellen, gibt es verschiedene Möglichkeiten. Eine kompakte Darstellung ist die als *Ortskurve* in der komplexen Ebene, die dadurch entsteht, daß man $G(\mathrm{j}\omega)$ als Zeiger in der komplexen Ebene mit ω wandern läßt und die Endpunkte des Zeigers dabei wie in Bild 2.18 zu einer geschlossenen Kurve verbindet . Die Kreisfrequenz ω tritt hierbei als Parameter an dem Kurvenzug auf. Die komplexe Ebene, in der $G(\mathrm{j}\omega)$ aufgetragen wird, wird als G-Ebene gekennzeichnet.

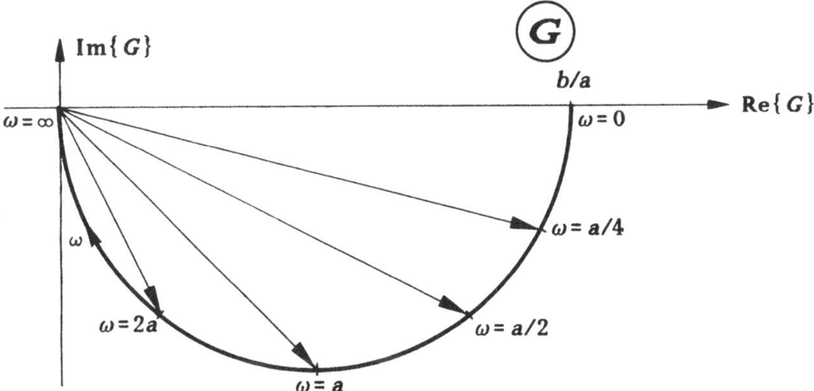

Bild 2.18. Ortskurve des Frequenzgangs eines Systems 1. Ordnung

Eine andere Möglichkeit besteht in der getrennten Darstellung von Betrag $|G(\mathrm{j}\omega)|$ und Phase $\underline{/G(\mathrm{j}\omega)}$ als gewöhnliche, reelle Funktionen der Kreisfrequenz ω, dem *Amplitudengang* $A(\omega)$ und dem *Phasengang* $\varphi(\omega)$ (Bild 2.19).

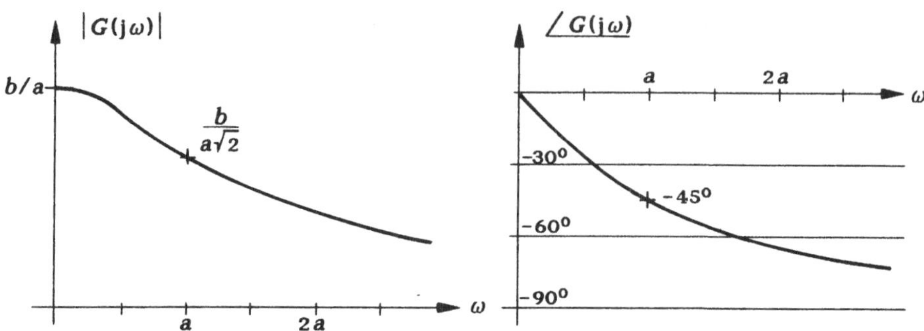

Bild 2.19. Betrag und Phase des Frequenzgangs als Funktion von ω

Eine besondere Form der Darstellung erhält man, wenn man sowohl die ω-Achse als auch die Betrags-Ordinate, nicht aber die Ordinate der Phase logarithmisch teilt, wobei allerdings der Punkt (0,0) ins negativ Unendliche rückt.

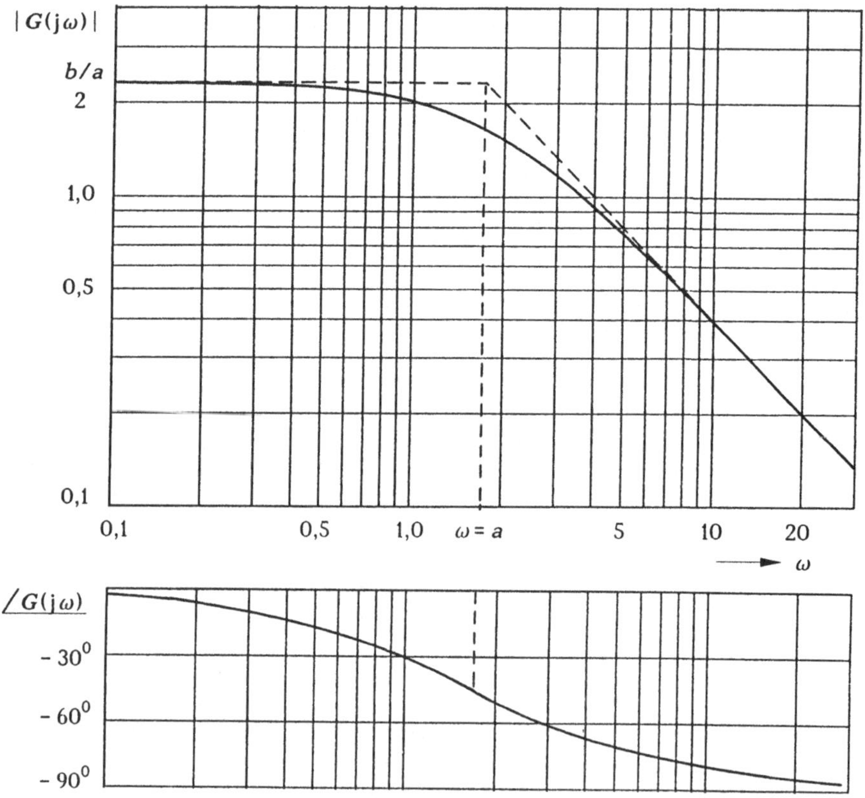

Bild 2.20. Betrag und Phase als logarithmische Frequenzkennlinien

Diese Darstellung, deren Vorteile später im Kapitel 5 noch zum Tragen kommen werden, wird als *Bode-Diagramm* oder auch als *logarithmische Frequenzkennlinien* bezeichnet (Bild 2.20).

Der Frequenzgang hat - wie mehrfach erwähnt - die physikalische Interpretation der Amplitudenverstärkung und der Phasenverschiebung zwischen den harmonischen Schwingungen am Eingang und am Ausgang eines Übertragungssystems. Dies verdeutlichen die Bilder 2.21 und 2.22 für zwei unterschiedliche Kreisfrequenzen.

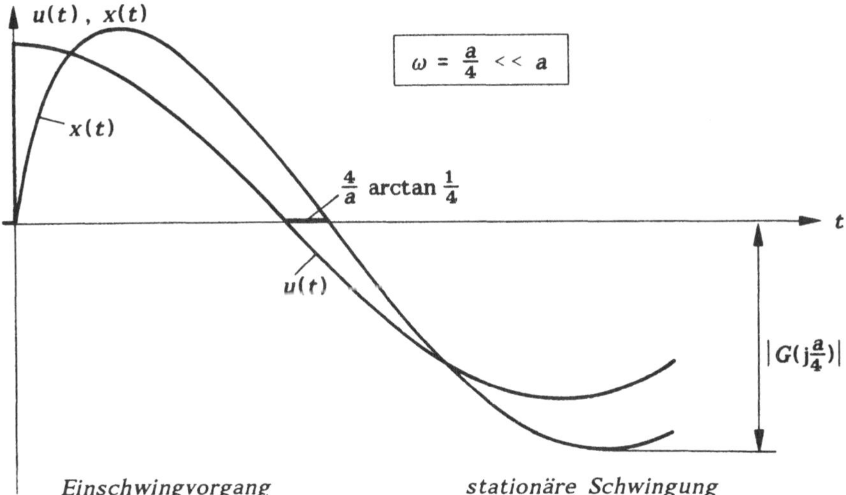

Bild 2.21. Harmonische Systemantwort für eine niedrige Frequenz (hier $\omega = a/4$)

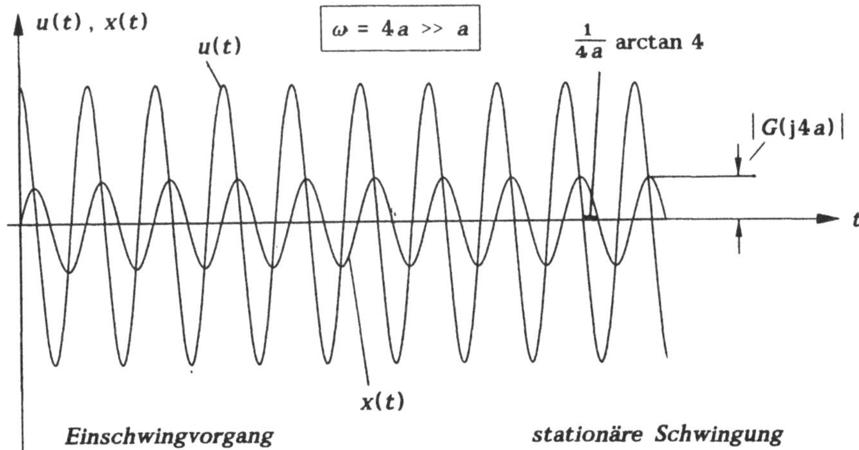

Bild 2.22. Harmonische Systemantwort für eine hohe Frequenz (hier $\omega = 4a$)

Tabelle 2.1: Übertragungssystem 1. Ordnung im Zeitbereich.

Differentialgleichung: $\dot{x}(t) + a\,x(t) = b\,u(t)$

charakteristische Gleichung: $\lambda + a = 0$

Eigenwert: $\lambda = -a$ Eigenbewegung: e^{-at}

Lösung der Dgl.:

hom. Lösung *partikuläre Lösung*

$$x(t) = x(0)\cdot e^{-at} + \int_0^t e^{-a(t-\tau)}\,b\,u(\tau)\,d\tau$$

Impulsantwort = Gewichtsfunktion

Faltungsintegral

Impulsantwort: $u(t) = \delta(t)$

$$x_\delta(t) = b\,e^{-at}\cdot\sigma(t)$$

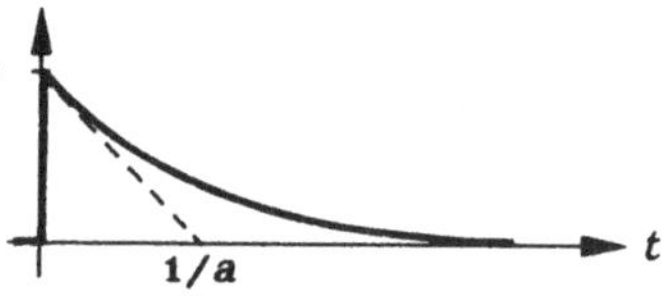

Sprungantwort: $u(t) = \sigma(t)$

$$x_\sigma(t) = \frac{b}{a}\left(1 - e^{-at}\right)\cdot\sigma(t)$$

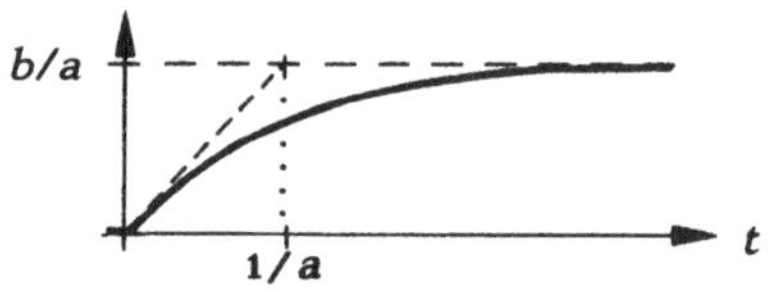

Kosinusantwort: $u(t) = \mathrm{Re}\{e^{j\omega t}\}\cdot\sigma(t)$

$$x(t) = \left|\frac{b}{a+j\omega}\right|\left[\cos\left(\omega t - \arctan\frac{\omega}{a}\right) - e^{-at}\cos\left(\arctan\frac{\omega}{a}\right)\right]\cdot\sigma(t)$$

Betrag und *Phase* des Frequenzgangs $(a,b > 0)$

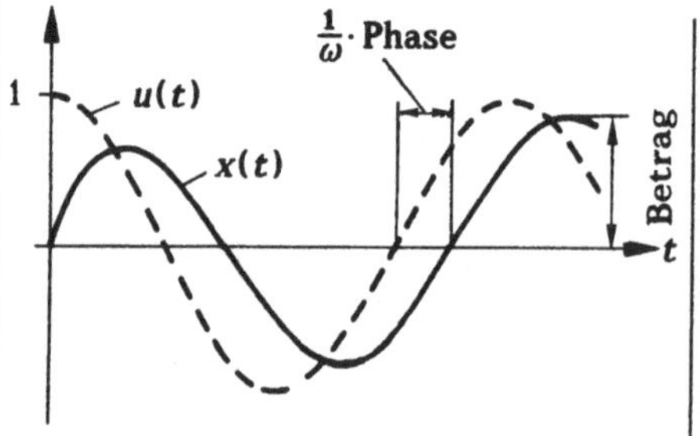

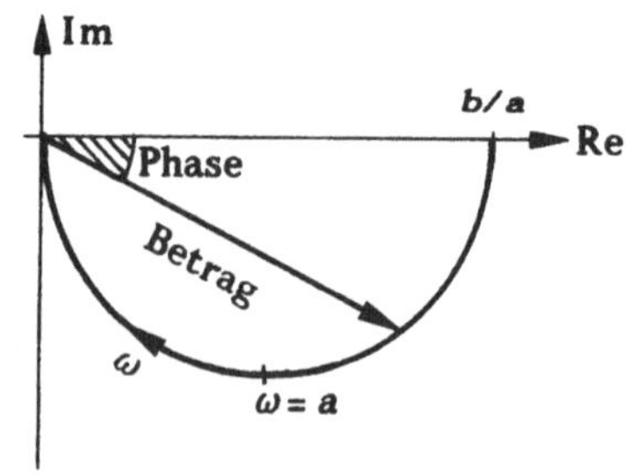

Da, wie die Bilder zeigen, langsame Schwingungen mit niedriger Frequenz ω von der Ausgangsgröße gut übernommen werden, während sie schnellen Schwingungen nur noch schwach folgen kann, spricht man hier von einem *Tiefpaß*, d. h. von einem System, das niederfrequente Signale gut "passieren" läßt. Ebenso gibt es andere Systeme (oft höherer Ordnung), die *Hochpässe* oder *Bandpässe* sind, indem sie Schwingungen hoher Frequenz oder in einem bestimmten Frequenzband besonders gut übertragen, während Schwingungen mit Frequenzen außerhalb dieses *Durchlaßbereichs* am Ausgang mehr oder weniger unterdrückt werden. Wir werden hierauf noch im Zusammenhang mit Systemen n-ter Ordnung am Ende dieses Kapitels eingehen.

Die in den Bildern 2.21 und 2.22 dargestellten Diagramme ließen sich in dieser Form auch experimentell aufnehmen, indem man harmonische Schwingungen verschiedener Frequenzen auf ein Übertragungssystem gibt. Im eingeschwungenen Zustand können dann das Amplitudenverhältnis und die Phasenverschiebung für verschiedene ω-Werte abgelesen werden. Hierdurch ergeben sich einzelne Punkte des Frequenzgangs, die dann z. B. in Diagrammen der Bilder 2.18, 2.19 oder 2.20 aufgetragen und zu einem geschlossenen Kurvenzug verbunden werden. Aus dem experimentell ermittelten Frequenzgang lassen sich dann durch geeignete Verfahren wieder die Systemparameter bestimmen, was einen weiteren Weg der Systemidentifikation eröffnet. Bei einem Verzögerungssystem 1. Ordnung zum Beispiel, wie es hier betrachtet wurde, erhält man aus dem Amplitudenverhältnis für $\omega = 0$ den Quotienten b/a; für eine Phasennacheilung von genau $\frac{\pi}{4}$ bestimmt man den Wert $\omega = a$.

Beispiel 2.1: Schwingungen eines Abfüllmechanismus

Es werde folgende Anordnung betrachtet, die aus einem kontinuierlichen Zufluß eine diskontinuierliche Abfüllung einer definierten Flüssigkeitsmenge erzeugt.

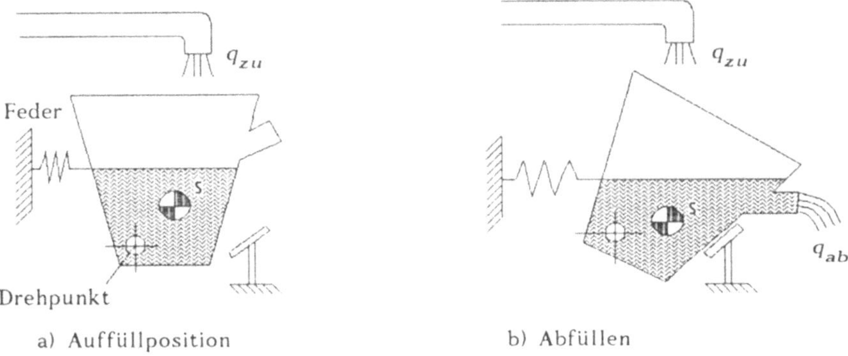

Bild 2.23. Schematische Darstellung einer Abfüllanlage

Die Funktionsweise der Abfüllanordnung ist wie folgt. Zunächst hält die Feder den Behälter in senkrechter Position; im Behälter sammelt sich das zugeführte Flüssigkeitsvolumen (Position a). Wenn das Volumen V_1 erreicht ist, ist die Gewichtskraft des exzentrisch zum Drehpunkt liegenden Schwerpunktes S größer als die Federkraft. Das Gefäß kippt (in vernachlässigbar kurzer Zeit) bis zur Anschlagstütze und leert sich über den jetzt beginnenden Abfluß (Position b). (Es sei $q_{ab} >> q_{zu}$.) Das Moment der vergrößerten Federkraft in dieser Position wird zunächst durch den größeren Hebelarm des verlagerten Schwerpunkts überkompensiert. Wenn nur noch das Volumen V_2 im Gefäß ist, gewinnt das Moment der Federkraft bei den konstruktiven Abmaßen wieder die Überhand: das Gefäß kippt (in vernachlässigbar kurzer Zeit) in die senkrechte Position a zurück.

a) Es soll zunächst ein Blockschaltbild entworfen werden.

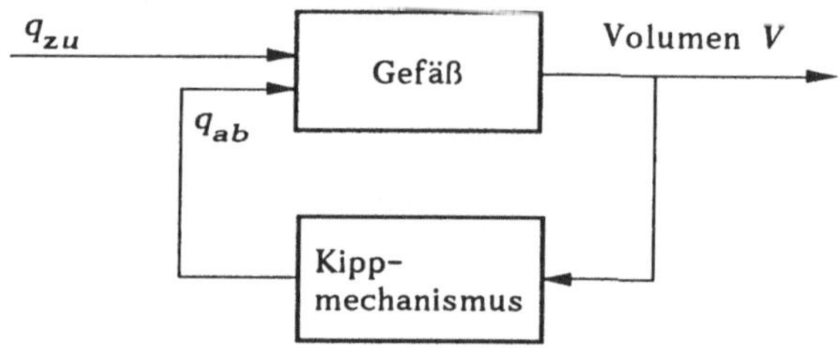

Bild 2.24. Blockschaltbild des Abfüllmechanismus

b) Wenn die Dynamik der Kippbewegung, wie oben angenommen, vernachlässigt wird, dann kann der Vorgang durch ein System 1. Ordnung modelliert werden. Man wähle nun eine geeignete Zustandsvariable und erarbeite ein Signalflußbild, in dem die Wirkungszusammenhänge konkret beschrieben werden.

Zweckmäßigerweise wird hier das Flüssigkeitsvolumen $V(t)$ als Zustandsvariable gewählt. Sein aktueller Wert ergibt sich aus der Bilanz, d.h. hier aus dem Integral, über Zu- und Abflußraten:

$$V(t) - V(0) = \int_0^t \left(q_{zu}(\tau) - q_{ab}(\tau) \right) d\tau$$

bzw.

$$\dot{V}(t) = q_{zu}(t) - q_{ab}(t) .$$

Der Kippmechanismus, wie er oben beschrieben wurde, kann durch folgende Abfrageregel gekennzeichnet werden:

$$q_{ab}(t) = q_{ab}\big(V(t),\ \dot V(t)\big) = \begin{cases} 0 & \text{wenn} \quad \begin{array}{l} V \le V_2 \\ \text{oder} \\ V_2 < V \le V_1 \ \text{ und } \ \dot V > 0 \end{array} \\[2ex] q^{o}_{ab} & \text{wenn} \quad \begin{array}{l} V \ge V_1 \\ \text{oder} \\ V_2 \le V < V_1 \ \text{ und } \ \dot V < 0 \,. \end{array} \end{cases}$$

Einprägsamer als die obige Notierung ist eine Darstellung als Hysterese-Kennlinie, die in das folgende Signalflußbild aufgenommen wird. Man überzeugt sich leicht, daß diese denselben Wirkungszusammenhang wiedergibt.

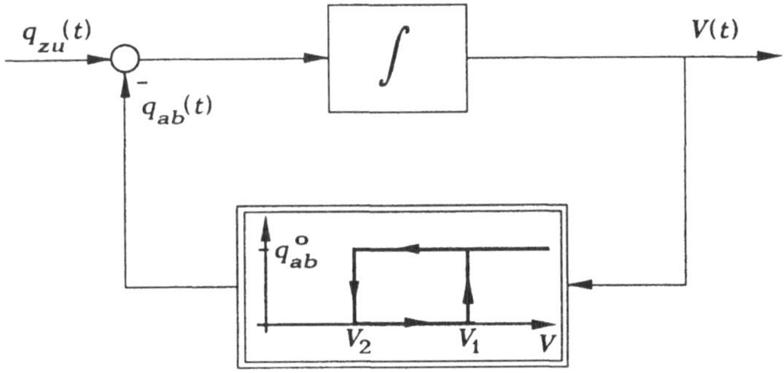

Bild 2.25. Signalflußbild des Abfüllmechanismus

c) Es sei nun $q_{zu} = q_{zu}$ = konst. Ermitteln Sie die Zeitverläufe von $V(t)$ und $q_{ab}(t)$ in allgemeiner Abhängigkeit von den Parametern q^{o}_{zu} , q^{o}_{ab}, V_1 und V_2. Wie lang ist die Periodendauer?

Es wird zur Festlegung der Zeitachse angenommen, daß zum Zeitpunkt $t = 0$ der Behälter geleert mit dem Restvolumen V_2 in die senkrechte Position geschwenkt ist. Von dieser Ausgangslage integriert der Behälter die konstante Zuflußrate q^{o}_{zu} auf, bis das Volumen V_1 erreicht ist zum Zeitpunkt $t_1 = (V_1 - V_2)/q^{o}_{zu}$. Das heißt, es gilt für $0 < t \le t_1$:

$$V(t) = V_2 + \int_0^t q^{o}_{zu} \cdot d\tau = V_2 + q^{o}_{zu}\, t \,.$$

Ab dem Zeitpunkt t_1 kippt der Behälter in die zweite Position, in der er weiterhin den Zufluß aufnimmt und sich gleichzeitig über $q_{ab} = q^{o}_{ab}$ = konst. entleert. Es gilt jetzt für $t_1 < t \le t_2$:

$$V(t) = V_1 + \int_{t_1}^{t} \left(-q_{ab}^{o} + q_{zu}^{o}\right) d\tau = V_1 - \left(q_{ab}^{o} - q_{zu}^{o}\right)(t - t_1).$$

Dieser Vorgang dauert an bis das Volumen V_2 erreicht ist, was zum Zeitpunkt

$$t_2 = t_1 + (V_1 - V_2)/(q_{ab}^{o} - q_{zu}^{o})$$

eintritt. Danach wiederholt sich dieser Vorgang periodisch. Die Periodendauer ist

$$T = t_2 = (V_1 - V_2)\left[\frac{1}{q_{zu}^{o}} + \frac{1}{q_{ab}^{o} - q_{zu}^{o}}\right].$$

Allgemein gilt für n ganzzahlig:

$nT < t \leq nT + t_1$

$$V(t) = V_2 + q_{zu}^{o}(t - nT),$$

$$q_{ab}(t) = 0;$$

$nT + t_1 < t \leq (n+1)T$

$$V(t) = V_1 - \left(q_{ab}^{o} - q_{zu}^{o}\right)(t - nT - t_1)$$

$$q_{ab}(t) = q_{ab}^{o}.$$

Die Verläufe sind in Bild 2.26 qualitativ skizziert.

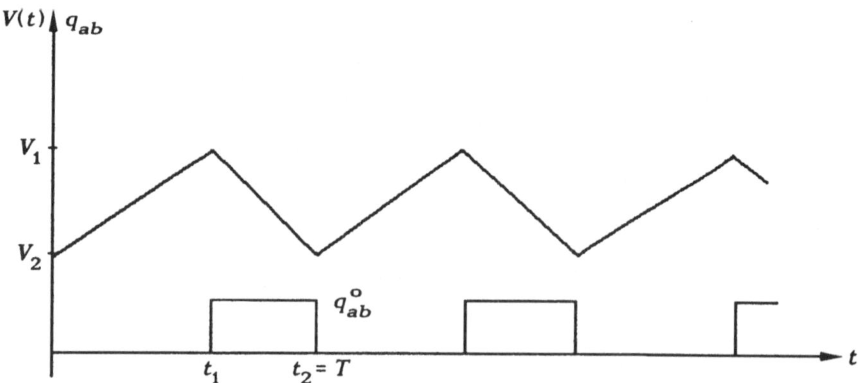

Bild 2.26. Zeitverläufe von $V(t)$ und $q_{ab}(t)$

2.2 Systeme 2. Ordnung

Wie im Falle des Systems erster Ordnung werden wir auch hier mit einem Beispiel beginnen, ehe wir zur allgemeinen Darstellung übergehen.

2.2.1 Einführungs-Beispiel

Es werde die Dynamik der Querbewegung eines Fahrzeugs betrachtet, das automatisch längs eines in der Fahrbahndecke verlegten Leitkabels geführt wird. Der Strom im Leitkabel (in x-Richtung, d. h. aus der Zeichenebene heraustretend) erzeugt die konzentrisch um das Kabel verlaufenden magnetischen Feldlinien, wie in Bild 2.27 dargestellt.

Auf der Unterseite des Fahrzeugs ist ein Sensor, der als Maß für die seitliche Ablage die Vertikalkomponente H_z der magnetische Feldstärke mißt. Ein Regler erzeugt nun proportional zur Differenz aus vorgegebener Sollablage u und dem normierten Meßsignal einen Lenkausschlag, der zu einer Kraft in Querrichtung und damit zu einer Querbeschleunigung auf die Mitte hin führt.

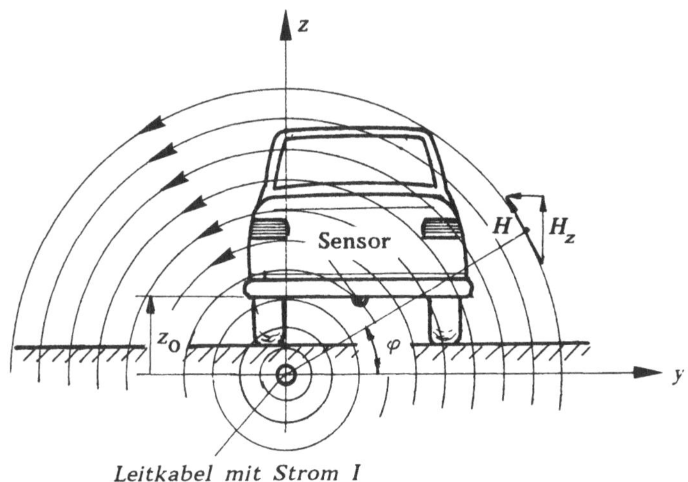

Bild 2.27. Fahrzeug, das über einem Leitkabel geführt wird

Unter der vereinfachenden Annahme, daß der Feldlinienverlauf durch das Fahrzeug nicht gestört wird, gilt für die Feldstärke entlang eines Kreises um das Kabel nach dem Durchflutungsgesetz

$$H = \frac{I}{2\pi R} = \frac{I}{2\pi\sqrt{y^2 + z^2}} \quad . \tag{2.65}$$

Für die Vertikalkomponente in der Ebene des Sensors ($z = z_0$) folgt dann

$$H_z(z=z_0) = H\cos\varphi = H\frac{y}{\sqrt{y^2+z_0^2}} = \frac{I}{2\pi}\frac{y}{y^2+z_0^2} . \tag{2.66}$$

H_z ist also eine nichtlineare Funktion von y, die qualitativ in Bild 2.28 dargestellt ist.

Zur Vermeidung von Spurrillen durch Abnutzung der Fahrbahndecke mag es nun zweckmäßig sein, durch die Vorgabe eines Sollwertes u eine gewünschte Abweichung aus der Mittellage zu wählen. Mit dem Schwerpunktsatz aus der Mechanik erhalten wir dann für die Querbeschleunigung

$$m\ddot{y}(t) = \sum_i K_{yi} = -r\dot{y}(t) + k\left(u(t) - \frac{y(t)}{y(t)^2+z_0^2}\right) . \tag{2.67}$$

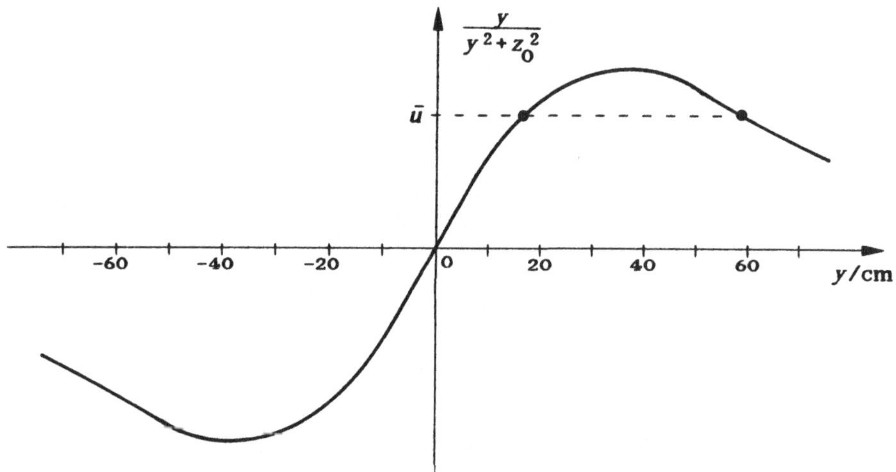

Bild 2.28. Vertikalkomponente der Feldstärke als Funktion der Ablage y

Hierin ist $r\dot{y}(t)$ eine geschwindigkeitsproportionale Reibungskraft, die durch die Luftreibung bzw. durch die Reibung zwischen Rad und Fahrbahn bedingt ist. In dieser Gleichung treten sowohl die erste als auch die zweite Ableitung der Position $y(t)$ nach der Zeit auf; es handelt sich daher um eine Differentialgleichung 2. Ordnung. Durch formale Integration kommt man von der Beschleunigung $\ddot{y}(t)$ zur Geschwindigkeit $\dot{y}(t)$ und von dieser zur Position $y(t)$, was im unten wiedergegebenen Signalflußbild 2.29 den Vorwärtszweig ergibt. An der Summierstelle vor dem ersten Integrierer werden dann alle Terme der rechten Seite der obigen Dgl. (2.67) zusammengeführt (nach Division durch die Masse m), d. h. an dieser Stelle wird die Differentialgleichung realisiert.

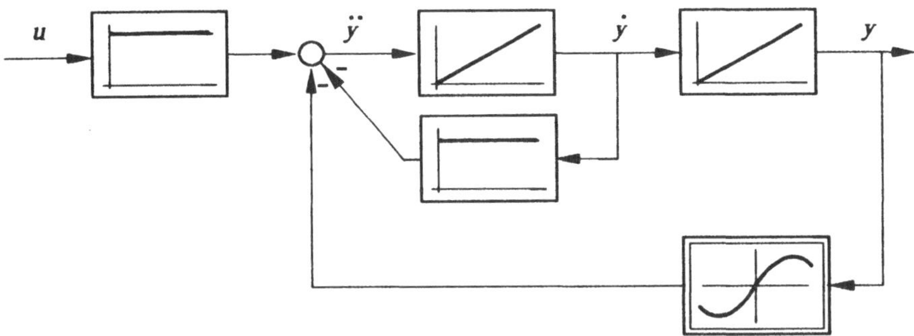

Bild 2.29. Signalflußbild für die Regelung der Querbewegung eines Fahrzeugs

Bei diesem System haben wir es mit *zwei* Speicher-Elementen zu tun, die gekennzeichnet werden durch die physikalischen Variablen *Position* $y(t)$ und *Geschwindigkeit* $\dot{y}(t)$. Im Signalflußbild sind die Speicher durch die Integratoren repräsentiert, und deren Zustand ist durch die genannten Variablen $y(t)$ und $\dot{y}(t)$ gekennzeichnet. Aus der Theorie der gewöhnlichen Differentialgleichungen ist außerdem bekannt, daß zur Berechnung einer konkreten Lösung der Differentialgleichung (2.67) neben dem Verlauf der Eingangsgröße $u(t)$ jetzt *zwei* Anfangswerte $y(0)$ und $\dot{y}(0)$ bekannt sein müssen. Im Hinblick auf Definition 2.1 stellen wir also fest, daß $y(t)$ und $\dot{y}(t)$ hier *Zustandsgrößen* sind; ihre Werte zu irgend einem Zeitpunkt t_1 kennzeichnen eindeutig den *Zustand* der Speicher-Elemente und damit des Systems zu diesem Zeitpunkt. (Die Wahl der Zustandsgrößen ist allerdings auch hier nicht eindeutig; hier wurden sie nach ihrer physikalischen Bedeutung gewählt, man könnte aber ebenso auch ihre Summe $y(t) + \dot{y}(t)$ und ihre Differenz $y(t) - \dot{y}(t)$ oder zwei beliebige andere Linearkombinationen wählen.)

Führen wir für die Größen $y(t)$ und $\dot{y}(t)$ eigene Bezeichnungen ein (*Phasenvariablen*)

$$x_1(t) = y(t) \qquad \text{und} \qquad x_2(t) = \dot{y}(t)\,, \tag{2.68}$$

dann können wir die Systembeschreibung auch auf folgende Form einer *Zustandsdarstellung* bringen. Aus (2.68) folgt unmittelbar

$$\dot{x}_1(t) = x_2(t) = f_1(x_1, x_2, u)\,; \tag{2.69a}$$

(2.68) in (2.67) eingesetzt ergibt

$$\dot{x}_2(t) = -\frac{k}{m}\,\frac{x_1(t)}{x_1^2(t) + z_0^2} - \frac{r}{m}\,x_2(t) + \frac{k}{m}\,u(t) = f_2(x_1, x_2, u) \tag{2.69b}$$

mit der Ausgangs- oder Zielgröße

$$y(t) = x_1(t) = g(x_1, x_2). \qquad (2.69c)$$

(Die rechte Seite $f_1(\cdot)$ der Dgl. (2.69a) ist hier zwar nur eine Funktion von x_2, im Sinne der nachfolgenden allgemeinen Behandlung haben wir sie hier formal als Funktion der beiden Zustandsgrößen und der Eingangsgröße angesetzt.)

Wir stellen fest:

> Ein Übertragungssystem *zweiter* Ordnung ist durch zwei Speicherelemente gekennzeichnet und wird durch *zwei* Differentialgleichungen 1. Ordnung oder durch eine Differentialgleichung *zweiter* Ordnung beschrieben. Der Zustand des Systems wird durch *zwei* Zustandsvariablen repräsentiert.

Gegenüber dem System 1. Ordnung im letzten Abschnitt tritt bei der Zustandsbeschreibung (2.69a) bis (2.69c) noch eine Beziehung hinzu, die die Ausgangs- oder Zielgröße als Funktion der Zustandsvariablen (seltener auch der Eingangsgröße u) festlegt. Aus der Definition des Zustands folgt auch, daß eine Zustandsbeschreibung nur dann vorliegt, wenn die rechten Seiten $f_1(\cdot)$ und $f_2(\cdot)$ keine zeitlichen Ableitungen enthalten, was hier offensichtlich zutrifft.

Die gefundene Beschreibung in Form eines Systems von Differentialgleichungen 1. Ordnung ist zwar aufwendiger als die kompaktere Darstellung durch eine Differentialgleichung 2. Ordnung, sie hat aber folgende Vorteile:

- sie ist günstiger für die Aufstellung von Signalflußbildern;
- sie gibt zusätzliche Informationen über systeminterne Größen, was z. B. für die Überwachung von Grenzwerten bei physikalischen Variablen nützlich sein kann;
- sie eignet sich besser für die System-Simulation, sei es am Analogrechner, sei es am Digitalrechner durch Algorithmen der numerischen Integration;
- viele Methoden der Systemanalyse (z. B. Stabilitätsanalysen, Untersuchungen zur Beobachtbarkeit und Steuerbarkeit, Modellreduktionsverfahren u. a. m.) gehen von einer Zustandsdarstellung aus.

Wegen des nichtlinearen Zusammenhangs von magnetischer Feldstärke und Ablage y ist die gefundene Systembeschreibung (2.67) wie auch (2.69) nichtlinear. Wie beim vorher behandelten System 1. Ordnung ist es aber möglich, nur kleine Bewegungen um einen Arbeitspunkt zu betrachten, wofür eine um diesen Arbeitspunkt linearisierte Systembeschreibung ausreicht. Wir nehmen hierzu an, daß eine konkrete Ablage durch einen festen Sollwert $\bar{u}$ vorgegeben ist, und untersuchen, welche Ruhelagen hierfür aus der Zustandsbeschreibung folgen.

In einer Ruhelage oder Gleichgewichtslage müssen die zeitlichen Ableitungen verschwinden, d. h. (2.69a) und (2.69b) gehen über in

$$\dot{x}_1 = 0 = f_1(\bar{x}_1, \bar{x}_2, \bar{u}) = \bar{x}_2 \tag{2.70a}$$

$$\dot{x}_2 = 0 = f_2(\bar{x}_1, \bar{x}_2, \bar{u}) = -\frac{k}{m}\frac{\bar{x}_1}{\bar{x}_1^2 + z_0^2} - \frac{r}{m}\bar{x}_2 + \frac{k}{m}\bar{u}\,. \tag{2.70b}$$

Aus der ersten dieser beiden gewöhnlichen Gleichungen folgt

$$\bar{x}_2 = 0 \tag{2.71}$$

und hiermit aus der zweiten nach kurzer Zwischenrechnung

$$\left.\begin{matrix}\bar{x}_{1+}\\ \\ \bar{x}_{1-}\end{matrix}\right\} = \frac{1}{2\bar{u}} \pm \sqrt{\frac{1}{4\bar{u}^2} - z_0^2}\quad . \tag{2.72}$$

Da offensichtlich zwei Werte $\bar{x}_1$ die Gleichungen (2.70) befriedigen können, gibt es hier zwei Ruhelagen, die sich auch aus den beiden Schnittpunkten der Waagerechten $\bar{u}$ = const mit der nichtlinearen Charakteristik in Bild 2.24 ablesen lassen:

$$\textit{Ruhelagen:}\qquad \{\bar{x}_{1+}, 0, \bar{u}\}; \qquad \{\bar{x}_{1-}, 0, \bar{u}\}.$$

(Man beachte: jede Kombination von $\bar{x}_i$ - und $\bar{u}$ - Werten, die die Gleichungen (2.70a) und (2.70b) erfüllt, definiert eine Ruhelage.)

Wir wollen hier nun die Ruhelage mit der kleineren Ablage $\bar{x}_{1-}$ betrachten und um diese die Beschreibung linearisieren. Hierzu führen wir für die Zustandsvariablen, die Eingangsgröße und die Ausgangsgröße kleine Abweichungen von der Ruhelage ein:

$$\begin{aligned} x_1(t) &= x_{1-} + \Delta x_1(t); \qquad & x_2(t) &= 0 + \Delta x_2(t); \\ u(t) &= \bar{u} + \Delta u(t); & y(t) &= \bar{x}_{1-} + \Delta y(t). \end{aligned} \tag{2.73}$$

Diese Darstellung, in (2.69) eingesetzt, ergibt formal

$$\begin{aligned} \Delta\dot{x}_1(t) &= f_1\big(\bar{x}_{1-} + \Delta x_1(t), \Delta x_2(t), \bar{u} + \Delta u(t)\big) \\ \Delta\dot{x}_2(t) &= f_2\big(\bar{x}_{1-} + \Delta x_1(t), \Delta x_2(t), u + \Delta u(t)\big) \\ \Delta y(t) &= g\big(\bar{x}_{1-} + \Delta x_1(t), \Delta x_2(t)\big)\,. \end{aligned} \tag{2.74}$$

Die rechten Seiten werden nun in eine *Taylor-Reihe* bis zu den linearen Gliedern entwickelt, wobei die konstanten Glieder $f_1(\bar{x}_{1-}, 0, \bar{u})$ und $f_2(\bar{x}_{1-}, 0, \bar{u})$ gemäß den Definitionsgleichungen (2.70) für eine Ruhelage wegfallen:

$$\Delta\dot{x}_1(t) = \underbrace{f_1(\bar{x}_1, \bar{x}_2, \bar{u})}_{=0} + \left.\frac{\partial f_1}{\partial x_1}\right|_{RL} \cdot \Delta x_1(t) + \left.\frac{\partial f_1}{\partial x_2}\right|_{RL} \cdot \Delta x_2(t) + \left.\frac{\partial f_1}{\partial u}\right|_{RL} \cdot \Delta u(t)$$

$$\Delta\dot{x}_2(t) = \underbrace{f_2(\bar{x}_1, \bar{x}_2, \bar{u})}_{=0} + \left.\frac{\partial f_2}{\partial x_1}\right|_{RL} \cdot \Delta x_1(t) + \left.\frac{\partial f_2}{\partial x_2}\right|_{RL} \cdot \Delta x_2(t) + \left.\frac{\partial f_2}{\partial u}\right|_{RL} \cdot \Delta u(t) \,, \tag{2.75}$$

das heißt konkret in unserem Beispiel:

$$\Delta\dot{x}_1(t) = 0 \cdot \Delta x_1(t) + 1 \cdot \Delta x_2(t) + 0 \cdot \Delta u(t)$$

$$\Delta\dot{x}_2(t) = -\frac{k}{m}\,\frac{z_0^2 - \bar{x}_{1-}^2}{(\bar{x}_{1-}^2 + z_0^2)^2} \cdot \Delta x_1(t) - \frac{r}{m} \cdot \Delta x_2(t) + \frac{k}{m} \cdot \Delta u(t) \,. \tag{2.76}$$

Das Vorgehen bei der Linearisierung für ein allgemeines System n-ter Ordnung ist in Tabelle 2.7 noch einmal zusammengefaßt.

Die so erhaltene Beschreibung (2.76) kann man nun in einen allgemeinen Rahmen einer Vektor - Matrizen - Schreibweise bringen, die sich im nächsten Abschnitt als nützliche Darstellung erweisen wird:

$$\frac{\mathrm{d}}{\mathrm{d}t}\begin{bmatrix} \Delta x_1(t) \\ \Delta x_2(t) \end{bmatrix} = \begin{bmatrix} 0 & 1 \\ -\dfrac{k}{m}\,\dfrac{z_0^2 - \bar{x}_{1-}^2}{(\bar{x}_{1-}^2 + z_0^2)^2} & -\dfrac{r}{m} \end{bmatrix} \begin{bmatrix} \Delta x_1(t) \\ \Delta x_2(t) \end{bmatrix} + \begin{bmatrix} 0 \\ \dfrac{k}{m} \end{bmatrix} \Delta u(t)$$

$$\Delta y(t) = \begin{bmatrix} 1 & 0 \end{bmatrix} \begin{bmatrix} \Delta x_1(t) \\ \Delta x_2(t) \end{bmatrix} \tag{2.77}$$

Hierin sind die Zustandsgrößen zu einem Vektor mit den Komponenten Δx_1 und Δx_2, dem *Zustandsvektor*, zusammengefaßt worden. Die Koeffizienten der rechten Seite von (2.76), die bei den Zustandsvariablen Δx_i stehen, sind die Elemente einer 2×2 - Matrix, der *Systemmatrix* A, geworden, während die Koeffizienten vor der Eingangsgröße Δu nunmehr einen Vektor bilden, der mit $\boldsymbol{b}$ abgekürzt wird. Wir haben damit die linearisierte Beschreibung unseres Beispiels auf eine vektorielle Kurzschreibweise gebracht, die ganz allgemein die Form hat

$$\begin{bmatrix} \dot{x}_1(t) \\ \dot{x}_2(t) \end{bmatrix} = \begin{bmatrix} a_{11} & a_{12} \\ a_{21} & a_{22} \end{bmatrix} \begin{bmatrix} x_1(t \\ x_2(t) \end{bmatrix} + \begin{bmatrix} b_1 \\ b_2 \end{bmatrix} u(t)$$

$$y(t) = \begin{bmatrix} c_1 & c_2 \end{bmatrix} \begin{bmatrix} x_1(t) \\ x_2(t) \end{bmatrix} + d\,u(t) \tag{2.78}$$

bzw. kurz

$$\dot{\boldsymbol{x}}(t) = \boldsymbol{A}\,\boldsymbol{x}(t) + \boldsymbol{b}\,u(t)$$

$$y(t) = \boldsymbol{c}'\boldsymbol{x}(t) + d\,u(t) \tag{2.79}$$

In dieser vektoriellen Darstellung sind Vektoren durch kleine, fett gedruckte Buchstaben, Matrizen durch große, fett gedruckte Buchstaben gekennzeichnet. Der Strich am Vektor $\boldsymbol{c}'$ markiert, daß es sich hier um einen Zeilenvektor handelt, während alle anderen Vektoren als Spaltenvektoren zu betrachten sind.

Man kann nun von der linearisierten Darstellung (2.76) ausgehend die Einführung der Zustandsvariablen wieder rückgängig machen und erhält durch Einsetzen der Gleichungen ineinander (mit $\bar{x}_{1-} = \bar{y}$)

$$\Delta\ddot{y}(t) + \frac{r}{m}\,\Delta\dot{y}(t) + \frac{k}{m}\,\frac{z_0^2 - \bar{y}^2}{(\bar{y}^2 + z_0^2)^2}\,\Delta y(t) = \frac{k}{m}\,\Delta u(t)\,. \tag{2.80}$$

Dies ist die linearisierte Form der ursprünglichen Differentialgleichung 2. Ordnung. Die allgemeine Form einer linearen Differentialgleichung 2. Ordnung ist:

$$\ddot{y}(t) + a_1\,\dot{y}(t) + a_0\,y(t) = b_1\,\dot{u}(t) + b_0\,u(t)\,. \tag{2.81}$$

Im vorliegenden Fall hätten wir die Linearisierung auch an der Dgl. 2. Ordnung durchführen können, da es sich nur um *eine* Nichtlinearität mit Kennlinien-Charakter handelt, bei der wir die Kennlinie durch ihre Tangente im Arbeitspunkt ersetzen können, wie es beim System 1. Ordnung gezeigt war. In komplizierteren Fällen empfiehlt es sich aber, zunächst zur Zustandsbeschreibung überzugehen und diese durch Entwicklung in eine Taylor-Reihe zu linearisieren.

2.2.2 Lösung der linearen Differentialgleichung 2. Ordnung im Zeitbereich

Ausgangspunkt für das folgende Vorgehen sei die Beschreibung einer Dgl. 2. Ordnung nach (2.81), wobei vereinfachend $b_1 = 0$ gesetzt wird (keine zeitliche Ableitung von $u(t)$ auf der rechten Seite). Die Berechnung der Lösung für die

Zustandsbeschreibung (2.78) wird in der Behandlung von Systemen n-ter Ordnung im nächsten Abschnitt enthalten sein. Der Fall $b_1 \neq 0$ wird im Anschluß an die Laplace-Transformation im Kapitel 3 behandelt.

Zunächst betrachten wir wieder die homogene Dgl. 2. Ordnung, d. h. wir setzen in (2.81) $u(t) \equiv 0$. Wie beim System 1. Ordnung versuchen wir, die Lösung über einen Lösungsansatz mit einer Exponentialfunktion zu erhalten:

$$y_h(t) = c \cdot e^{\lambda t} . \tag{2.82}$$

Dies, in die Dgl. (2.81) eingesetzt, ergibt

$$\lambda^2 c\, e^{\lambda t} + a_1 \lambda\, c\, e^{\lambda t} + a_0\, c\, e^{\lambda t} = 0 . \tag{2.83}$$

Da wir wieder die Null-Lösung ausschließen wollen, können wir durch den Faktor $c e^{\lambda t}$ dividieren und erhalten die *charakteristische Gleichung:*

$$\lambda^2 + a_1 \lambda + a_0 = 0 . \tag{2.84}$$

Aus verschiedenen Gründen, die wir noch kennenlernen werden, kann es zweckmäßig sein, das charakteristische Polynom auf der linken Seite von (2.84) anders zu parametrisieren:

$$\lambda^2 + a_1 \lambda + a_0 = (\lambda + \sigma)^2 + \omega_0^2 = \lambda^2 + 2\zeta\omega_n \lambda + \omega_n^2 . \tag{2.85}$$

Den Übergang von einem Parameterpaar zum anderen erhält man aus einem einfachen Koeffizientenvergleich:

$$\sigma = \frac{a_1}{2} , \qquad \zeta = \frac{a_1}{2\sqrt{a_0}} ,$$
$$\omega_0 = \sqrt{a_0 - \frac{a_1^2}{4}} , \qquad \omega_n = \sqrt{a_0} . \tag{2.86}$$

Wie wir aus dem Beispiel wissen, wird a_1 desto kleiner, je kleiner der Dämpfungsbeiwert r der Bewegung ist. Wie man nun aus (2.86) sieht, sind demnach σ und ζ ein Maß für die Dämpfung eines Systems ($a_1 = 0$, bzw. $\sigma = 0$ oder $\zeta = 0$ bedeutet eine ungedämpfte Bewegung.)

Aus der quadratischen Gleichung (2.84) erhält man zwei Eigenwerte

$$\lambda_{1,2} = -\frac{a_1}{2} \pm \sqrt{\frac{a_1^2}{4} - a_0} = -\sigma \pm \sqrt{-\omega_0^2} = -\zeta\omega_n \pm \omega_n \sqrt{\zeta^2 - 1} . \tag{2.87}$$

Ein System 2. Ordnung hat also im allgemeinen zwei Eigenbewegungen der Form (2.82). Da nun der Radikand in (2.87) positiv oder negativ sein kann, ergibt sich folgende Fallunterscheidung.

Ⓐ $\frac{a_1^2}{4} \geq a_0$, bzw. $\omega_0^2 \leq 0$ oder $|\zeta| \geq 1$;

Radikand nichtnegativ; Wurzeln rein reell.

In diesem Fall sind die Eigenwerte λ_1 und λ_2 rein reell. Die Eigenbewegungen sind Exponentialfunktionen, die je nach dem Vorzeichen von $\lambda_{1,2}$ abklingen (stabile Eigenbewegungen) oder anwachsen (instabile Eigenbewegungen), wie es beim System 1. Ordnung besprochen war. Die homogene Lösung lautet:

$$y_h(t) = c_1\, e^{\lambda_1 t} + c_2\, e^{\lambda_2 t}. \tag{2.88}$$

Ⓑ $\frac{a_1^2}{4} < a_0$, bzw. $\omega_0^2 > 0$ oder $0 \leq |\zeta| < 1$

Radikand negativ; Wurzeln konjugiert komplex.

In diesem Fall sind die beiden Eigenwerte konjugiert komplex

$$\lambda_{1,2} = -\frac{a_1}{2} \pm j\sqrt{a_0 - \frac{a_1^2}{4}} = -\sigma \pm j\omega_0 = -\zeta\omega_n \pm j\omega_n\sqrt{1-\zeta^2}. \tag{2.89}$$

Mit Hilfe der *Euler* - schen Formeln lassen sich Exponentialfunktionen mit komplexem Argument in Sinus- und Kosinusfunktionen zerlegen (wir wählen hierbei die Parameter σ, ω_0)

$$c\, e^{(-\sigma \pm j\omega_0)t} = c\, e^{-\sigma t}(\cos\omega_0 t \pm j\sin\omega_0 t). \tag{2.90}$$

Fäßt man Sinus- und Kosinusfunktionen der beiden Eigenbewegungen zusammen und führt danach neue Konstanten c_1' und c_2' ein, dann sieht die homogene Lösung diesmal so aus

$$y_h(t) = c_1'\, e^{-\sigma t}\cos\omega_0 t + c_2'\, e^{-\sigma t}\sin\omega_0 t. \tag{2.91}$$

Die Lage der Eigenwerte läßt sich auch grafisch in der komplexen Zahlenebene markieren, wie Bild 2.30 zeigt.

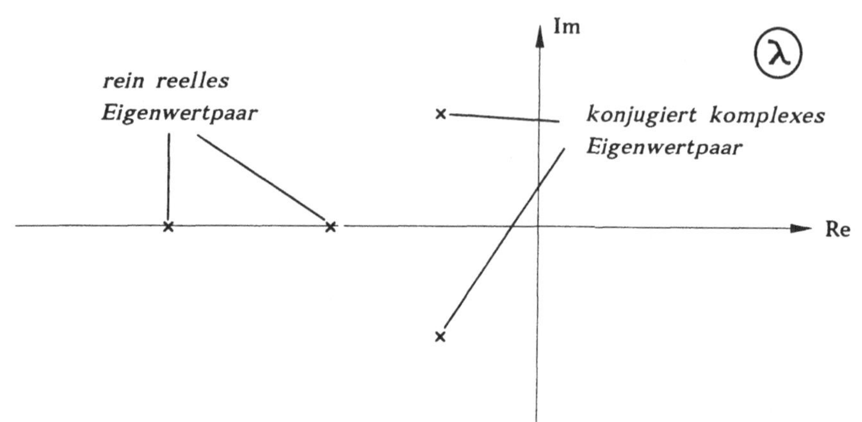

Bild 2.30. Lage der Eigenwerte in der komplexen Ebene

Die Konstanten c_1 und c_2 bzw. c_1' und c_2' sind so zu bestimmen, daß die Lösung die beiden Anfangsbedingungen $y(0)$ und $\dot{y}(0)$ (Anfangsposition und Anfangsgeschwindigkeit im Beispiel) erfüllt. Hier sei die Zwischenrechnung übersprungen und gleich das Resultat angegeben:

Fall Ⓐ (2.92)

$$y_h(t) = \left[\frac{\lambda_1}{\lambda_1 - \lambda_2} e^{\lambda_2 t} - \frac{\lambda_2}{\lambda_1 - \lambda_2} e^{\lambda_1 t}\right] y(0) + \left[\frac{1}{\lambda_1 - \lambda_2} e^{\lambda_1 t} - \frac{1}{\lambda_1 - \lambda_2} e^{\lambda_2 t}\right] \dot{y}(0)$$

Fall Ⓑ (2.93)

$$y_h(t) = e^{-\sigma t}\left[\sqrt{1 + \frac{\sigma^2}{\omega_0^2}} \cos\left(\omega_0 t - \arcsin\sqrt{\frac{\sigma^2}{\omega_0^2 + \sigma^2}}\right) y(0) + \frac{1}{\omega_0} \sin \omega_0 t \; \dot{y}(0)\right]$$

Gegenüber dem System 1. Ordnung kommt also mit dem Fall B eine qualitativ neue Lösungsform bei Systemen 2. Ordnung in Betracht: abklingende oder anklingende harmonische Schwingungen. Neben der Verdopplung der Zahl der Speicherelemente, der Zustandsvariablen, der Eigenwerte und -bewegungen stellen die harmonischen Eigenbewegungen das eigentlich Neue bei den Systemen 2. Ordnung dar.

Die inhomogene Lösung läßt sich wiederum durch einen partikulären Lösungsansatz ermitteln. Der Lösungsweg ist aufwendiger, wenn auch grundsätzlich gleichartig wie beim System 1. Ordnung. Hier sollen deshalb auch nur die Lösungen angegeben werden, die wieder das jeweilige Faltungsintegral enthalten. (Zur Erinnerung: es war in (2.81) $b_1 = 0$ gesetzt worden.)

Fall (A)

$$y_p(t) = \int_0^t \underbrace{\frac{b_0}{\lambda_1 - \lambda_2}\left[e^{\lambda_1(t-\tau)} - e^{\lambda_2(t-\tau)}\right]}_{\textit{Gewichtsfunktion } g(t-\tau) \;=\; \textit{Impulsantwort}} u(\tau)\,d\tau\,, \tag{2.94}$$

Fall (B)

$$y_p(t) = \int_0^t \underbrace{\frac{b_0}{\omega_0}\left[e^{-\sigma(t-\tau)} \sin\omega_0(t-\tau)\right]}_{\textit{Gewichtsfunktion } g(t-\tau) \;=\; \textit{Impulsantwort}} u(\tau)\,d\tau\,. \tag{2.95}$$

Die Gesamtlösung ist in beiden Fällen die Überlagerung von homogener und partikulärer Lösung

$$y(t) = y_h(t) + y_p(t)\,. \tag{2.96}$$

Bei der Betrachtung spezieller Systemantworten hat man jeweils eines der oben angegebenen Faltungsintegrale zu lösen. Der Rechenweg ist der gleiche wie beim System 1. Ordnung, wenn er sich hier auch aufwendiger gestaltet. Die Ergebnisse werden für Impuls-, Sprung- und Kosinusantwort daher nicht einzeln abgeleitet, sondern nur in den beiden folgenden Tabellen 2.2 und 2.3 zusammengestellt. Tabelle 2.4 zeigt, wie die Parameter des charakteristischen Polynoms gemäß (2.85) die Sprungantwort eines schwingungsfähigen Systems beeinflussen.

Beispiel 2.2: Pendel mit Feder

Ein Pendel werde durch eine Feder in einer aufrechten Position gehalten gemäß der folgenden Skizze:

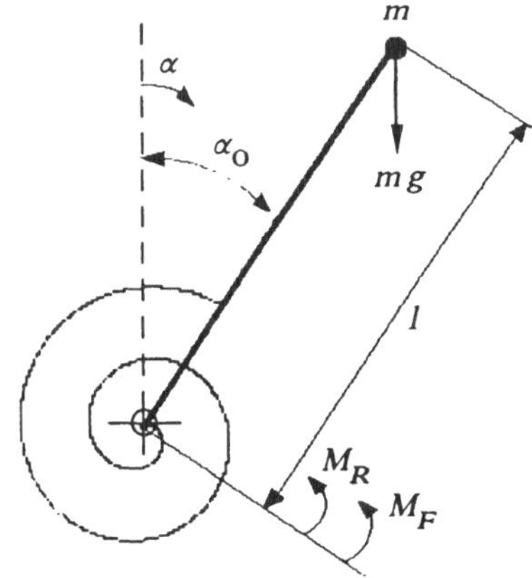

Bild 2.31. Pendel mit Feder

Tabelle 2.2: Übertragungssystem 2. Ordnung, reelle Eigenwerte

Differentialgleichung: $\ddot{y}(t) + a_1\dot{y}(t) + a_0 y(t) = b_0 u(t)$

charakteristische Gleichung: $\lambda^2 + a_1\lambda + a_0 = (\lambda-\lambda_1)(\lambda-\lambda_2) = 0$

Eigenwerte: $\lambda_{1,2} = -\frac{a_1}{2} \pm \sqrt{\frac{a_1^2}{4} - a_0}$

Lösug der Dgl.: $y(t) = y_h(t) + y_{inh}(t)$

$$y_h(t) = \frac{1}{\lambda_1-\lambda_2}\left[\left(\lambda_1 e^{\lambda_2 t} - \lambda_2 e^{\lambda_1 t}\right)y(0) + \left(e^{\lambda_1 t} - e^{\lambda_2 t}\right)\dot{y}(0)\right]$$

$$y_p(t) = \frac{1}{\lambda_1-\lambda_2}\int_0^t \left[e^{\lambda_1(t-\tau)} - e^{\lambda_2(t-\tau)}\right] b_0\, u(\tau)\,d\tau$$

Impulsantwort: $u(t) = \delta(t)$

$$y_\delta(t) = \frac{b_0}{\lambda_1-\lambda_2}\left[e^{\lambda_1 t} - e^{\lambda_2 t}\right]\sigma(t)$$

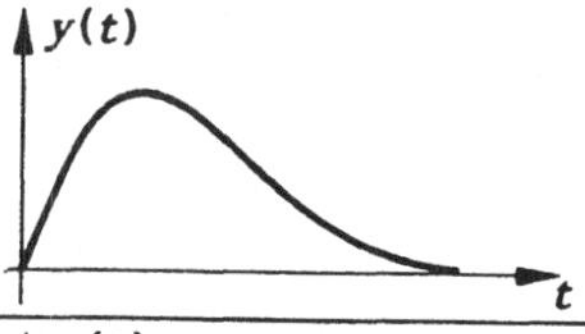

Sprungantwort: $u(t) = \sigma(t)$

$$y_\sigma(t) = \frac{b_0}{a_0}\left[1 + \frac{1}{\lambda_1-\lambda_2}\left(\lambda_2 e^{\lambda_1 t} - \lambda_1 e^{\lambda_2 t}\right)\right]\sigma(t)$$

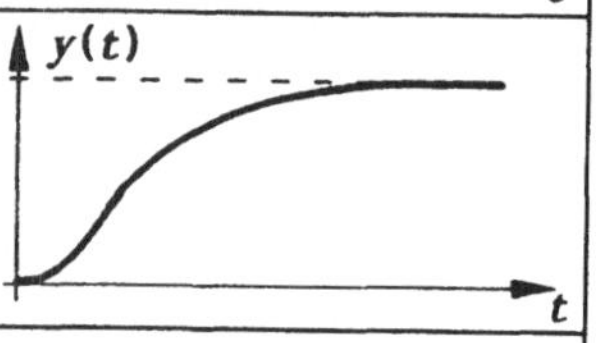

Kosinusantwort: $u(t) = \sigma(t)\cdot\cos\omega t = \sigma(t)\cdot\mathrm{Re}\left\{e^{j\omega t}\right\}$

$$y(t) = \frac{b_0}{\lambda_1-\lambda_2}\left[\frac{\lambda_1}{\lambda_1^2-\omega^2}e^{\lambda_1 t} - \frac{\lambda_2}{\lambda_2^2-\omega^2}e^{\lambda_2 t}\right] \quad \text{(Eigenbewegungen)}$$

$$+ \underbrace{\frac{b_0}{\sqrt{(a_0-\omega^2)^2 + a_1^2\omega^2}}}_{Betrag} \cos\Big(\omega t - \underbrace{\arctan\frac{a_1\omega}{a_0-\omega^2}}_{Phase}\Big) \quad (a_0, a_1, b_0 > 0)$$

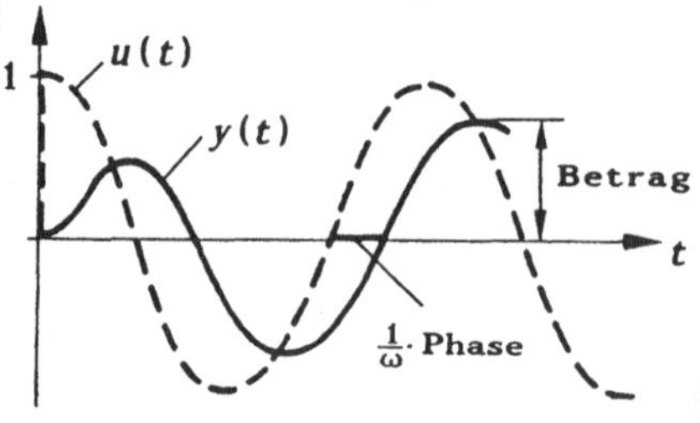

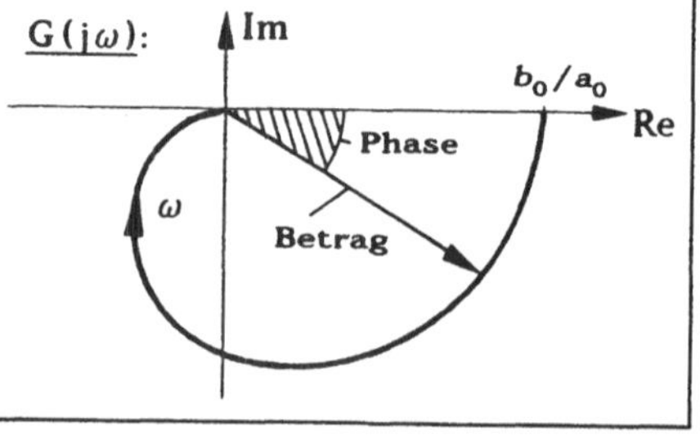

Tabelle 2.3: Übertragungssystem 2. Ordnung; konjugiert komplexe Eigenwerte

Differentialgleichung: $\ddot{y}(t) + a_1\dot{y}(t) + a_0 y(t) = b_0 u(t)$

---

charakteristische Gleichung: $\lambda^2 + a_1\lambda + a_0 = (\lambda+\sigma)^2 + \omega_0^2 = 0$

Eigenwerte: $\lambda_{1,2} = -\frac{a_1}{2} \pm j\sqrt{a_0 - \frac{a_1^2}{4}} = -\sigma \pm j\omega_0$

Lösung der Dgl.: $y(t) = y_h(t) + y_{inh}(t)$

$$y_h(t) = e^{-\sigma t}\frac{1}{\omega_0}\left[\sqrt{a_0}\cos\left(\omega_0 t - \arcsin\sqrt{\frac{a_1^2}{4a_0}}\right) y(0) + \sin\omega_0 t\, \dot{y}(0)\right]$$

$$y_p(t) = \frac{1}{\omega_0}\int_0^t \left[e^{-\sigma(t-\tau)} \sin\omega_0(t-\tau)\right] b_0\, u(\tau)\, d\tau$$

Impulsantwort: $u(t) = \delta(t)$

$$y_\delta(t) = \frac{b_0}{\omega_0} e^{-\sigma t} \sin\omega_0 t\; \sigma(t)$$

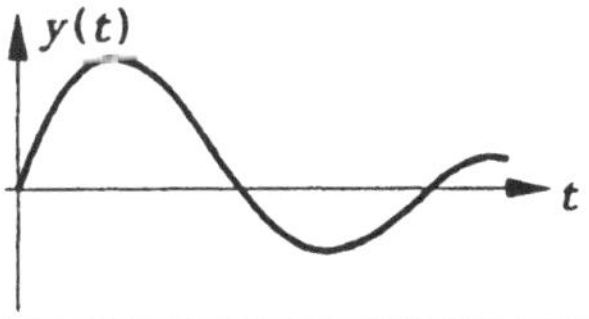

Sprungantwort: $u(t) = \sigma(t)$

$$y_\sigma(t) = \frac{b_0}{a_0}\left[1 - \sqrt{\frac{a_0}{a_0 - a_1^2/4}}\, e^{-\sigma t}\cos\left(\omega_0 t - \arcsin\sqrt{\frac{a_1^2}{4a_0}}\right)\right]$$

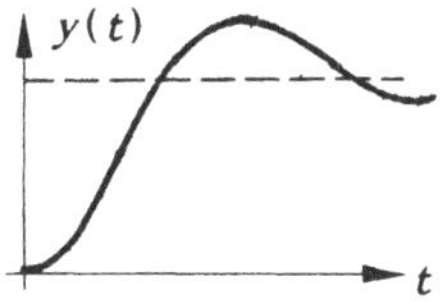

Kosinusantwort: $u(t) = \cos\omega t\; \sigma(t) = \sigma(t)\, \mathrm{Re}\{e^{j\omega t}\}$

$$y(t) = \frac{-b_0}{(a_0-\omega^2)^2 + a_1^2\omega^2}\, e^{-\sigma t}\left[(a_0-\omega^2)\cos\omega_0 t + \frac{a_1}{2\omega_0}(a_0+\omega^2)\sin\omega_0 t\right]$$

$$+ \underbrace{\frac{b_0}{\sqrt{(a_0-\omega^2)^2 + a_1^2\omega^2}}}_{Betrag} \cos\Big(\omega t - \underbrace{\arctan\frac{a_1\omega}{a_0-\omega^2}}_{Phase}\Big) \qquad (a_1, a_0, b_0 > 0)$$

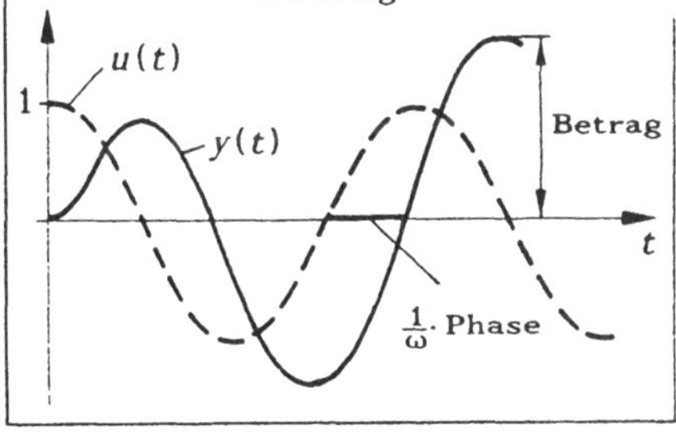

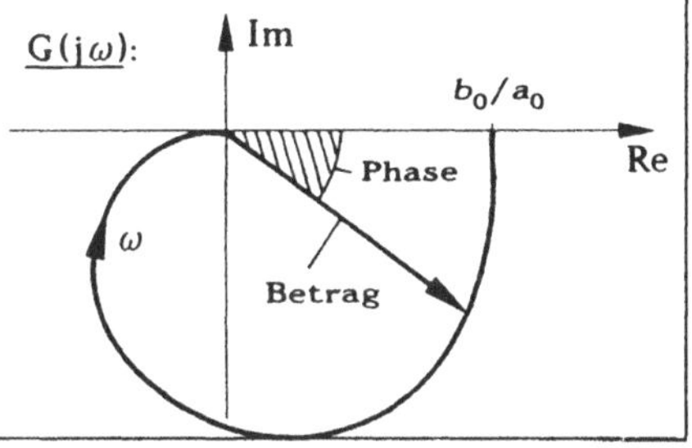

$G(j\omega)$:

Tabelle 2.4: Sprungantworten eines schwingungsfähigen Systems 2. Ordnung

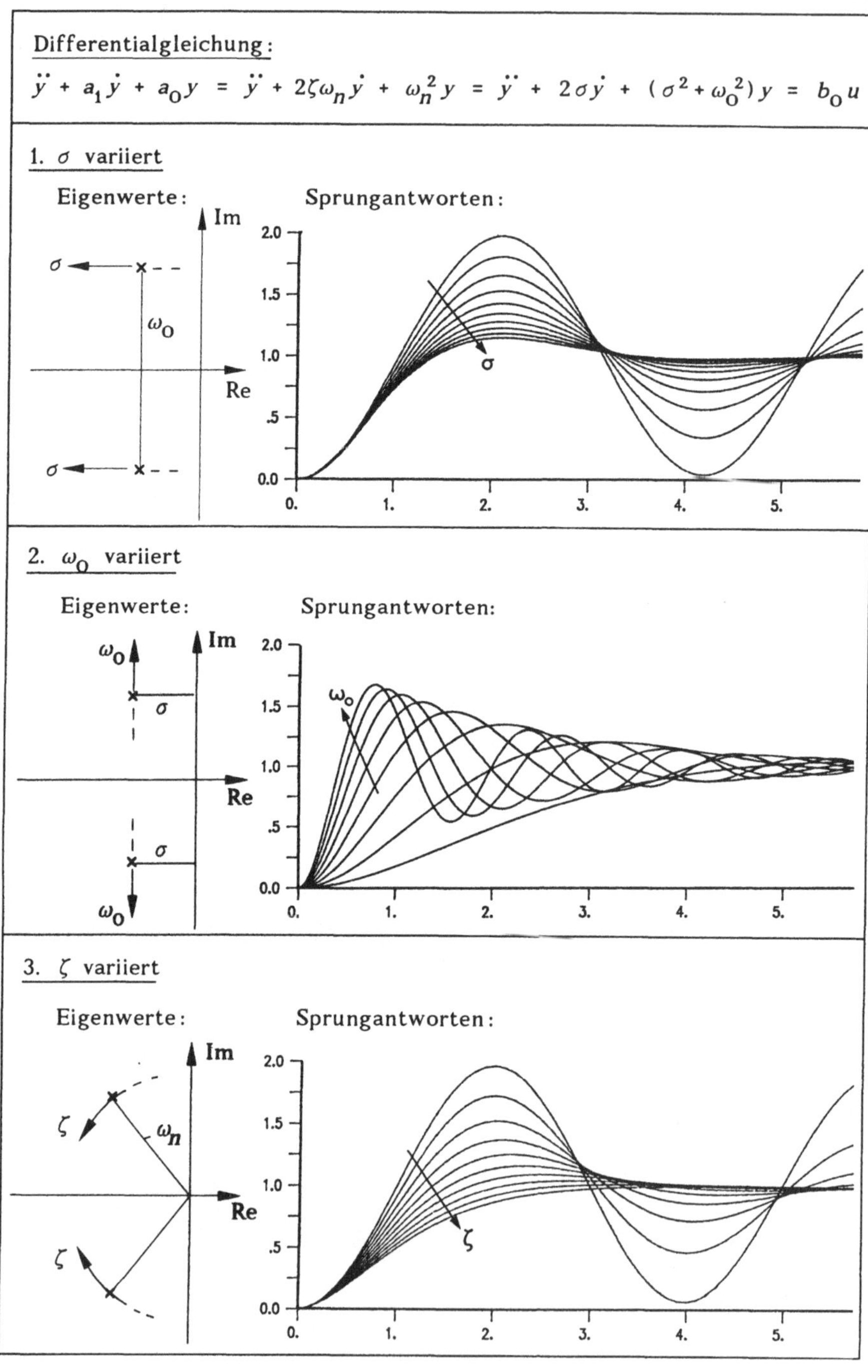

Der Stab habe die Länge l, seine Masse sei vernachlässigbar. An seinem Ende befinde sich die Masse m. Die Feder ist so eingestellt, daß sie bei der Winkelstellung α_0 entspannt ist. Die Federkonstante ist c, das Moment M_F der Feder ist dem Winkel $(\alpha-\alpha_0)$ proportional. Ferner wirke ein Reibmoment M_R, das der Winkelgeschwindigkeit $\dot{\alpha}$ proportional ist. Die hierbei wirksame Proportionalitätskonstante sei μ_R.

a) Man stelle die Bewegungsgleichungen auf in Form einer Differentialgleichung 2. Ordnung (Momentensatz) und dann in Form einer Zustandsbeschreibung mit α_0 als (konstanter) Eingangsgröße und α, $\dot{\alpha}$ als Zustandsvariablen.

Der Momentensatz lautet:

Trägheitsmoment × Winkelbeschleunigung = Summe der angreifenden Momente

Bezüglich des Drehpunktes am Fußpunkt des Stabes ergibt sich

$$ml^2\ddot{\alpha}(t) = \underbrace{-\mu_R\,\dot{\alpha}(t)}_{\substack{\text{Reibmoment}\\ M_R}} + \underbrace{mgl\cdot\sin\alpha(t)}_{\substack{\text{Moment der}\\ \text{Gewichtskraft}}} - \underbrace{c\big(\alpha(t)-\alpha_0\big)}_{\substack{\text{Federmoment}\\ M_F}}\,.$$

Nach $\ddot{\alpha}$ aufgelöst:

$$\ddot{\alpha}(t) = -\frac{\mu_R}{ml^2}\,\dot{\alpha}(t) + \frac{g}{l}\sin\alpha(t) - \frac{c}{ml^2}\big(\alpha(t)-\alpha_0\big)\,.$$

Mit den Zustandsvariablen $x_1(t) = \alpha(t)$, $x_2(t) = \dot{\alpha}(t)$ erhält man wie im Abschnitt 2.2.1 eine Zustandsbeschreibung:

$$\dot{x}_1(t) = x_2(t)$$

$$\dot{x}_2(t) = \frac{g}{l}\sin x_1(t) - \frac{c}{ml^2}\big(x_1(t)-\alpha_0\big) - \frac{\mu_R}{ml^2}\,x_2(t)\,.$$

Die Zielgröße (Ausgangsgröße) ist die Winkelstellung des Pendels, d.h.

$$y(t) = x_1(t)\,.$$

Wegen der Sinusfunktion auf der rechten Seite ist die Systembeschreibung nichtlinear.

b) Welche Ruhelagen sind grundsätzlich für $-\pi < \alpha \le +\pi$ und $-\pi < \alpha_0 \le +\pi$ möglich und wovon hängt ihre Zahl ab?

In einer Ruhelage müssen die zeitlichen Ableitungen verschwinden

$$\dot{x}_1 = 0 = \bar{x}_2$$

$$\dot{x}_2 = 0 = \frac{g}{l}\sin\bar{x}_1 - \frac{c}{ml^2}\big(\bar{x}_1-\alpha_0\big) - \frac{\mu_R}{ml^2}\cdot\alpha_0\,.$$

Setzt man für x_1 wieder α, erhält man hieraus

$$\sin\bar{\alpha} = \frac{c}{m l g}\left(\bar{\alpha} - \alpha_0\right).$$

Man kann diese nichtlineare Gleichung für $\bar{\alpha}$ grafisch lösen, indem man die Schnittpunkte der Sinuskennlinie (linke Seite) mit der Geraden der rechten Seite aufsucht. Dies ist im nachfolgenden Bild 2.32 illustriert.

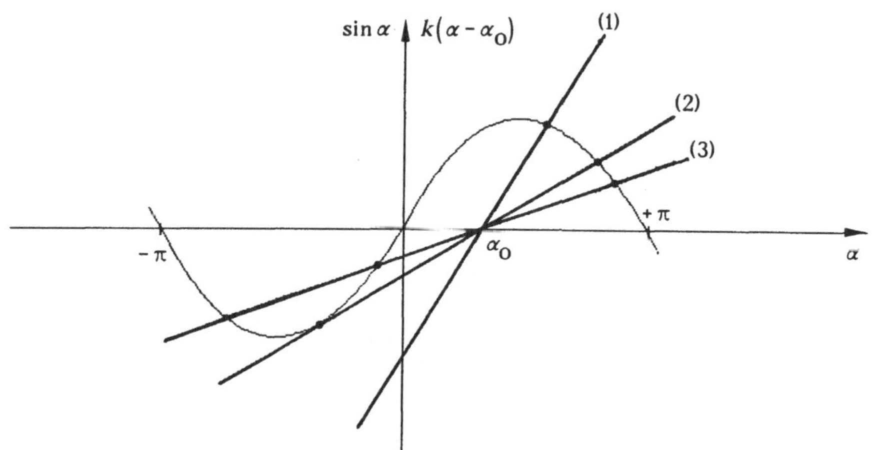

Bild 2.32. Zur grafischen Bestimmung der Ruhelagen

Man erkennt, daß je nach Größe der Steigung $\frac{c}{m l g}$ eine, zwei oder drei Ruhelagen $\{\bar{\alpha}_i, 0\}$ möglich sind. Das heißt, bei einer verhältnismäßig weichen Feder sind i.a. drei Ruhelagen möglich, bei einer harten Feder nur eine. (Der Sonderfall mit zwei Ruhelagen, wenn die Gerade die Sinuslinie gerade tangiert, stellt einen isolierten Fall dar.)

Die Zahl der Ruhelagen hängt aber auch vom eingestellten Winkel α_0 ab. Wenn man α_0 in der obigen Skizze in Richtung π rückt, dann schneidet zunächst die Gerade (2) später auch die Gerade (3) die Sinuskennlinie nur noch einmal.

c) *Sei nun* $\alpha_0 = \frac{\pi}{2}$ *, sowie*

$$c = 0{,}035\ \frac{Nm}{rad}; \qquad \mu_R = 0{,}006\ \frac{Nms}{rad};$$

$$m = 100\ g; \qquad l = 0{,}15\ m;$$

$$g = 9{,}81\ \frac{m}{s^2};$$

Welche Ruhelagen sind für diese Systemparameter möglich?

Die Bestimmungsgleichung für die Winkel $\bar{\alpha}$ in der Ruhelage lautet mit diesen Werten

$$\sin\bar{\alpha} = 0{,}238\left(\bar{\alpha} - \frac{\pi}{2}\right).$$

Eine grafische Lösung wie in Bild 2.32 oder ein kleines Rechnerprogramm liefert drei Lösungen:

RL: $\{-120^\circ;\ 0\}$; $\{-29{,}8^\circ;\ 0\}$; $\{162^\circ;\ 0\}$.

d) Es soll nun die Systembeschreibung um jede dieser Ruhelagen linearisiert werden. Anhand der Eigenwerte λ_i ist zu entscheiden, ob die Eigenbewegungen stabil sind, die sich bei kleinen Auslenkungen aus der jeweiligen Ruhelage einstellen.

Linearisierte Zustandsbeschreibung:

$$\Delta\dot{x}_1(t) = \Delta x_2(t)$$

$$\Delta\dot{x}_2(t) = \left(\frac{g}{l}\cos\bar{\alpha}_1 - \frac{c}{ml^2}\right)\Delta x_1(t) - \frac{\mu_R}{ml^2}\Delta x_2(t)$$

bzw. linearisierte Dgl. 2. Ordnung

$$\Delta\ddot{\alpha}(t) + \frac{\mu_R}{ml^2}\Delta\dot{\alpha}(t) + \left(\frac{c}{ml^2} - \frac{g}{l}\cos\bar{\alpha}\right)\Delta\alpha(t) = 0.$$

Das charakteristische Polynom lautet demnach

$$\lambda^2 + \frac{\mu_R}{ml^2}\lambda + \left(\frac{c}{ml^2} - \frac{g}{l}\cos\bar{\alpha}\right) = 0.$$

Mit den oben gegebenen Zahlenwerten ergibt dies

$$\lambda^2 + 2{,}67\,\lambda + (15{,}56 - 65{,}4\cos\bar{\alpha}) = 0.$$

Hieraus erhält man die in folgender Tabelle zusammengefaßten Antworten:

Ruhelage	$\{-120^\circ;\ 0\}$	$\{-29{,}8^\circ;\ 0\}$	$\{162^\circ;\ 0\}$
Eigenwerte	$-1{,}33 \pm j\,6{,}82$	$-7{,}88$; $+5{,}22$	$-1{,}33 \pm j\,8{,}71$
Eigenbewegungen	gedämpft schwingend *stabil*	eine exponentiell wachsend *instabil*	gedämpft schwingend *stabil*

Beispiel 2.3: Analogien zwischen mechanischen und elektrischen Schwingkreisen

Schwingungsfähige mechanische und elektrische Systeme führen formal auf gleichartige Systembeschreibungen. Aus deren Vergleich lassen sich dann Analogien herleiten, die nützlich sein können bei einem vereinheitlichten, übergeordneten Systemdenken. Je nachdem, ob man mehr mit mechanischen oder mehr mit elektrischen Systemen vertraut ist, können einem diese Analogien einen besseren Zugang zum Verständnis der jeweils anderen Systemklasse eröffnen. (Diese Analogiebetrachtungen lassen sich auch in Richtung fluidischer, pneumatischer oder thermischer Systeme erweitern, was hier nicht geschehen soll.)

Es werden hierzu die folgenden drei Systeme 2. Ordnung betrachtet.

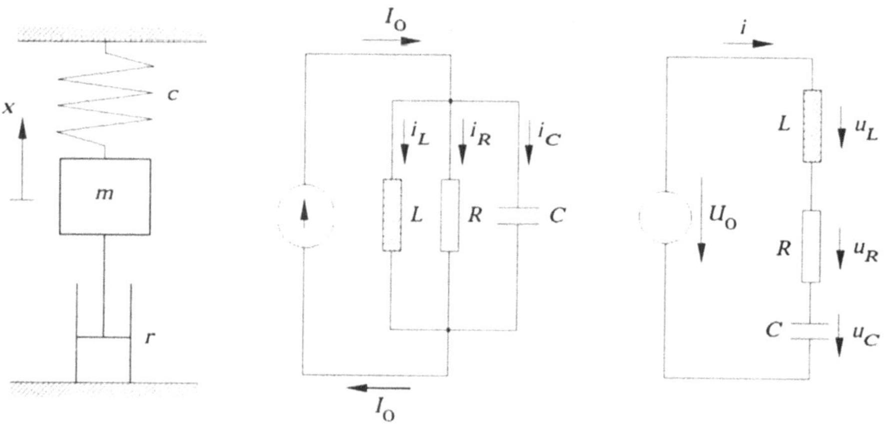

Bild 2.33. Mechanischer Schwinger und elektrische Schwingkreise

Eine Masse m hänge an einer Feder mit der Federkonstanten c und sei mit einem geschwindigkeitsproportional wirkenden Dämpfungselement verbunden, das den Dämpfungsbeiwert r hat. Die Position $x = 0$ des Massenschwerpunkts sei so festgelegt, daß die Feder gerade entspannt ist.

Der vorliegende elektrische Parallel-Schwingkreis wird von einer Konstant-Stromquelle mit dem eingeprägten Strom I_0 gespeist. Die Anfangswerte für die Ladung am Kondensator mit der Kapazität C und der Anfangswert des Stromes (bzw. des magn. Flusses) durch die Induktivität L seien beliebig.

Der betrachtete elektrische Reihen-Schwingkreis werde von einer verlustfreien Konstant-Spannungsquelle gespeist. Anfangswerte der Ladung q im Kondensator und des Stromes i durch die Induktivität (d.h. des Stromes durch den Gesamtkreis) seien beliebig.

Anfangsposition $x(0)$ und -geschwindigkeit $\dot{x}(0)$ sind zunächst nicht festgelegt. Aus dem Newton'schen Schwerpunktsatz erhält man

$$m\ddot{x} = \sum_i K_i = -cx - r\dot{x} - mg$$

bzw.

$$m\ddot{x} + r\dot{x} + cx = -mg.$$

Aus der Strombilanz für den Verzweigungspunkt (1. Kirchhoffsches Gesetz) ergibt sich

$$i_C + i_R + i_L = I_0.$$

Mit der gemeinsamen Spannung $u(t)$ an der Parallelschaltung läßt sich schreiben

$$C\dot{u} + \frac{u}{R} + \frac{1}{L}\int_{-\infty}^{t} u\,\mathrm{d}\tau = I_0.$$

Dies ist zunächst eine Integral - Differentialgleichung für die Spannung $u(t)$ Führt man nun den magnetischen Fluß

$$\Psi(t) = \int_{-\infty}^{t} u\,\mathrm{d}\tau$$

bzw.

$$\dot{\Psi} = u(t)$$

ein, erhält man

$$C\ddot{\Psi} + \frac{u}{R}\dot{\Psi} + \frac{1}{L}\Psi = I_0.$$

Bildet man den Spannungsumlauf in der Masche des Stromkreises (2. Kirchhoffsches Gesetz), erhält man

$$u_L + u_R + u_C = U_0.$$

Berücksichtigt man die allgemeinen Beziehungen zwischen Strom und Spannung an den jeweiligen Bauelementen, wobei die Elemente von dem gegemeinsamen Strom $i(t)$ durchflossen werden, ergibt sich

$$L\dot{i} + Ri + \frac{1}{C}\int_{-\infty}^{t} i\,\mathrm{d}\tau = U_0.$$

Dies ist wiederum eine Integral - Differentialgleichung. Führt man hierin

$$q(t) = \int_{-\infty}^{t} i(\tau)\,\mathrm{d}\tau$$

bzw.

$$\dot{q}(t) = i(t)$$

ein, erhält man

$$L\ddot{q} + R\dot{q} + \frac{1}{C}q = U_0.$$

Vergleicht man nun die Differentialgleichung für den mechanischen Schwinger mit der des elektrischen Parallelschwingkreises, dann erkennt man, daß sich folgende Parameter und Variablen entsprechen (Analogien):

Masse m	⟷	Kapazität C
Dämpfungsbeiwert r	⟷	Leitwert $1/R$
Federkonstante c	⟷	inverse Induktivität $1/L$
Geschwindigkeit $\dot{x}$	⟷	Spannung u
Position x	⟷	magn. Fluß Ψ
Kraft $m \cdot g$	⟷	Strom I_0

Mit diesen Analogien läßt sich auch zu einem komplizierteren mechanischen Netzwerk mit mehreren Massen ein entsprechendes elektrisches Netzwerk konstruieren und umgekehrt.

Wenn man allerdings die Differentialgleichungen von mechanischem Schwinger und dem elektrischen Reihenschwingkreis vergleicht, kommt man formal zu anderen Analogien, die in der Literatur jedoch weniger benutzt werden:

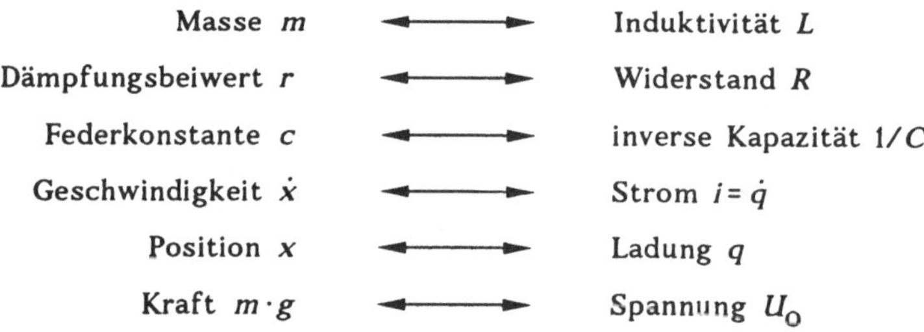

Masse m	⟷	Induktivität L
Dämpfungsbeiwert r	⟷	Widerstand R
Federkonstante c	⟷	inverse Kapazität $1/C$
Geschwindigkeit $\dot{x}$	⟷	Strom $i = \dot{q}$
Position x	⟷	Ladung q
Kraft $m \cdot g$	⟷	Spannung U_0

Indem man die gefundenen Differentialgleichungen durch die Masse m, die Induktivität L oder die Kapazität C teilt, kann man sie auf die normierte Form (2.81) bringen

$$\ddot{y} + a_1 \dot{y} + a_0 y = b_0 \cdot \bar{u}$$

Die hierzu gehörenden Lösungen sind in den Tabellen 2.2 bzw. 2.3 zu finden. Üblicherweise ist der Dämpfungsbeiwert r oder der Widerstand R im Reihen-Schwingkreis klein bzw. der Widerstand R im Parallel-Schwingkreis sehr groß, so daß der Koeffizient a_1 (gleich $\frac{r}{m}$ bzw. $\frac{R}{L}$) die Bedingung (B) erfüllt und sich gedämpfte Schwingungen als Eigenbewegungen ergeben. Wenn der Dämpfungsbeiwert r oder der Widerstand im Reihenschwingkreis ganz verschwindet bzw. wenn der Widerstand im Parallelschwingkreis unendlich groß wird, sind die Eigenbewegungen ungedämpfte Schwingungen. Die Eigenfrequenzen sind dann

$$\omega_0 = \sqrt{\frac{m}{c}}$$

beim mechanischen Schwinger und

$$\omega_0 = \sqrt{\frac{1}{LC}}$$

bei den beiden elektrischen Schwingkreisen.

2.3 Lineare Systeme n - ter Ordnung

2.3.1 Allgemeine Beschreibung

Die Beschreibung eines dynamischen Systems höherer Ordnung erhält man über den Weg der Modellbildung unter Beachtung physikalischer oder anderer Gesetze und Überlegungen meist in Form von Differentialgleichungen 1. und 2. Ordnung (nur selten auch 3. und 4. Ordnung), die miteinander verkoppelt sind. Wie im Falle des Systems 2. Ordnung demonstriert, kann man dann zwei besondere Formen der Beschreibung durch Umformen erhalten; entweder kann man durch wiederholtes Differenzieren und Ineinandereinsetzen schließlich alle systeminternen Variablen eliminieren und zu *einer* Differentialgleichung höherer Ordnung gelangen, die nur noch die Eingangsgröße und die Ausgangsgröße mit ihren Ableitungen enthält. (Dieser Weg ähnelt dem Vorgehen bei der Auflösung von verkoppelten Gleichungssystemen, durch die zusätzliche Differentiation wird er aber unübersichtlicher; mit wachsender Ordnung des Systems wird er - insbesondere bei nichtlinearen Systemen zu einem nicht trivialen Rechengang.) Der andere Weg besteht darin, die Differentialgleichungen 1. Ordnung beizubehalten und die Differentialgleichungen 2. und höherer Ordnung, wie oben gezeigt, in zwei und mehr Differentialgleichungen 1. Ordnung zu zerlegen, so daß man dann ein System aus gekoppelten Differentialgleichungen 1. Ordnung, d. h. eine Zustandsbeschreibung erhält. Bei n Speicherelementen erhält man also alternativ eine Differentialgleichung n - ter Ordnung oder n Differentialgleichungen 1. Ordnung.

Die Vorgehensweise für eine Beschreibung mit *einer* Differentialgleichung n - ter Ordnung ist prinzipiell die gleiche wie oben beim System 2. Ordnung; der Lösungsweg sei hier noch einmal kurz skizziert. Ausgangspunkt ist eine Darstellung durch eine lineare Differentialgleichung n - ter Ordnung:

$$y^{(n)} + a_{n-1} y^{(n-1)} + \dots + a_1 \dot{y} + a_0 y = b_{n-1} u^{(n-1)} + \dots + b_1 \dot{u} + b_0 u . \tag{2.97}$$

(Das Argument (t) wurde bei den Variablen y und u sowie bei deren Ableitungen der Einfachheit halber weggelassen.) Der Lösungsansatz $y_h(t) = c\, e^{\lambda t}$ für die homogene Dgl. führt auf die charakteristische Gleichung

$$\lambda^n + a_{n-1} \lambda^{n-1} + \dots + a_1 \lambda + a_0 = 0 . \tag{2.98}$$

Diese Polynomgleichung n - ter Ordnung hat nach dem Hauptsatz der Algebra genau n Lösungen λ_i (in Sonderfällen können dabei mitunter Lösungen gleich sein). Die allgemeine homogene Lösung stellt sich dann als eine Linearkombination der n Eigenbewegungen dar

$$y_h(t) = \sum_{i=1}^{n} c_i \, e^{\lambda_i t} , \tag{2.99}$$

(Diese Darstellung setzt verschiedene Eigenwerte voraus; bezüglich der Modifikation der Eigenbewegungen bei gleichen Eigenwerten sei auf den Lösungsweg über die Laplace-Transformation im nächsten Kapitel bzw. auf die einschlägige Literatur verwiesen.) Die n Konstanten c_i sind hierbei aus n Anfangswerten $y(0)$, $\dot{y}(0)$, ..., $y^{(n-1)}$ zu bestimmen.

Die konsequente Anwendung der "Variation der Konstanten" im Ansatz für die inhomogene Lösung ergibt

$$y_{inh}(t) = \int_0^t \underbrace{g(t-\tau)}_{\text{Gewichtsfunktion = Impulsantwort}} u(\tau)\, d\tau \,, \tag{2.100}$$

wobei wir wiederum das Faltungsintegral erhalten, in dem der Eingangsgrößenverlauf $u(t)$ mit der Impulsantwort $g(t)$ *gefaltet* wird. Die Impulsantwort selbst setzt sich wie beim System 1. und 2. Ordnung aus einer speziellen Linearkombination der Eigenbewegungen zusammen. Ihre Berechnung läßt sich über die nachfolgend behandelte Zustandsbeschreibung oder über die Laplace-Transformation einfacher durchführen, wie später gezeigt wird.

Wir wenden uns jetzt der zweiten genannten Darstellungsform, der Zustandsdarstellung, zu, die in vektorieller Schreibweise lautet (vgl. (2.79))

$$\begin{aligned} \dot{\boldsymbol{x}}(t) &= \boldsymbol{A}\,\boldsymbol{x}(t) + \boldsymbol{b}\,u(t) \\ y(t) &= \boldsymbol{c}'\boldsymbol{x}(t)\,. \end{aligned} \tag{2.101}$$

Hierin sind $\boldsymbol{A}$ eine $n \times n$ - Matrix, die Systemmatrix, $\boldsymbol{b}$ ein $n \times 1$ - Vektor (Spaltenvektor) und $\boldsymbol{c}'$ ein $1 \times n$ - Vektor (Zeilenvektor). Mitunter wirkt die Eingangsgröße $u(t)$ auch noch direkt auf die Ausgangsgröße $y(t)$, so daß sich diese dann darstellt durch

$$y(t) = \boldsymbol{c}'\boldsymbol{x}(t) + d\,u(t)\,. \tag{2.102}$$

In diesem Fall würde ein Einheitssprung am Eingang einen Sprung der Höhe d am Ausgang bewirken, weshalb ein solches System auch *sprungfähig* genannt wird. Bei der Herleitung einer Systembeschreibung durch eine Differentialgleichung n-ter Ordnung nach (2.97) ergibt sich hierbei auf der rechten Seite ein Term $b_n u^{(n)}$ mit der n-ten Ableitung auch in $u(t)$, wobei gilt $b_n = d$. Wir wollen diesen Sonderfall hier nicht weiter verfolgen; wenn immer im folgenden die Systemantwort $y(t)$ berechnet wird, hätte man hierfür den Anteil $d\,u(t)$ noch zu addieren.

Um für die Beschreibungsform (2.101) die Lösung zu berechnen, führen wir zunächst die folgende, durch eine unendliche Reihe erklärte Matrizenfunktion ein:

$$\boldsymbol{\Phi}(t) = \mathrm{e}^{\boldsymbol{A}t} = \boldsymbol{I} + \frac{1}{1!}\boldsymbol{A}t + \frac{1}{2!}\boldsymbol{A}^2t^2 + \frac{1}{3!}\boldsymbol{A}^3t^3 + \dots . \tag{2.103}$$

Für den Fall eines Systems 1. Ordnung mit $n=1$ und $\boldsymbol{A}=a$ geht dies in die gewöhnliche Potenzreihendarstellung der e-Funktion über. Für $n \geq 2$ sei diese Exponentialfunktion mit einer Matrix im Exponenten durch die Reihendarstellung der rechten Seite in (2.103) definiert. Sie stellt damit wieder eine $n \times n$-Matrix dar, deren Elemente Funktionen der Zeit sind. (Weitere Möglichkeiten, diese Matrix darzustellen und zu berechnen, werden wir noch kennenlernen.)

Diese Matrix, die auch *Transitionsmatrix* genannt wird (siehe unten), hat die folgenden Eigenschaften, die sich unmittelbar aus der Reihendarstellung (2.103) ableiten lassen.

(a)
$$\mathrm{e}^{\boldsymbol{A}0} = \boldsymbol{I}\,; \tag{2.104}$$

$\boldsymbol{I}$ bezeichnet hierbei die $n \times n$ - Einheitsmatrix; sie hat die Diagonalelemente 1 und in allen anderen Positionen die Elemente 0.

(b)
$$\frac{\mathrm{d}}{\mathrm{d}t}\mathrm{e}^{\boldsymbol{A}t} = \boldsymbol{A}\,\mathrm{e}^{\boldsymbol{A}t} = \mathrm{e}^{\boldsymbol{A}t}\boldsymbol{A}\,; \tag{2.105}$$

(c)
$$\int_0^t \mathrm{e}^{\boldsymbol{A}\tau}\mathrm{d}\tau = \boldsymbol{A}^{-1}\left(\mathrm{e}^{\boldsymbol{A}t} - \boldsymbol{I}\right) = \frac{1}{1!}\boldsymbol{I}t + \frac{1}{2!}\boldsymbol{A}t^2 + \frac{1}{3!}\boldsymbol{A}^2t^3 + \dots \tag{2.106}$$

Dieses Integral existiert für alle t und alle Matrizen $\boldsymbol{A}$, wie die Reihendarstellung zeigt. Für singuläre Systemmatrizen $\boldsymbol{A}$ verliert allerdings die erste Darstellung mit dem "Vorfaktor" $\boldsymbol{A}^{-1}$ ihren Sinn, da dann diese Inverse nicht existiert.

(d)
$$\left(\mathrm{e}^{\boldsymbol{A}t}\right)^{-1} = \mathrm{e}^{-\boldsymbol{A}t}. \tag{2.107}$$

Diese Inverse existiert für beliebige Systemmatrizen $\boldsymbol{A}$ und Zeitpunkte t.

Mit dieser Matrizenfunktion machen wir in Analogie zum System 1. Ordnung den folgenden Ansatz für die homogene Zustandsdifferentialgleichung (2.101):

$$\boldsymbol{x}_h(t) = \mathrm{e}^{\boldsymbol{A}t}\cdot\boldsymbol{\gamma}\,. \tag{2.108}$$

Der mit den Konstanten γ_i besetzte Spaltenvektor $\boldsymbol{\gamma}$ muß den Regeln der Matrizenrechnung entsprechend rechts stehen. Diesen Ansatz in die homogene Dgl. (2.101) (mit $u(t) \equiv 0$) eingesetzt ergibt

$$\dot{\boldsymbol{x}}_h(t) = \boldsymbol{A}\,\mathrm{e}^{\boldsymbol{A}t}\boldsymbol{\gamma} = \boldsymbol{A}\boldsymbol{x}_h(t) = \boldsymbol{A}\,\mathrm{e}^{\boldsymbol{A}t}\boldsymbol{\gamma}\,. \tag{2.109}$$

Wir erkennen also, daß der Ansatz (2.108) die homogene Vektordifferentialgleichung (2.101) befriedigt. Die homogene Lösung muß wiederum die Anfangswerte erfüllen

$$\boldsymbol{x}_h(t=0) = \boldsymbol{x}(0) = e^{\boldsymbol{A}\cdot 0}\boldsymbol{\gamma} = \boldsymbol{\gamma}\,, \tag{2.110}$$

wodurch der Vektor $\boldsymbol{\gamma}$ als der Anfangszustand $\boldsymbol{x}(0)$ festliegt. Die vollständige homogene Lösung lautet somit:

$$\boldsymbol{x}_h(t) = e^{\boldsymbol{A}t}\boldsymbol{x}(0)\,. \tag{2.111}$$

Die Matrizenfunktion $e^{\boldsymbol{A}t}$ beschreibt also, wie der Anfangszustand $\boldsymbol{x}(0)$ in den Nachfolgezustand $\boldsymbol{x}(t)$ übergeht (lat.: *transire*); sie wird daher auch *Transitionsmatrix* genannt. Zur Bestimmung der partikulären Lösung wenden wir wieder die "Variation der Konstanten" an, indem wir den Vektor $\boldsymbol{\gamma}$ als zeitveränderlich ansetzen:

$$\boldsymbol{x}_p(t) = e^{\boldsymbol{A}t}\boldsymbol{\gamma}(t)\,. \tag{2.112}$$

Folgt man nun den gleichen Schritten, die im Fall des Systems 1. Ordnung durchgeführt wurden, erhält man nach kurzer Zwischenrechnung

$$\boldsymbol{x}_p(t) = \int_0^t e^{\boldsymbol{A}(t-\tau)}\boldsymbol{b}\,u(\tau)\,d\tau\,, \tag{2.113}$$

worin wieder das Faltungsintegral, jetzt in vektorieller Form, auftritt.

Die Gesamtlösung lautet damit:

$$\boxed{\boldsymbol{x}(t) = e^{\boldsymbol{A}t}\boldsymbol{x}(0) + \int_0^t e^{\boldsymbol{A}(t-\tau)}\boldsymbol{b}\,u(\tau)\,d\tau\,.} \tag{2.114}$$

Mit Hilfe der homogenen Lösung (2.111) kann der Transitionsmatrix auch folgende anschauliche Interpretation gegeben werden. Wir wählen uns hierzu einen besonderen Anfangszustand $\boldsymbol{x}(0) = \boldsymbol{e}_1$, wobei $\boldsymbol{e}_1$ der erste Einheitsvektor ist mit einer 1 als erster Komponente und mit 0–Elementen sonst. Wenn dieser Vektor mit der Transitionsmatrix multipliziert wird, wählt er die erste Spalte von dieser aus, d. h. die erste Spalte von $e^{\boldsymbol{A}t}$ enthält die Antworten der Zustandsvariablen auf diese spezielle Anfangsauslenkung. Ebenso stellt die zweite Spalte die Lösung der Zustandsbewegung dar, wenn $\boldsymbol{x}(0) = \boldsymbol{e}_2$ gewählt wird, d. h. wenn nur der zweiten Zustandsvariablen die Auslenkung 1 zum Zeitpunkt $t = 0$ gegeben wird, u. s. f. Die Transitionsmatrix wird daher auch die Matrix der *Fundamentallösungen* genannt.

Für die Berechnung der Transitionsmatrix $e^{\boldsymbol{A}t}$ gibt es nun eine Reihe von verschiedenen numerischen Verfahren. Uns interessiert hier noch, welche Zeitfunktionen in den einzelnen Elementen dieser Matrix auftreten. Hieraus läßt sich z. B. ablesen, ob alle homogenen Bewegungen mit wachsender Zeit t abklingen. Hierzu versuchen wir, die homogene Lösung noch einmal mit einem anderen Ansatz zu berechnen, der nur eine einzige skalare e-Funktion mit einem konstanten Vektor $\tilde{\boldsymbol{\gamma}}$ enthält

$$\boldsymbol{x}_h(t) = \tilde{\boldsymbol{\gamma}}\, \mathrm{e}^{\lambda t}. \tag{2.115}$$

In die homogene Dgl. eingesetzt, ergibt dieser Ansatz:

$$\tilde{\boldsymbol{\gamma}}\, \lambda\, \mathrm{e}^{\lambda t} = \boldsymbol{A}\, \tilde{\boldsymbol{\gamma}}\, \mathrm{e}^{\lambda t}. \tag{2.116}$$

Bringt man $\boldsymbol{A}\tilde{\boldsymbol{\gamma}}$ auf die linke Seite und klammert dabei $\tilde{\boldsymbol{\gamma}}$ nach rechts aus (wobei in der Klammer nicht der Skalar λ sondern die Matrix $\lambda \boldsymbol{I}$ verbleiben muß, weil sonst eine sinnlose Differenz zwischen dem Skalar λ und der Matrix $\boldsymbol{A}$ in der Klammer stünde), erhält man

$$(\lambda \boldsymbol{I} - \boldsymbol{A})\, \tilde{\boldsymbol{\gamma}} = 0\,. \tag{2.117}$$

Diese Gleichung wird in der Vektoralgebra die *Eigenvektorgleichung* genannt. Sie ist nur dann widerspruchsfrei und damit lösbar für einen Vektor $\tilde{\boldsymbol{\gamma}} \neq \boldsymbol{0}$, wenn die Matrix in Klammern singulär ist, d. h. wenn ihre Determinante verschwindet

$$\det(\lambda \boldsymbol{I} - \boldsymbol{A}) = 0\,. \tag{2.118}$$

Diese Determinante ergibt ein Polynom n-ter Ordnung in λ, das *charakteristische Polynom* der Systembeschreibung, das identisch ist mit dem in Gleichung (2.98) gefundenen Polynom. Wie oben bemerkt, hat die *charakteristische Gleichung* (2.118) als Lösungen λ_i die n Eigenwerte der Systembeschreibung, die auch die Eigenwerte der Matrix $\boldsymbol{A}$ genannt werden. Für diese Eigenwerte ist also (2.117) lösbar, wobei für jeden Eigenwert λ_i ein *Eigenvektor* $\tilde{\boldsymbol{\gamma}}_i$ berechnet wird. Allerdings ist dieser Vektor durch (2.117) nicht vollständig bestimmt. Da für $\lambda = \lambda_i$ nach (2.118) die Determinante der Bestimmungsmatrix in (2.117) verschwindet, ist diese Matrix singulär, d. h. (2.117) ergibt weniger als n linear unabhängige Gleichungen für die n Komponenten der Vektoren $\tilde{\boldsymbol{\gamma}}_i$. Damit sind diese Vektoren eigentlich nur nach ihrer Richtung (da durch $n-1$ Bedingungen), nicht aber nach ihrer Länge bestimmt. Man spricht daher genauer auch von *Eigenrichtungen.*

Der Lösungsansatz (2.115) führt also zu n verschiedenen Teillösungen, den Eigenbewegungen entlang der Eigenrichtungen im n-dimensionalen Raum, in dem man die Bewegung des Zustandsvektors $\boldsymbol{x}(t)$ als *Trajektorie* darstellen kann. Die allgemeine Lösung ist dann eine Linearkombination dieser Teillösungen:

$$\boldsymbol{x}_h(t) = \sum_{i=1}^{n} k_i \tilde{\boldsymbol{\gamma}}_i \, e^{\lambda_i t} . \tag{2.119}$$

Hierin sind die Konstanten k_i so zu bestimmen, daß die Anfangsbedingungen $\boldsymbol{x}_h\,(t=0) = \boldsymbol{x}(0)$ erfüllt sind. Geometrisch gedeutet heißt das, daß der Vektor $\boldsymbol{x}(0)$ in seine Komponenten k_i bezüglich der Eigenrichtungen zerlegt wird. Vergleicht man diese Lösung mit der Darstellung (2.111), so läßt sich als Ergebnis dieser Betrachtung festhalten, daß die Elemente der Transitionsmatrix Linearkombinationen der Eigenbewegungen $e^{\lambda_i t}$ sind. Diese klingen immer dann ab, wenn der Realteil $\mathrm{Re}\{\lambda_i\}$ negativ ist. Konjugiert komplexe Eigenwerte werden dabei zu harmonischen Schwingungen zusammengefaßt, wie es beim System 2. Ordnung gezeigt wurde.

Beispiel 2.4: Trajektorie in der Zustandsebene

Die Systemmatrix der Beschreibung eines Systems 2. Ordnung sei

$$\boldsymbol{A} = \begin{pmatrix} -4 & -1 \\ -3 & -2 \end{pmatrix} .$$

Die charakteristische Gleichung ergibt

$$\det\left[\begin{pmatrix} \lambda & 0 \\ 0 & \lambda \end{pmatrix} - \boldsymbol{A}\right] = \det\begin{bmatrix} \lambda+4 & 1 \\ 3 & \lambda+2 \end{bmatrix} = \lambda^2 + 6\lambda + 5 = 0 ,$$

mit den Lösungen

$$\lambda_1 = -1 \quad \text{und} \quad \lambda_2 = -5 .$$

Hiermit erhalten wir die beiden Eigenvektorgleichungen

$$(\lambda_1 \boldsymbol{I} - \boldsymbol{A})\,\tilde{\boldsymbol{\gamma}}_1 = \begin{pmatrix} 3 & 1 \\ 3 & 1 \end{pmatrix}\begin{pmatrix} \tilde{\gamma}_{11} \\ \tilde{\gamma}_{21} \end{pmatrix} = \boldsymbol{0}$$

und

$$(\lambda_2 \boldsymbol{I} - \boldsymbol{A})\,\tilde{\boldsymbol{\gamma}}_2 = \begin{pmatrix} -1 & 1 \\ 3 & -3 \end{pmatrix}\begin{pmatrix} \tilde{\gamma}_{12} \\ \tilde{\gamma}_{22} \end{pmatrix} = \boldsymbol{0} .$$

Man erkennt sofort, daß jeweils zwei linear abhängige Gleichungen entstehen. Aus dem ersten und dem zweiten Gleichungspaar erhalten wir jeweils

$$\tilde{\gamma}_{11} = -\frac{1}{3}\,\tilde{\gamma}_{21} \qquad \text{und} \qquad \tilde{\gamma}_{12} = \tilde{\gamma}_{22} ,$$

womit die beiden Eigenrichtungen (auch Eigenachsen genannt) in Bild 2.34 bestimmt sind.

Der Anfangszustand $\boldsymbol{x}(0) = \begin{pmatrix} 4 \\ 0 \end{pmatrix}$ z. B. läßt sich in seine Komponenten bezüglich der Eigenrichtungen wie folgt zerlegen

$$\boldsymbol{x}(0) = \begin{pmatrix} 4 \\ 0 \end{pmatrix} = \begin{pmatrix} 1 \\ -3 \end{pmatrix} + \begin{pmatrix} 3 \\ 3 \end{pmatrix}.$$

Die homogene Lösung lautet nach (2.119):

$$\boldsymbol{x}_h(t) = \begin{pmatrix} 1 \\ -3 \end{pmatrix} e^{-t} + \begin{pmatrix} 3 \\ 3 \end{pmatrix} e^{-5t}.$$

Die zugehörige *Trajektorie* $\boldsymbol{x}(t)$, die in Bild 2.34 eingetragen ist, zeigt, daß die Bewegung in Richtung der Eigenachse (2) wesentlich (hier fünfmal) schneller abklingt als die Bewegung in Richtung der Eigenachse (1). Es handelt sich hier bei um eine Darstellung im *Zustandsraum*, bzw. hier im zweidimensionalen Fall um eine Darstellung in der *Zustandsebene*; die Zeit ist hierbei als Parameter an die Zustandstrajektorie anzutragen. Wenn die Zustandsvariablen wie beim Einführungsbeispiel zum System 2. Ordnung als Position y und Geschwindigkeit $\dot{y}$ gewählt wurden, nennt man die Ebene auch die *Phasenebene*.

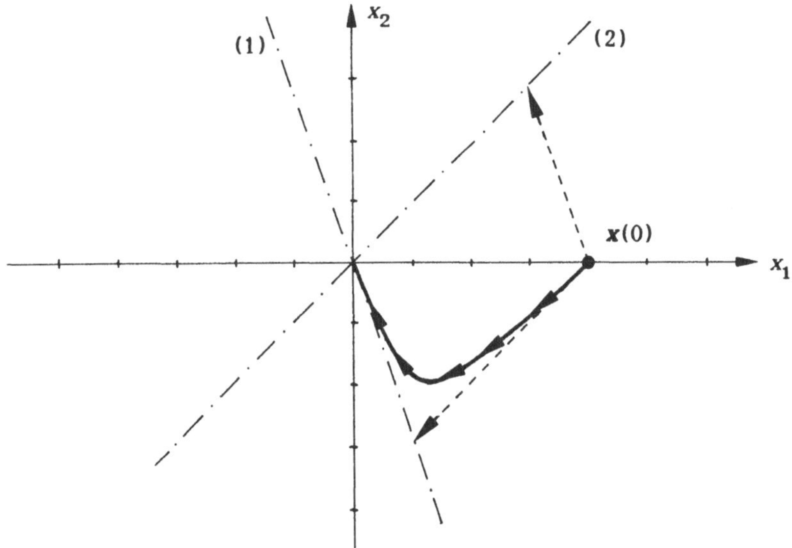

Bild 2.34. Eigenachsen und Trajektorie der hom. Lösung in der Zustandsebene.

2.3.2 Systemantwort auf Standardeingangsfunktionen

Impulsantwort, $u(t) = \delta(t)$

Wir setzen wieder vereinfachend den Anfangszustand zu Null, d. h. $\boldsymbol{x}(0) = \boldsymbol{0}$. Aus (2.114) erhalten wir dann

$$\boldsymbol{x}_\delta(t) = \int_0^t \mathrm{e}^{\boldsymbol{A}(t-\tau)} \boldsymbol{b}\, \delta(\tau)\, \mathrm{d}\tau = \mathrm{e}^{\boldsymbol{A}t} \boldsymbol{b} \overbrace{\int_0^\varepsilon \delta(\tau)\, \mathrm{d}\tau}^{1} ,$$

also

$$\boldsymbol{x}_\delta(t) = \mathrm{e}^{\boldsymbol{A}t} \boldsymbol{b} \tag{2.120}$$

und für die Ausgangsgröße

$$y_\delta(t) = \boldsymbol{c}' \mathrm{e}^{\boldsymbol{A}t} \boldsymbol{b} . \tag{2.121}$$

Die Impulsantwort entspricht also der homogenen Systemantwort mit dem Anfangszustand $\boldsymbol{x}(0) = \boldsymbol{b}$.

Sprungantwort, $u(t) = \sigma(t)$

Aus (2.114) folgt

$$\boldsymbol{x}_\sigma(t) = \int_0^t \mathrm{e}^{\boldsymbol{A}(t-\tau)} \boldsymbol{b}\, \sigma(\tau)\, \mathrm{d}\tau = \mathrm{e}^{\boldsymbol{A}t} \int_0^t \mathrm{e}^{-\boldsymbol{A}\tau} \mathrm{d}\tau\, \boldsymbol{b} ;$$

mit Hilfe der Integrationsregel (2.106) erhält man hieraus

$$\boldsymbol{x}_\sigma(t) = -\boldsymbol{A}^{-1}\left(\boldsymbol{I} - \mathrm{e}^{\boldsymbol{A}t} \right) \boldsymbol{b}\, \sigma(t) . \tag{2.122}$$

Wenn die Inverse der Matrix $\boldsymbol{A}$ nicht existiert (wenn Eigenwerte 0 sind, d. h. wenn das System integrierendes Verhalten hat), ist die Sprungantwort - die ja in jedem Fall existiert - gemäß der Reihendarstellung (2.106) anzugeben.

Die Ausgangsgröße ist dann durch folgenden Ausdruck gegeben

$$y_\sigma(t) = \boldsymbol{c}' \boldsymbol{x}_\sigma(t) = -\boldsymbol{c}' \boldsymbol{A}^{-1}\left(\boldsymbol{I} - \mathrm{e}^{\boldsymbol{A}t} \right) \boldsymbol{b}\, \sigma(t) . \tag{2.123}$$

Treppenfunktion, $u(t) = u_k = \mathrm{const}$ in $kT \le t < (k+1)T$

Wie bei Impuls- und Sprungantwort folgen wir auch hier dem Vorgehen beim System 1. Ordnung, wobei die Rechenschritte im Vektoriellen erfolgen und der Skalar $-a$ durch die Matrix $\boldsymbol{A}$, der Skalar b durch den Vektor $\boldsymbol{b}$ zu ersetzen ist.

Beschränkt man sich auf die Darstellung der Lösung in den Abtastzeitpunkten, so ergibt sich

$$t = 0T: \qquad \boldsymbol{x}_0 = \boldsymbol{x}(0)$$

$$t = 1T: \qquad \boldsymbol{x}_1 = \boldsymbol{x}(T) = e^{\boldsymbol{A}T}\boldsymbol{x}_0 + \int_0^T e^{\boldsymbol{A}(t-\tau)}\boldsymbol{b}\,d\tau\, u_0 = \boldsymbol{\Phi}(T)\,\boldsymbol{x}_0 + \boldsymbol{h}(T)\,u_0$$

$$t = 2T: \qquad \boldsymbol{x}_2 = \boldsymbol{x}(2T) = \boldsymbol{\Phi}(T)\,\boldsymbol{x}_1 + \boldsymbol{h}(T)\,u_1$$

$$\vdots$$

$$t = (k+1)T: \qquad \boxed{\boldsymbol{x}_{k+1} = \boldsymbol{x}[(k+1)T] = \boldsymbol{\Phi}(T)\,\boldsymbol{x}_k + \boldsymbol{h}(T)\,u_k} \qquad (2.124)$$

Wir erhalten also für die Abtastzeitpunkte eine Vektordifferenzengleichung n- ter Ordnung. Für deren Lösung ist demnach die Transitionsmatrix $\boldsymbol{\Phi}(T)$ und der Vektor $\boldsymbol{h}(T)$ nur *einmal* vorab zu berechnen (zweckmäßigerweise mit doppelter Genauigkeit, um die Fehlerfortpflanzung bei der iterativen Abarbeitung der Differenzengleichung gering zu halten). An die Bedeutung dieser Beziehung im Zusammenhang mit der *digitalen Regelung* (*DDC = direct digital control*) sei noch einmal erinnert (vgl. die Bemerkungen beim System 1. Ordnung). Das Schema einer solchen Regelung ist in Bild 2.35 wiedergegeben ([16], [21]). Die Abkürzungen haben hierbei die folgenden Bedeutungen: MUX = Multiplexer, ADU = Analog-Digital-Umsetzer, DAU = Digital-Analog-Umsetzer.

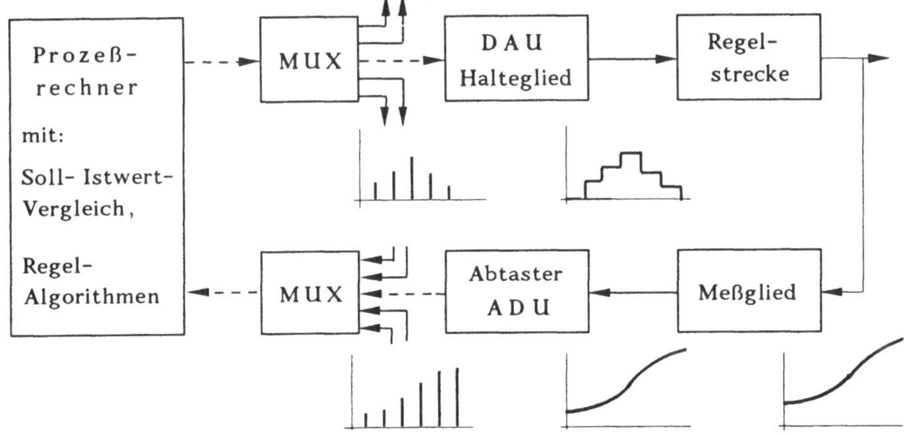

Bild 2.35. Schema einer digitalen Regelung durch eine Prozeßrechner

Die homogene Vektor-Differenzengleichung (2.124) läßt sich mit einem Lösungsansatz

$$x_h(k) = \gamma \mu^k \tag{2.125}$$

in Form einer geometrische Reihe erfüllen. Dieser Ansatz führt auf die Eigenvektorgleichung

$$\left(\mu I - \Phi(T)\right)\gamma = 0\,, \tag{2.126}$$

die wiederum (vgl. oben (2.117)) nur nichttriviale Lösungen γ ergibt, wenn

$$\det\left(\mu I - \Phi(T)\right) = 0\,. \tag{2.127}$$

Dies ist die charakteristische Gleichung für die Systembeschreibung (2.124). Ihre Lösungen μ_i sind die Eigenwerte der Matrix $\Phi(T)$. Die allgemeine homogene Lösung ist eine Linearkombination aller aus der charakteristischen Gleichung (2.127) und der Eigenvektorgleichung (2.126) resultierenden Eigenbewegungen der Form (2.125), wie dies in analoger Weise auch bei den zeitkontinuierlichen Systemen war:

$$x_h(k) = \sum_{i=1}^{n} k_i\,\gamma_i\,(\mu_i)^k\,. \tag{2.128}$$

Wie wir bereits beim System 1. Ordnung bemerkt haben, klingen diese Eigenbewegungen, die die Form einer geometrischen Reihe haben, genau dann gegen Null ab, wenn

$$|\mu_i| < 1\,. \tag{2.129}$$

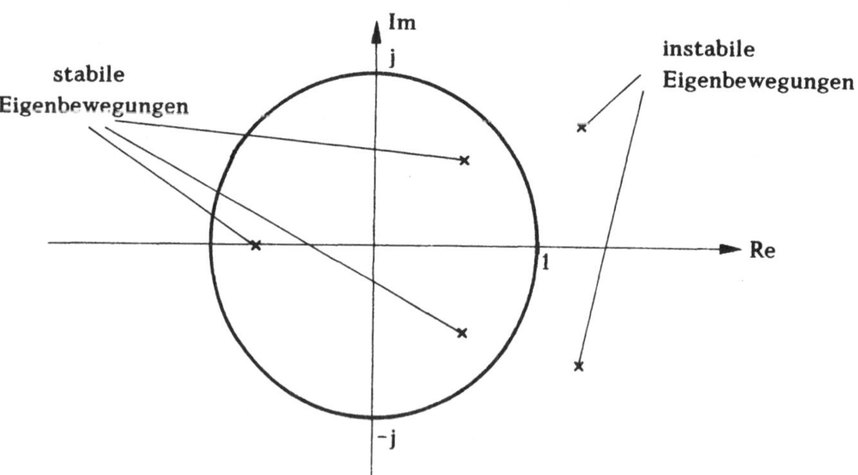

Bild 2.36. Lage der Eigenwerte μ_i eines zeitdiskreten linearen Systems in der komplexen Ebene

Wir können dies in dem folgenden Satz zusammenfassen:

> **Satz 2.1**: Die Eigenbewegungen der homogenen linearen Systembeschreibung n-ter Ordnung
>
> $$\boldsymbol{x}(k+1) = \boldsymbol{\Phi}\,\boldsymbol{x}(k)$$
>
> klingen genau dann gegen Null ab, wenn alle Eigenwerte μ_i von $\boldsymbol{\Phi}$ innerhalb des Einheitskreises in der komplexen μ-Ebene liegen.

Die Aussage wird in Bild 2.36 veranschaulicht.

Kosinusantwort, harmonische Antwort, $u(t) = \cos\omega t\cdot\sigma(t) = \mathrm{Re}\{e^{j\omega t}\}\,\sigma(t)$

Die nachfolgende Herleitung folgt wiederum eng den Rechenschritten, die wir beim System 1. Ordnung durchgeführt haben; sie werden hier konsequent auf die vektorielle Zustands-Darstellung übertragen, wobei einige rechentechnische Besonderheiten auftreten. Zur Vereinfachung der Rechnung und wegen der anderen oben aufgeführten Gründe wählen wir wiederum die komplexe Zeigerdarstellung:

$$u(t) = \mathrm{Re}\{e^{j\omega t}\}\,\sigma(t)\,. \tag{2.130}$$

In (2.114) eingesetzt ergibt dies

$$\boldsymbol{x}(t) = \mathrm{Re}\left\{\int_0^t e^{\boldsymbol{A}(t-\tau)}\,\boldsymbol{b}\,e^{j\omega\tau}\,d\tau\right\}. \tag{2.131}$$

Der Integrand wird nun umgeformt gemäß

$$\boldsymbol{b}\,e^{j\omega\tau} = \begin{bmatrix} b_1 e^{j\omega\tau} \\ b_2 e^{j\omega\tau} \\ \vdots \\ b_n e^{j\omega\tau} \end{bmatrix} = \begin{bmatrix} e^{j\omega\tau} & 0 & 0 \\ 0 & e^{j\omega\tau} & 0 \\ \vdots & \ddots & \vdots \\ 0 & 0\ \dots & e^{j\omega\tau} \end{bmatrix} \boldsymbol{b}\,. \tag{2.132}$$

Die Diagonalmatrix auf der rechten Seite läßt sich nun gemäß Beziehung (2.103) als $e^{j\omega\boldsymbol{I}\tau}$ schreiben, was leicht einzusehen ist, wenn man beide Darstellungen in die entsprechende *Taylor*-Reihe entwickelt. Man erhält dann

$$\boldsymbol{b}\,e^{j\omega\tau} = e^{j\omega\boldsymbol{I}\tau}\,\boldsymbol{b}\,. \tag{2.133}$$

Hiermit geht (2.131) über in

$$\boldsymbol{x}(t) = \mathrm{Re}\left\{ \int\limits_0^t \mathrm{e}^{\boldsymbol{A}(t-\tau)} \cdot \mathrm{e}^{\mathrm{j}\omega \boldsymbol{I}\tau} \boldsymbol{b}\, \mathrm{d}\tau \right\} = \mathrm{Re}\left\{ \int\limits_0^t \mathrm{e}^{(\mathrm{j}\omega \boldsymbol{I} - \boldsymbol{A})\tau + \boldsymbol{A}t} \mathrm{d}\tau\, \boldsymbol{b} \right\}.$$

Unter Beachtung der Integrationsregel (2.106) erhält man dann

$$\boldsymbol{x}(t) = \mathrm{Re}\left\{ (\mathrm{j}\omega \boldsymbol{I} - \boldsymbol{A})^{-1} \left(\mathrm{e}^{(\mathrm{j}\omega \boldsymbol{I} - \boldsymbol{A})t} - \boldsymbol{I} \right) \right\} \mathrm{e}^{\boldsymbol{A}t} \boldsymbol{b}\,. \tag{2.134}$$

Multipliziert man den Ausdruck in den geschweiften Klammern von rechts mit $\mathrm{e}^{\boldsymbol{A}t}$ und verwendet man dann die Beziehung (2.133) noch einmal in umgekehrter Richtung, erhält man

$$\boldsymbol{x}(t) = \underbrace{\mathrm{Re}\left\{ (\mathrm{j}\omega \boldsymbol{I} - \boldsymbol{A})^{-1} \boldsymbol{b}\, \mathrm{e}^{\mathrm{j}\omega t} \right\}}_{\text{stationäre harmonische Antwort}} - \underbrace{\mathrm{Re}\left\{ (\mathrm{j}\omega \boldsymbol{I} - \boldsymbol{A})^{-1} \right\} \mathrm{e}^{\boldsymbol{A}t} \boldsymbol{b}}_{\text{Eigenbewegungen}}\,. \tag{2.135}$$

Wenn die Realteile aller Eigenwerte λ_i negativ sind, klingen die Eigenbewegungen, die durch das Aufschalten der Kosinusschwingung zum Zeitpunkt $t = 0$ angeregt wurden, ab. Für die Ausgangsgröße ergibt sich dann

$$y(t) = \mathrm{Re}\left\{ \underbrace{\boldsymbol{c}'(\mathrm{j}\omega \boldsymbol{I} - \boldsymbol{A})^{-1} \boldsymbol{b}}_{\text{Frequenzgang } G(\mathrm{j}\omega)} \cdot \mathrm{e}^{\mathrm{j}\omega t} \right\} + \ldots . \tag{2.136}$$

bzw.

$$y(t) = \underbrace{\left| \boldsymbol{c}'(\mathrm{j}\omega \boldsymbol{I} - \boldsymbol{A})^{-1} \boldsymbol{b} \right|}_{\substack{\text{Betrag des Frequenzgangs} \\ \text{(Amplitudengang)}}} \cos\left[\omega t + \underbrace{\arg\left(\boldsymbol{c}'(\mathrm{j}\omega \boldsymbol{I} - \boldsymbol{A})^{-1} \boldsymbol{b} \right)}_{\substack{\text{Phase des Frequenzgangs} \\ \text{(Phasengang)}}} \right] + \ldots \tag{2.137}$$

Der Frequenzgang ergibt sich hier, wenn man den erhaltenen komplexen Ausdruck nach den Regeln der Matrizenrechnung ausrechnet, als eine skalare, gebrochen rationale Funktion der Kreisfrequenz ω. Man beachte dabei, daß $(\mathrm{j}\omega \boldsymbol{I} - \boldsymbol{A})^{-1}$ eine $n \times n$ - Matrix mit gebrochen rationalen Elementen ist, die sich in das gemeinsame Nennerpolynom und eine Polynommatrix faktorisieren läßt gemäß

$$(\mathrm{j}\omega \boldsymbol{I} - \boldsymbol{A})^{-1} = \frac{1}{\det(\mathrm{j}\omega \boldsymbol{I} - \boldsymbol{A})} \cdot \mathrm{adj}'(\mathrm{j}\omega \boldsymbol{I} - \boldsymbol{A})\,. \tag{2.138}$$

Hierin wird die Adjungierte Matrix (abgekürzt durch adj(·)) durch Unterdeterminanten $(n-1)$ - ter Ordnung aus der Matrix in Klammern gebildet, wobei Polynome in $\mathrm{j}\omega$ entstehen, die maximal den Grad $n-1$ haben, während die Determinante (sie wurde bereits beim charakteristischen Polynom berechnet, vgl. (2.118)) ein Polynom n - ter Ordnung ist. (Dem mit der Matrizenrechnung weniger vertrauten Leser sei zur Beruhigung gesagt, daß für alle diese Ausdrücke Standard-Rechenprogramme existieren, die in den Bibliotheken von Rechenzentren verfügbar sind.) Multipliziert man die gebrochen rationale Matrix (2.138) von links mit dem Zeilenvektor $\boldsymbol{c}'$ und von rechts mit dem Spaltenvektor $\boldsymbol{b}$, dann erhält man für den Frequenzgang $G(\mathrm{j}\omega)$ in (2.136) eine gebrochen rationale, skalare Funktion.

Hätten wir die Kosinusantwort für die Systembeschreibung durch eine Dgl. n-ter Ordnung nach (2.97) errechnet, hätten wir das Ergebnis erhalten

$$y(t) = \mathrm{Re}\left\{ \underbrace{\frac{b_{n-1}(\mathrm{j}\omega)^{n-1} + \ldots + b_1\mathrm{j}\omega + b_0}{(\mathrm{j}\omega)^n + a_{n-1}(\mathrm{j}\omega)^{n-1} + \ldots + a_1\mathrm{j}\omega + a_0}}_{\textit{Frequenzgang } G(\mathrm{j}\omega)} \, e^{\mathrm{j}\omega t} \right\} + \ldots \qquad (2.139)$$

Für ein und dasselbe System müssen die beiden Darstellungen für den Frequenzgang $G(\mathrm{j}\omega)$ nach (2.136) und (2.139) auf identische Ausdrücke führen. Wir wollen diese etwas formalen Rechenschritte an dem obigen Beispiel eines Systems 2. Ordnung konkretisieren.

Beispiel 2.5: Berechnung des Frequenzgangs aus der Zustandsdarstellung

Ein lineares Übertragungssystem sei durch folgende Parameter gegeben

$$\boldsymbol{A} = \begin{pmatrix} -4 & -1 \\ -3 & -2 \end{pmatrix}; \qquad \boldsymbol{b} = \begin{pmatrix} 0 \\ -1 \end{pmatrix}; \qquad \boldsymbol{c}' = \begin{pmatrix} 1 & 0 \end{pmatrix}.$$

Es sei der Frequenzgang $G(\mathrm{j}\omega)$ zwischen Eingangsgröße und Ausgangsgröße zu bestimmen. Zunächst berechnen wir

$$(\mathrm{j}\omega\boldsymbol{I} - \boldsymbol{A})^{-1} = \begin{pmatrix} \mathrm{j}\omega + 4 & 1 \\ 3 & \mathrm{j}\omega + 2 \end{pmatrix}^{-1} = \frac{\begin{pmatrix} \mathrm{j}\omega + 2 & -1 \\ -3 & \mathrm{j}\omega + 4 \end{pmatrix}}{-\omega^2 + 6\mathrm{j}\omega + 5}$$

Multiplikation von rechts mit $\boldsymbol{b}$ ergibt die beiden zu einem Vektor zusammengefaßten Frequenzgänge von u nach x_1 und nach x_2 :

$$(\mathrm{j}\omega\boldsymbol{I} - \boldsymbol{A})^{-1}\boldsymbol{b} = \begin{bmatrix} \dfrac{1}{-\omega^2 + 6\mathrm{j}\omega + 5} \\[2ex] \dfrac{-(\mathrm{j}\omega + 4)}{-\omega^2 + 6\mathrm{j}\omega + 5} \end{bmatrix}.$$

Diesen Vektor von links mit dem Zeilenvektor $\boldsymbol{c}'$ multipliziert, ergibt schließlich

$$G(\mathrm{j}\omega) = \boldsymbol{c}'(\mathrm{j}\omega\boldsymbol{I} - \boldsymbol{A})^{-1}\boldsymbol{b} = \frac{1}{-\omega^2 + 6\mathrm{j}\omega + 5}.$$

In den nachfolgenden Tabellen 2.5 und 2.6 sind die wesentlichen Ergebnisse dieses Abschnitts für zeitkontinuierliche und zeitdiskrete Systeme zusammengefaßt. Tabelle 2.7 enthält das allgemeine Schema für die Linearisierung eines Systems n-ter Ordnung, das nach den ausführlichen Schritten beim System 1. und 2. Ordnung gut nachvollziehbar sein sollte. Schließlich findet sich in der Tabelle 2.8 noch einmal eine Aufstellung der wichtigsten Aussagen zum Frequenzgang $G(j\omega)$ eines allgemeinen, linearen Übertragungssystems.

Zum Abschluß dieses Kapitels sollen hier noch zwei Beispiele mit einem System 3. Ordnung und einem System 6. Ordnung behandelt werden.

Beispiel 2.6: Modellierung eines Schnellstraßenabschnitts

Der Prozeß des Verkehrsflusses auf einem Schnellstraßenabschnitt wird durch die Verkehrsdichten $x_1(t)$, $x_2(t)$ und $x_3(t)$ in den drei aufeinanderfolgenden Segmenten des Abschnitts beschrieben, für die aus einer Fahrzeugbilanz jeweils folgende Differentialgleichung folgt (die zeitliche Änderung der Dichte ist die Differenz aus zu- und abfahrenden Verkehrsstärken $q_{zu}^i(t)$ und $q_{ab}^i(t)$ bezogen auf die Segmentlänge L):

$$\dot{x}_i(t) = \frac{1}{L}\left(q_{zu}^i(t) - q_{ab}^i(t)\right)$$

Der Abschnitt ist in Bild 2.37 skizziert.

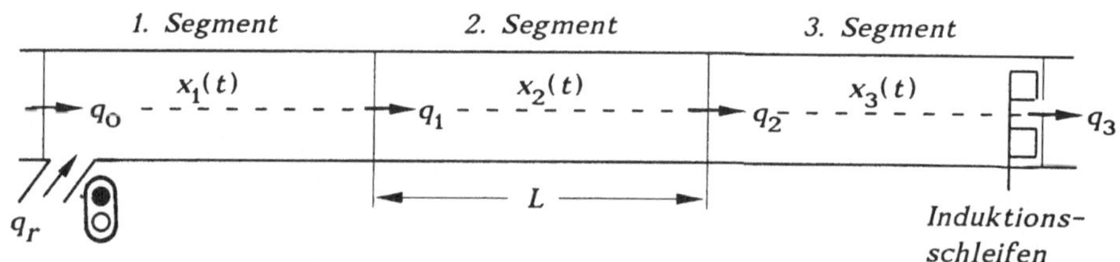

Bild 2.37. Skizze eines Schnellstraßenabschnitts

Hierbei sind

$q_i(t)$ die *Verkehrsstärken*, d. h. die Zahl der Fahrzeuge pro Zeiteinheit am jeweiligen Querschnitt zum Zeitpunkt t [Fz/h];

$x_i(t)$ die *Verkehrsdichten*, d. h. die Zahl der Fahrzeuge, die sich z.Zt. t im Segment i befinden, bezogen auf die Segmentlänge [Fz/km].

Gemäß der Skizze sind dabei für q_{zu}^i die am Beginn des Segments zufahrenden, für q_{ab}^{i} die am Ende abfahrenden Verkehrsstärken einzusetzen (im ersten Segment also $q_{zu}^{1} = q_0(t) + q_r(t)$, $q_{ab}^{1} = q_1(t)$, u. s. f.). Beobachtungen haben ergeben, daß die Verkehrsstärke $q_i(t)$ am Ende eines Segments von der Dichte $x_i(t)$ im Innern des Segments abhängt, wobei etwa folgende empirische Beziehung gilt:

$$q_i(t) = x_i(t)\left(120 - x_i(t)\right) .$$

Diese Beziehung beschreibt einen nach unten geöffneten Parabelbogen, der für $x_i = 0$ mit $q_i = 0$ beginnt (leere Straße), bis zu einem Kulminationspunkt bei $x_i = 60$, $q_i = 3600$ ansteigt und dann wieder abfällt bis zum Punkt $x_i = 120$, $q_i = 0$ (Stillstand bei vollem Stau).

Die Zufahrt über die Rampe lasse sich durch das Rot-Grün-Verhältnis $u(t)$ an der Lichtsignalanlage als Stellgröße beeinflussen gemäß

$$q_r(t) = 600\, u(t) \quad \text{mit} \quad 0 \le u(t) \le 1 .$$

Meßbar durch Induktionsschleifen ist die Ausgangsgröße $y(t) = q_3(t)$.

a) *Es soll zunächst das Verhalten des Systems durch eine Zustandsdarstellung beschrieben und hierzu ein Signalflußbild erstellt werden.*

Wir haben hierzu nur die Beziehungen für die Verkehrsstärken in die Fahrzeugbilanzgleichung oben einzusetzen und erhalten

$$\dot{x}_1(t) = \frac{1}{L}\left[q_0(t) + 600\, u(t) - x_1(t)\left(120 - x_1(t)\right)\right]$$

$$\dot{x}_2(t) = \frac{1}{L}\left[x_1(t)\left(120 - x_1(t)\right) - x_2(t)\left(120 - x_2(t)\right)\right]$$

$$\dot{x}_3(t) = \frac{1}{L}\left[x_2(t)\left(120 - x_2(t)\right) - x_3(t)\left(120 - x_3(t)\right)\right]$$

$$y(t) = x_3(t)\left(120 - x_3(t)\right) .$$

Dieses Gleichungssystem ins Signalflußbild umgesetzt ergibt

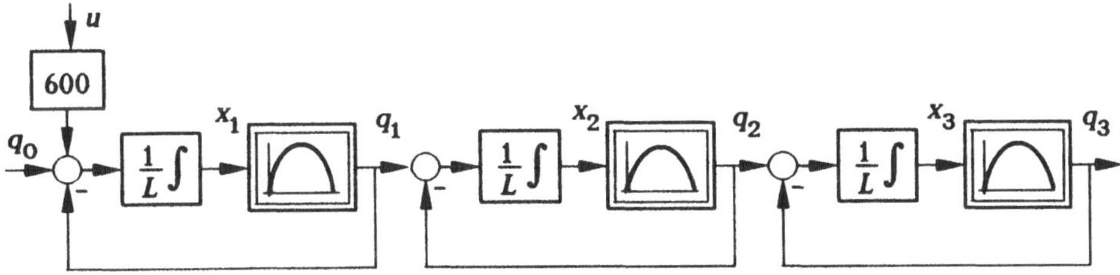

Bild 2.38. Signalflußbild des Schnellstraßenabschnitts

b) *Welche Ruhelagen ergeben sich, wenn q_0 = 2400 Fz/h und das Rot-Grün-verhältnis an der Lichtsignalanlage zu $\bar{u}$ = 0,5 vorgegeben sind?*

In einer Ruhelage oder Gleichgewichtslage müssen die zeitlichen Ableitungen verschwinden, d. h. $\dot{x}_i(t) \equiv 0$. Dies für $i = 1, 2, 3$ in die Systembeschreibung eingesetzt, ergibt

$$0 = \frac{1}{L}\left[\bar{q}_0 + 600\,\bar{u} - \bar{x}_1(120 - \bar{x}_1)\right]$$

$$0 = \frac{1}{L}\left[\bar{x}_1(120 - \bar{x}_1) - \bar{x}_2(120 - \bar{x}_2)\right]$$

$$0 = \frac{1}{L}\left[\bar{x}_2(120 - \bar{x}_2) - \bar{x}_3(120 - \bar{x}_3)\right].$$

Aus der ersten dieser drei gewöhnlichen, aber nichtlinearen Gleichungen erhält man, nachdem man die Werte von $\bar{q}_0$ und $\bar{u}$ eingesetzt hat, eine quadratische Gleichung für $\bar{x}_1$:

$$\bar{x}_1^2 - 120\,\bar{x}_1 + 2700 = 0$$

mit den beiden Lösungen

$$\bar{x}_1 = \begin{cases} 30 \\ 90 \end{cases} [\mathrm{Fz/km}].$$

Setzt man diese Lösungen in die folgende Gleichung und deren Lösungen wiederum in die dritte Gleichung ein, erhält man:

$$\bar{x}_2 = \begin{cases} 30 \\ 90 \end{cases} \mathrm{Fz/km} \quad \text{und} \quad \bar{x}_3 = \begin{cases} 30 \\ 90 \end{cases} \mathrm{Fz/km}.$$

Man überzeugt sich leicht, daß als Ruhelagen alle acht möglichen Kombinationen dieser Lösungen in Frage kommen, da jede Kombination für sich die rechten Seiten der Differentialgleichungen gleichzeitig zu Null macht.

c) *Es soll nun die Systembeschreibung jeweils für die Ruhelage mit der größten und der kleinsten Gesamtzahl von Fahrzeugen im Abschnitt linearisiert werden. In beiden Fällen sind* $\boldsymbol{A}$, $\boldsymbol{b}$ *und* $\boldsymbol{c}'$ *zu bestimmen.* ($q_0 = \bar{q}_0$, *konstant.)*

Die geringste Zahl von Fahrzeugen ergibt sich für die Ruhelage {30, 30, 30}, die größte Zahl für die Ruhelage {90, 90, 90}. Die Linearisierung der Systembeschreibung durch die *Taylor*-Reihen-Entwicklung der rechten Seiten ergibt:

$$\Delta\dot{x}_1(t) = \frac{1}{L}\left[600\,\Delta u(t) - (120 - 2\bar{x}_1)\,\Delta x_1(t)\right]$$

$$\Delta\dot{x}_2(t) = \frac{1}{L}\left[(120 - 2\bar{x}_1)\,\Delta x_1(t) - (120 - 2\bar{x}_2)\,\Delta x_2(t)\right]$$

$$\Delta\dot{x}_3(t) = \frac{1}{L}\left[(120 - 2\bar{x}_2)\,\Delta \bar{x}_2(t) - (120 - 2\bar{x}_3)\,\Delta x_3(t)\right]$$

und für die Ausgangsgröße

$$\Delta y(t) = \left(120 - 2\bar{x}_3\right)\Delta x_3(t)$$

Setzt man hierin die beiden ausgewählten Ruhelagen ein, so erhält man:

Ruhelage { 30, 30, 30 }:

$$\boldsymbol{A} = \frac{1}{L}\begin{bmatrix} -60 & 0 & 0 \\ 60 & -60 & 0 \\ 0 & 60 & -60 \end{bmatrix}, \quad \boldsymbol{b} = \frac{1}{L}\begin{bmatrix} 600 \\ 0 \\ 0 \end{bmatrix}, \quad \boldsymbol{c}' = \begin{bmatrix} 0 & 0 & 60 \end{bmatrix}$$

Ruhelage { 90, 90, 90 }:

$$\boldsymbol{A} = \frac{1}{L}\begin{bmatrix} 60 & 0 & 0 \\ -60 & 60 & 0 \\ 0 & -60 & 60 \end{bmatrix}, \quad \boldsymbol{b} = \frac{1}{L}\begin{bmatrix} 600 \\ 0 \\ 0 \end{bmatrix}, \quad \boldsymbol{c}' = \begin{bmatrix} 0 & 0 & -60 \end{bmatrix}$$

Berechnet man für beide Arbeitspunkte nach (2.118) die Eigenwerte, so erhält man im ersten Fall ($\bar{x}_i$ = 30 Fz/km) den dreifachen Eigenwert $\lambda_{1,2,3} = -\frac{60}{L}$ mit stabilen Eigenbewegungen, im zweiten Fall die Eigenwerte $\lambda_{1,2,3} = +\frac{60}{L}$ mit instabilen Eigenbewegungen, eine Erklärung für das instabile Verhalten des Verkehrs im Bereich hoher Verkehrsdichten.

Beispiel 2.7: Zuverlässigkeit einer Datenleitung

Das folgende Beispiel ist eine Anwendung aus der Zuverlässigkeitsanalyse von Mehrkomponenten-Systemen, die sich recht anschaulich mit der Zustandsdarstellung lösen läßt.

Es soll eine Datenverbindung durch Gelände verlegt werden, in dem eine erhöhte Gefährdung durch Korrosion, Beschädigung u.ä. zu erwarten ist. Um die Verbindung zuverlässiger zu machen, wird sie doppelt ausgeführt und in der Mitte der Distanz noch einmal überbrückt gemäß der Skizze in Bild 2.39. Es soll nun ermittelt werden, welche zeitliche Entwicklung der Verfügbarkeit der Verbindung erwartet werden kann und um wieviel sie durch die doppelte Ausführung verbessert wird.

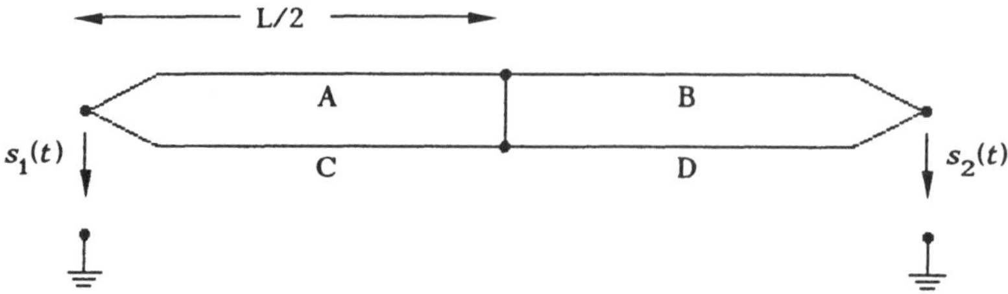

Bild 2.39. Skizze einer redundant verlegten Leitung

Es ist offensichtlich, daß eine Übertragung des Eingangssignals s_1 ungehindert erfolgt, solange eine durchgehende Verbindung besteht. Es interessiert nun die Frage, inwieweit durch die redundante Anordnung die Leitung zuverlässiger geworden ist gegenüber der billigeren Ausführung einer Einfachleitung. Da eine Unterbrechnung der Leitung weitgehend von zufälligen Ereignissen bestimmt wird, darf man hier keine determinierten Auskünfte erwarten. Vielmehr muß man mit Aussagen zufrieden sein, die sich auf die Wahrscheinlichkeit solcher Ausfälle und ihrer Konsequenzen beziehen.

Ein sehr wirksames Instrument zur Untersuchung solcher Fragen ist das Markow'sche Zuverlässigkeits-Modell. Es geht - kurz dargestellt - von folgenden beiden Voraussetzungen aus:

1. Ein vorliegendes Mehrkomponenten-System kann bezüglich seiner Zuverlässigkeit n definierte Zustände annehmen, die sich eindeutig aus den entsprechenden Zuständen der Einzelkomponenten ergeben.

2. Der Übergang vom Zustand i in den Zustand j wird durch einen stochastischen Prozeß beschrieben, der nur vom gegenwärtigen Zustand i und den Übergangsraten a_{ji} abhängt.

Diese Annahmen führen dazu, daß man für die Wahrscheinlichkeit $x_i(t)$, daß das System sich im Zustand i befindet, eine einfache Differentialgleichung aufstellen kann, die die Übergänge zu diesem Zustand hin und von diesem Zustand in andere Zustände gemäß den Übergangsraten bilanziert:

$$\dot{x}_i(t) = -\sum_{\substack{k=1 \\ k \neq i}}^{n} a_{ki} \cdot x_i(t) + \sum_{\substack{j=1 \\ j \neq i}}^{n} a_{ij} \cdot x_j(t) .$$

Diesem Ansatz liegt die sinnvolle Annahme zugrunde, daß die Wahrscheinlichkeit eines Übergangs proportional ist zu der Wahrscheinlichkeit x, mit der sich das System in dem jeweiligen Zustand befindet (wenn sich das System zum Zeitpunkt t mit nur geringer Wahrscheinlichkeit in einem gewissen Zustand befindet, dann ist auch die Wahrscheinlichkeit eines Übergangs aus diesem Zustand sehr gering).

Es soll nun das Markow'sche Zuverlässigkeitsmodell auf das oben genannte Problem angewendet werden. Hierzu werde die Annahme getroffen, daß alle vier Teilabschnitte der Länge $L/2$ bezüglich eines Ausfalls gleichartig gefährdet sind, und zwar sei die Ausfallrate jedes Teilabschnitts zu γ = 0,005 $\left[d^{-1}\right.$ d.h. Ausfälle pro Tag$\left.\right]$ ermittelt worden. Die Leitungsabschnitte sollen ferner nur die Zustände "intakt" oder "unterbrochen" annehmen können.

Da die Teilabschnitte gleichartig sind, reduziert sich die Zahl der zu unterscheidenden Zuverlässigkeitszustände des Gesamtsystems aus Symmetriegründen zu

Zustand 1: alle Teilleitungen intakt
Zustand 2: eine Teilleitung ausgefallen
Zustand 3: zwei Teilleitungen in Reihe ausgefallen
(direkt in Reihe bzw. über Kreuz durch die Stegleitung)
Zustand 4: zwei parallele Teilleitungen ausgefallen
Zustand 5: drei Teilleitungen ausgefallen
Zustand 6: alle Teilleitungen unterbrochen

Hierin sind gleichwertige kombinatorische Zustände jeweils zusammengefaßt; im Einzelfall können dabei unterschiedliche Schadensfälle vorliegen (z.B. können im Zustand 2 entweder die Leitung A oder B oder C oder D gestört sein), was bei den Übergangsraten zu berücksichtigen ist. Von der Aufgabenstellung her ist klar, daß das gesamte Leitungssystem funktioniert, d.h. "verfügbar" ist, solange es sich in den Zuständen 1, 2 oder 3 befindet. Andernfalls ist das Gesamtsystem ausgefallen.

Es müssen nun die Differentialgleichungen nach dem Markow'schen Modell für die zeitliche Entwicklung der Wahrscheinlichkeiten des Verweilens in den jeweiligen Zuständen aufgestellt werden. Man kann sich hierzu eines grafischen Zwischenschritts bedienen, dem Zustandsübergangsdiagramm, bei dem jeder Zustand durch einen Kreis, jeder Übergang durch eine gerichtete Kante mit der jeweiligen Übergangsrate gekennzeichnet ist. Bei den Übergangsraten ist allerdings zu berücksichtigen, durch wieviel konkrete Ausfälle der nächste Zustand wirklich erreicht wird. Zum Beispiel können wir durch 4 gleichartige, aber als Ereignisse zu unterscheidende Einzelausfälle vom Zustand 1 in den Zustand 2 gelangen; die Ausfallrate ist also 4γ. Übergänge vom Zustand 1 in die anderen Zustände 3 bis 6 sind mit nur einem Ausfall nicht denkbar, so daß nur eine Kante vom Zustand 1 nach 2 führt. Setzt man diese Überlegungen konsequent fort, erhält man das folgende Zustandsübergangsdiagramm:

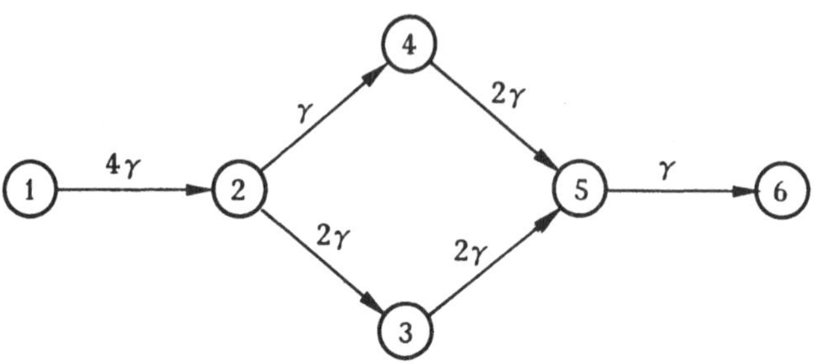

Bild 2.40. Zustandsübergangsdiagramm zum Beispiel 2.7

Nach dieser Vorarbeit lassen sich die Differentialgleichungen für die Verweilwahrscheinlichkeiten $x_i(t)$ unmittelbar hinschreiben, indem man die Übergänge, wie im Diagramm dargestellt, bilanziert.

In vektorieller Notation ergibt das:

$$\frac{d}{dt}\begin{bmatrix} x_1 \\ x_2 \\ x_3 \\ x_4 \\ x_5 \\ x_6 \end{bmatrix} = \begin{bmatrix} -4\gamma & 0 & 0 & 0 & 0 & 0 \\ +4\gamma & -3\gamma & 0 & 0 & 0 & 0 \\ 0 & +2\gamma & -2\gamma & 0 & 0 & 0 \\ 0 & \gamma & 0 & -2\gamma & 0 & 0 \\ 0 & 0 & 2\gamma & 2\gamma & -\gamma & 0 \\ 0 & 0 & 0 & 0 & \gamma & 0 \end{bmatrix} \begin{bmatrix} x_1 \\ x_2 \\ x_3 \\ x_4 \\ x_5 \\ x_6 \end{bmatrix}$$

Man erhält also für die Modellierung dieses dynamischen Zuverlässigkeitsproblems eine homogene, lineare Systembeschreibung 6. Ordnung, obwohl bereits eine Reihe gleichwertiger Zustände zusammengefaßt wurden. Hieraus ist auch bereits ein schwerwiegender Nachteil des Markow-schen Modells deutlich geworden: Die Ordnung des Modells steigt rapide mit der Komplexität des Systems und der Zahl der kombinatorisch zu unterscheidenden Systemzustände.

Die erhaltenen Modellgleichungen haben noch eine besondere Eigenschaft. Da die Wahrscheinlichkeit, daß sich das System in einem der vollständig erfaßten, möglichen Systemzustände befindet, immer 1 ist, d.h.

$$x_1(t) + x_2(t) + x_3(t) + x_3(t) + x_4(t) + x_5(t) + x_6(t) = 1,$$

müssen sich die Übergänge zwischen den Zuständen immer ausgleichen, was man daran erkennt, daß die Zeilensumme der obigen Systemmatrix Null ergibt. (Dies kann zu einer Prüfung genutzt werden, ob die Übergänge korrekt bilanziert wurden.)

Um die Frage nach der Verfügbarkeit des Leitungssystems zu beantworten, müssen wir die Wahrscheinlichkeiten in den Zuständen 1, 2 und 3 berechnen, in denen eine Signalübertragung möglich ist. Hierzu gehen wir davon aus, daß das System zunächst nach seiner Installation völlig intakt ist, d.h. das Modell befindet sich zu Beginn der Betrachtung im Anfangszustand

$$x_1(0) = 1, \quad x_2(0) = x_3(0) = \,.\,.\,.\,.\,. = x_6(0) = 0\,.$$

Hiervon ausgehend läßt sich jetzt das Differentialgleichungssystem aufgrund seiner besonderen Struktur in einfacher Weise zukzessive lösen. Für x_1 liegt eine homogene Dgl. 1. Ordnung vor, d.h. das Verhalten von x_1 ist von den anderen Zuständen entkoppelt. Mit der obigen Anfangsbedingung können wir sofort (2.26) anwenden und erhalten

$$x_1(t) = 1 \cdot e^{-4\gamma t}\,.$$

Dies in die Differentialgleichung für $x_2(t)$ eingesetzt, ergibt

$$\dot{x}_2(t) = -\,3\gamma\, x_2(t) + 4\gamma\, e^{-4\gamma t},$$

was die Form einer inhomogenen Dgl. 1. Ordnung hat. Mit $x_2(0) = 0$ ergibt sich deren Lösung nach (2.33) aus dem Faltungsintegral

$$x_2(t) = \int_0^t e^{-3\gamma(t-\tau)}\, 4\gamma\, e^{-4\gamma\tau}\, d\tau = 4\gamma\, e^{-3\gamma t}\int_0^t e^{-\gamma\tau}\, d\tau\,.$$

Man erhält so

$$x_2(t) = 4\, e^{-3\gamma t} - 4\, e^{-4\gamma t}\,.$$

für die Wahrscheinlichkeit, daß sich das System zum Zeitpunkt t im Zustand 2 befindet. Diese Lösung setzen wir wieder in die Dgl. für $x_3(t)$ ein

$$\dot{x}_3(t) = 2\gamma\, x_3(t) + 8\gamma\left(e^{-3\gamma t} - e^{-4\gamma t}\right).$$

Dies ist wiederum eine inhomogene Dgl. 1. Ordnung, die sich in einfacher Weise über das Faltungsintegral lösen läßt. Man erhält

$$x_3(t) = 4\, e^{-2\gamma t} - 8\, e^{-3\gamma t} + 4\, e^{-4\gamma t}$$

In den restlichen Zuständen ist das System nicht mehr verfügbar; die Wahrscheinlichkeiten brauchen deshalb nicht berechnet zu werden. Für die Gesamtverfügbarkeit $A(t)$ des Leitungssystems ergibt sich damit

$$A(t) = x_1(t) + x_2(t) + x_3(t) = 4\,e^{-2\gamma t} - 4\,e^{-3\gamma t} + e^{-4\gamma t}.$$

Es interessiert an diesem Ergebnis natürlich, in welchem Maße die Verfügbarkeit mit dem Aufwand einer Verdopplung der Leitungen verbessert wurde gegenüber der billigeren Alternative einer einfachen Leitung. Da wir die Ausfallrate γ der gewählten Anordnung wegen auf eine Teilleitung der Länge $L/2$ bezogen haben, müssen wir für die Einfachleitung die Ausfallrate 2γ ansetzen (da jede Hälfte gleichermaßen von einem Ausfall betroffen werden kann). Für eine Einfachleitung gilt also die Verfügbarkeit

$$A^*(t) = e^{-2\gamma t}$$

In Bild 2.41 sind die zeitlichen Verläufe der Verfügbarkeiten für den oben angenommenen γ-Wert für die Doppelleitung mit Stegverbindung und die Einfachleitung einander gegenübergestellt. Der Zuverlässigkeitsgewinn ist deutlich abzulesen. Nach hundert Tagen ist die Doppelleitung noch mit 71 % Wahrscheinlichkeit übertragungsfähig gegenüber 37 % bei der Einzelleitung. Gibt man sich umgekehrt eine Verfügbarkeit von 70 % vor, so wird die von der Doppelleitung bis zum 104ten Tage erfüllt, während die Einfachleitung bereits nach 36 Tagen unter die Grenze fällt.

Läßt man jetzt die Stegverbindung in der Mitte der Leitung fort, dann gehören Doppelausfälle, bei denen die unterbrochenen Teilstücke über Kreuz liegen, nicht mehr zu den funtionstüchtigen Zuständen. Führt man die obige Rechnung für diese Konfiguration konsequent durch, erhält man den gestrichelten Verlauf der Verfügbarkeit $\tilde{A}(t)$. Man sieht, daß sich durch den vergleichsweise geringen Mehraufwand der Stegverbindung eine beträchtliche Steigerung der Verfügbarkeit erreichen läßt.

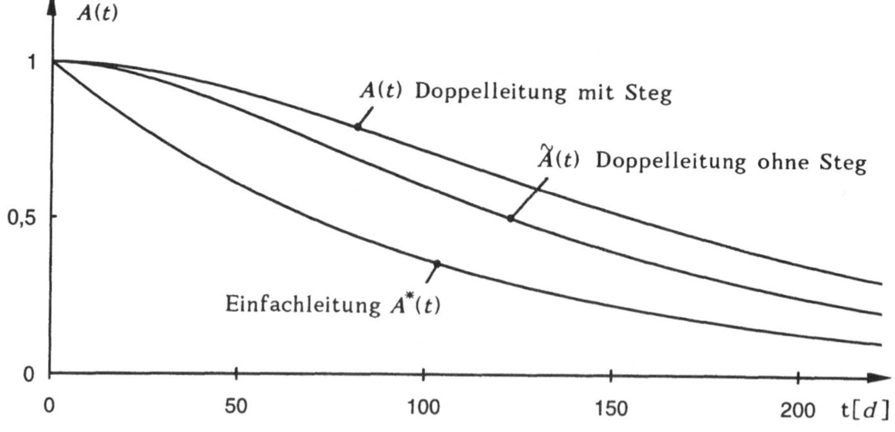

Bild 2.41. Verlauf der Verfügbarkeiten für eine Einfachleitung, eine Doppelleitung und eine Doppelleitung mit Verbindungssteg

Tabelle 2.5: Lineares Übertragungssystem n-ter Ordnung

Differentialgleichung:

$$y^{(n)} + a_{n-1}y^{(n-1)} + \dots + a_1\dot{y} + a_0 y = b_{n-1}u^{(n-1)} + \dots + b_1\dot{u} + b_0 u$$

bzw.

$$\dot{\boldsymbol{x}}(t) = \boldsymbol{A}\,\boldsymbol{x}(t) + \boldsymbol{b}\,u(t)\ ; \qquad y(t) = \boldsymbol{c}'\boldsymbol{x}(t)$$

wobei z.B.

$$\boldsymbol{A} = \begin{bmatrix} 0 & 1 & 0 & \dots & 0 \\ 0 & 0 & 1 & \dots & 0 \\ \vdots & & & \ddots & \vdots \\ 0 & 0 & 0 & \dots & 1 \\ -a_0 & -a_1 & -a_2 & \dots & -a_{n-1} \end{bmatrix}, \qquad \boldsymbol{b} = \begin{bmatrix} 0 \\ 0 \\ \vdots \\ \\ 1 \end{bmatrix},$$

$$\boldsymbol{c}' = \begin{bmatrix} b_0 & b_1 & b_2 & \dots & b_{n-1} \end{bmatrix}$$

char. Gleichung: $\lambda^n + a_{n-1}\lambda^{n-1} + \dots + a_1\lambda + a_0 = 0$

bzw. $\det(\lambda\boldsymbol{I} - \boldsymbol{A}) = 0$

Eigenwerte: λ_i reell oder paarweise konjugiert komplex;

Lösung der Dgl.:

$$y(t) = y_h(t) + y_{inh}(t) = \sum_{i=1}^{n} k_i\,e^{\lambda_i t} + \int_0^t g(t-\tau)\,u(\tau)\,d\tau$$

bzw.

$$\boldsymbol{x}(t) = e^{\boldsymbol{A}t}\boldsymbol{x}(0) + \int_0^t e^{\boldsymbol{A}(t-\tau)}\,\boldsymbol{b}\,u(\tau)\,d\tau$$

Impulsantwort: $u(t) = \delta(t)$	Sprungantwort: $u(t) = \sigma(t)$
$y_\delta(t) = \boldsymbol{c}'e^{\boldsymbol{A}t}\boldsymbol{b}\,\sigma(t) = g(t)$	$y_\sigma(t) = -\,\boldsymbol{c}'\boldsymbol{A}^{-1}(\boldsymbol{I} - e^{\boldsymbol{A}t})\,\boldsymbol{b}\,\sigma(t)$

Kosinusantwort: $u(t) = \cos\omega t\ \sigma(t)$

$$y(t) = \underbrace{\left|\boldsymbol{c}'(j\omega\boldsymbol{I} - \boldsymbol{A})^{-1}\boldsymbol{b}\right|}_{|G(j\omega)|}\cos\left[\omega t + \arg\left(\boldsymbol{c}'(j\omega\boldsymbol{I} - \boldsymbol{A})^{-1}\boldsymbol{b}\right)\right] + $$

$+$ Eigenbewegungen

Tabelle 2.6: Zeitdiskretes, lineares Übertragungssystem n-ter Ordnung

Differenzengleichung:

$$y(k+n) + a_{n-1}y(k+n-1) + \ldots + a_1 y(k+1) + a_0 y(k) =$$

$$= b_n u(k+n) + b_{n-1}u(k+n-1) + \ldots + b_1 u(k+1) + b_0 u(k)$$

bzw.

$$\boldsymbol{x}(k+1) = \boldsymbol{\Phi}\,\boldsymbol{x}(k) + \boldsymbol{h}\,u(k)\,; \qquad y(k) = \boldsymbol{c}'\boldsymbol{x}(k) + d\,u(k)$$

Eine solche zeitdiskrete Beschreibung kann z. B. aus einer zeitkontinuierlichen Systembeschreibung mit stückweise konstanter Eingangsgröße entstanden sein (DDC):

$$\boldsymbol{x}\big((k+1)T\big) = \mathrm{e}^{\boldsymbol{A}T}\boldsymbol{x}(kT) + \Big[\int_0^t \mathrm{e}^{\boldsymbol{A}(t-\tau)}\boldsymbol{b}\,\mathrm{d}\tau\Big]\,u(kT)$$

charakteristische Gleichung:

$$\mu^n + a_{n-1}\mu^{n-1} + \ldots + a_1\mu + a_0 = 0$$

bzw.

$$\det\big(\mu\boldsymbol{I} - \boldsymbol{\Phi}\big) = 0$$

Eigenwerte: μ_i reell oder konjugiert komplex;

Eigenbewegungen: $c_i\,(\mu_i)^k$; stabil für $|\mu_i| < 1$

Lösungen der Differenzengleichung:

homogene Differenzengleichung: Lösungsansatz $y(k) = c\,\mu^k$ ergibt n Eigenbewegungen $c_i(\mu_i)^k$; die Konstanten c_i bestimmen sich aus den Anfangsbedingungen $y(0)$, $y(1)$, ... $y(n-1)$.

inhomogene Differenzengleichung: die Lösung läßt sich unmittelbar durch rekursive Auswertung der Differenzengleichung berechnen.

Tabelle 2.7: Linearisierung einer Systembeschreibung um einen Arbeitspunkt

Es liege die Zustandsbeschreibung eines nichtlinearen Übertragungssystems vor mit n Zustandsvariablen und m Eingangsgrößen vor:

$$\begin{aligned} \dot{x}_1(t) &= f_1(x_1, x_2, \ldots, x_n, u_1, u_2, \ldots, u_m) \\ \dot{x}_2(t) &= f_2(x_1, x_2, \ldots, x_n, u_1, u_2, \ldots, u_m), \quad \text{bzw.} \quad \dot{\boldsymbol{x}}(t) = \boldsymbol{f}(\boldsymbol{x}, \boldsymbol{u}) \\ &\vdots \\ \dot{x}_n(t) &= f_n(x_1, x_2, \ldots, x_n, u_1, u_2, \ldots, u_m) \end{aligned}$$

Das System habe p Ausgangsgrößen, die gegeben sind durch

$$\begin{aligned} y_1(t) &= g_1(x_1, x_2, \ldots, x_n, u_1, u_2, \ldots, u_m) \\ &\vdots \qquad\qquad \text{bzw.} \quad \boldsymbol{y}(t) = \boldsymbol{g}(\boldsymbol{x}, \boldsymbol{u}) \\ y_p(t) &= g_p(x_1, x_2, \ldots, x_n, u_1, u_2, \ldots, u_m), \end{aligned}$$

Die Bewegung $\boldsymbol{x}(t) = \bar{\boldsymbol{x}} + \Delta\boldsymbol{x}(t)$ des Systems in der Umgebung eines Arbeitspunktes $[\bar{\boldsymbol{x}}, \bar{\boldsymbol{u}}]$ läßt sich für hinreichend kleine Auslenkungen $\Delta\boldsymbol{x}(t)$, $\Delta\boldsymbol{u}(t)$ auch durch folgende *linearisierte* Darstellung beschreiben, sofern die Funktionen f_i, g_i im Arbeitspunkt stetig, stetig differenzierbar und in der zweiten Ableitung beschränkt sind.

$$\Delta\dot{\boldsymbol{x}}(t) = \boldsymbol{f}(\bar{\boldsymbol{x}}, \bar{\boldsymbol{u}}) + \underbrace{\begin{bmatrix} \frac{\partial f_1}{\partial x_1} & \frac{\partial f_1}{\partial x_2} & \cdots & \frac{\partial f_1}{\partial x_n} \\ \frac{\partial f_2}{\partial x_1} & \frac{\partial f_2}{\partial x_2} & \cdots & \frac{\partial f_2}{\partial x_n} \\ \vdots & \vdots & & \vdots \\ \frac{\partial f_n}{\partial x_1} & \frac{\partial f_n}{\partial x_2} & \cdots & \frac{\partial f_n}{\partial x_n} \end{bmatrix}_{\bar{\boldsymbol{x}}, \bar{\boldsymbol{u}}}}_{\boldsymbol{A}} \Delta\boldsymbol{x}(t) + \underbrace{\begin{bmatrix} \frac{\partial f_1}{\partial u_1} & \cdots & \frac{\partial f_1}{\partial u_m} \\ \frac{\partial f_2}{\partial u_1} & \cdots & \frac{\partial f_2}{\partial u_m} \\ \vdots & & \\ \frac{\partial f_n}{\partial u_1} & \cdots & \frac{\partial f_n}{\partial u_m} \end{bmatrix}_{\bar{\boldsymbol{x}}, \bar{\boldsymbol{u}}}}_{\boldsymbol{B}} \Delta\boldsymbol{u}(t)$$

(*Jacobi-Matrix* zum Funktionsvektor $\boldsymbol{f}$ an der Stelle $\bar{\boldsymbol{x}}, \bar{\boldsymbol{u}}$)

$$\Delta\boldsymbol{y}(t) = \underbrace{\begin{bmatrix} \frac{\partial g_1}{\partial x_1} & \frac{\partial g_1}{\partial x_2} & \cdots & \frac{\partial g_1}{\partial x_n} \\ \vdots & & & \vdots \\ \frac{\partial g_p}{\partial x_1} & \frac{\partial g_p}{\partial x_2} & \cdots & \frac{\partial g_p}{\partial x_n} \end{bmatrix}_{\bar{\boldsymbol{x}}, \bar{\boldsymbol{u}}}}_{\boldsymbol{C}} \Delta\boldsymbol{x}(t) + \underbrace{\begin{bmatrix} \frac{\partial g_1}{\partial u_1} & \cdots & \frac{\partial g_1}{\partial u_m} \\ \vdots & & \vdots \\ \frac{\partial g_p}{\partial u_1} & \cdots & \frac{\partial g_p}{\partial u_m} \end{bmatrix}_{\bar{\boldsymbol{x}}, \bar{\boldsymbol{u}}}}_{\boldsymbol{D}} \Delta\boldsymbol{u}(t)$$

Hierbei ist $\Delta\boldsymbol{y}(t) = \boldsymbol{y}(t) - \bar{\boldsymbol{y}} = \boldsymbol{y}(t) - \boldsymbol{g}(\bar{\boldsymbol{x}}, \bar{\boldsymbol{u}})$.

Wenn der Arbeitspunkt eine *Ruhelage* ist, gilt $\dot{\boldsymbol{x}}(t) = \boldsymbol{0} = \boldsymbol{f}(\bar{\boldsymbol{x}}, \bar{\boldsymbol{u}})$.

Tabelle 2.8: Der Frequenzgang eines linearen, zeitinvarianten Übertragungssystems (1. Teil)

Es liege ein lineares, zeitinvariantes Übertragungssystem vor, das im Zeitbereich beschrieben sei durch

$$y^{(n)} + a_{n-1} y^{(n-1)} + \ldots + a_1 \dot{y} + a_0 y = b_{n-1} u^{(n-1)} + \ldots + b_1 \dot{u} + b_0 u$$

oder durch

$$\dot{\boldsymbol{x}}(t) = \boldsymbol{A}\,\boldsymbol{x}(t) + \boldsymbol{b}\,u(t)\ ; \quad y(t) = \boldsymbol{c}'\boldsymbol{x}(t)$$

oder im Frequenzbereich (siehe Kapitel 3) durch

$$Y(p) = \frac{b_{n-1} p^{n-1} + \ldots + b_1 p + b_0}{p^n + a_{n-1} p^{n-1} + \ldots + a_1 p + a_0}\, U(p) = G(p)\, U(p)\,.$$

Wird auf das System eine harmonische Schwingung der Kreisfrequenz ω gegeben, d. h.

$$u(t) = \mathrm{Re}\{ e^{j\omega t} \}\, \sigma(t) = \cos \omega t\, \sigma(t)\,,$$

dann antwortet das System mit einer harmonischen Schwingung der gleichen Frequenz und mit einer Linearkombination seiner Eigenbewegungen:

$$y(t) = \mathrm{Re}\{ G(j\omega)\, e^{j\omega t} \} + \textit{Eigenbewegungen}$$

$$= |G(j\omega)| \cos\left[\omega t + \arg\left(G(j\omega)\right)\right] + \textit{Eigenbewegungen}$$

Amplitudengang $A(\omega)$ *Phasengang* $\varphi(\omega)$

Nach dem Verhältnis der Kreisfrequenz ω zu den Eigenwerten λ_i bzw. zu den Eigenfrequenzen ω_i des Sytems ergeben sich für die Systemantwort verschiedene Diagramme:

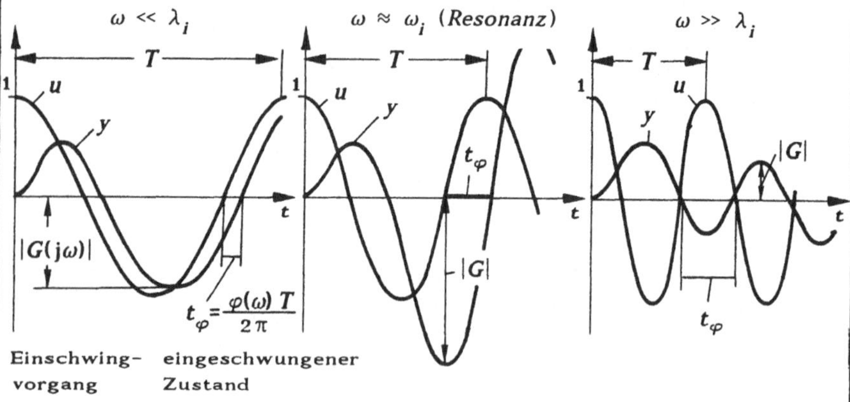

Tabelle 2.8: Der Frequenzgang eines linearen, zeitinvarianten Übertragungssystems (2. Teil)

Indem man diese Zeitverläufe $u_\sim(t)$ und $y_\sim(t)$ für verschiedene ω-Werte experimentell aufnimmt und daraus jeweils die Werte für den Betrag $|G(j\omega)| = A(\omega)$ (*Amplitudengang*) und die Phase $\arg\big(G(j\omega)\big) = \varphi(\omega)$ (*Phasengang*) abliest, kann der Frequenzgang ohne Kenntnis der Systembeschreibung bestimmt werden. Um dabei jeweils den stationären Zustand erreichen zu können, müssen die zunächst angeregten Eigenbewegungen stabil sein und abklingen.

Der Frequenzgang $G(j\omega)$ ist eine komplexwertige Funktion, die in Abhängigkeit von der Kreisfrequenz ω auf verschieden Weise dargestellt werden kann, und zwar

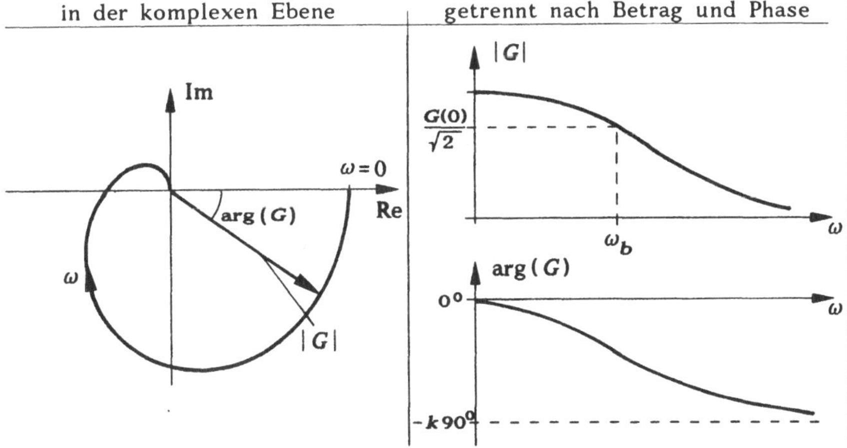

Nach dem Verlauf des Amplitudengangs $|G(j\omega)| = A(\omega)$ unterscheidet man:

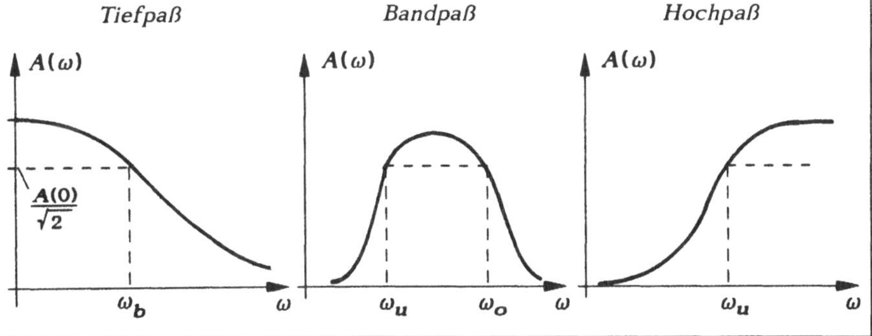

3 Die Beschreibung linearer Systeme im Frequenzbereich

Die Beschreibung und Analyse von dynamischen Systemen im Zeitbereich bewegt sich in natürlicher Weise in dem Bereich, in dem sich die Eigenschaften der Systeme manifestieren: Eigenbewegungen und erzwungene Systemantworten sind als Verläufe über der Zeit wahrnehmbar und lassen sich in dieser Form unmittelbar aufzeichnen. Allerdings ist im vorangegangenen Kapitel bereits deutlich geworden, daß der mathematische Aufwand für die Berechnung hierfür mitunter beträchtlich ist und für die inhomogene Systemantwort immer über die Operation der *Faltung* führt. (Bei der Behandlung der Systeme 2. Ordnung im Abschnitt 2.2.2 haben wir zur Vereinfachung daher auch nur den Fall $b_1 = 0$ betrachtet.) Insbesondere bei Systemen höherer Ordnung steigt der rechnerische Aufwand schnell an und ist dann eigentlich nur mit Rechnerunterstützung zu bewältigen.

Aus diesem Grund hat man in der klassischen Regelungstechnik, als Digitalrechner noch nicht zur Verfügung standen, nach Wegen gesucht, die kausale Eingangs - Ausgangs - Zuordnung bei linearen, zeitinvarianten Übertragungssystemen in einer einfacheren, kompakteren Form zu kennzeichnen. Den Weg hierzu wiesen die Nachrichtentechnik und die Schwingungslehre, die zeigten, daß wesentliche Übertragungseigenschaften im *Frequenzgang* eines Systems enthalten sind, den wir hier über die Bestimmung der harmonischen Systemantwort bereits bei der Behandlung im Zeitbereich kennengelernt haben. In klassischer Vorgehensweise führt die *Fourier-Transformation* vom Zeitbereich in den Frequenzbereich. Allerdings ist die Konvergenz des Fourier-Integrals, das für diesen Übergang auszuwerten ist, für eine Reihe von Funktionen, an denen wir in der Regelungstechnik besonders interessiert sind (z. B. für die Sprungfunktion) nicht mehr gegeben. Hier hat sich die leistungsfähigere *Laplace-Transformation* als geeignetes Mittel erwiesen, die allerdings auch ein abstrakteres Verständnis erfordert. Mit Hilfe dieser Transformation wird die Bestimmung von Systemantworten einfacher. Zugleich erhalten wir mit der im Frequenzbereich einzuführenden

Übertragungsfunktion eine kompakte und sehr handliche Darstellungsform für die Übertragungseigenschaften eines Systems, mit der sich auch recht einfach das Übertragungsverhalten zusammengesetzter und vermaschter Systeme berechnen läßt.

3.1 Die Laplace - Transformation

Wir führen zunächst als unabhängige Variable die *komplexe Frequenz* p ein

$$p = \delta + j\omega \tag{3.1}$$

mit dem Realteil δ und dem Imaginärteil ω (wir folgen hier der Nomenklatur der Elektrotechnik und bezeichnen die Quadratwurzel aus -1 mit j). Die Deutung dieser komplexen Variablen als "Frequenz" wird anschaulich, wenn man die Exponentialfunktion betrachtet

$$e^{pt} = e^{(\delta + j\omega t)} = e^{\delta t} e^{j\omega t} = e^{\delta t}(\cos\omega t + j\sin\omega t). \tag{3.2}$$

Betrachtet man hiervon nur den Realteil, so erhält man eine mit $e^{\delta t}$ an- bzw. abklingende Kosinusschwingung der Kreisfrequenz ω. Bei der Berechnung der harmonischen Antwort haben wir im Kapitel 2 bereits vorteilhaft davon Gebrauch gemacht, eine Kosinusfunktion formal durch den komplexen Zeiger $e^{j\omega t}$ zu ersetzen (vgl. (2.57)).

Durch die folgende Integraltransformation wird nun einer Zeitfunktion $x(t)$ für $t \geq 0$ umkehrbar eindeutig - d. h. ohne Informationsverlust - eine Frequenzbereichsfunktion $X(p)$ zugeordnet, die eine komplexwertige Funktion der oben eingeführten Variablen p ist:

Transformation:

$$\mathcal{L}[x(t)] \overset{\text{def}}{=} \int_0^{\infty} e^{-pt} \cdot x(t)\,dt = X(p) \tag{3.3}$$

Rücktransformation:

$$\mathcal{L}^{-1}[X(p)] = \frac{1}{2\pi j} \int_{\delta - j\infty}^{\delta + j\infty} e^{pt} \cdot X(p)\,dp = x(t). \tag{3.4}$$

Man schreibt für diese Zuordnung von Zeit- und Frequenzbereichsfunktion symbolisch auch

$$x(t) \circ\!\!-\!\!\!-\!\!\bullet\; X(p)\,. \tag{3.5}$$

Der lateinische Buchstabe $\mathcal{L}$ symbolisiert als Operator die Operation der Integraltransformation, die nach dem französischen Mathematiker und Astronom *Laplace* (1749 - 1827) benannt wird, der diese Transformation für die Behandlung von Wärmeausbreitungsproblemen eingeführt hat.

Da bei beiden Integralen in (3.3) und (3.4) die Integration sich bis ins Unendliche erstreckt, erhebt sich die Frage, ob sie auch konvergieren. Es kann nun gezeigt werden, daß das Transformationsintegral genau dann konvergiert, wenn für den Realteil von p gilt

$$\operatorname{Re}\{p\} = \delta > \delta_0 \quad \text{wobei} \quad \delta_0 \quad \text{so, daß} \quad \int_0^\infty \left| x(t) \cdot e^{-\delta_0 t} \right| dt < \infty \tag{3.6}$$

d. h. δ muß so groß sein, daß das Produkt $x(t) \cdot e^{-\delta t}$ im Intervall von 0 bis ω absolut integrierbar ist. Für eine große Klasse von Zeitfunktionen $x(t)$ (z. B. für alle endlichen Polynome in t, aber auch für die Exponentialfunktion e^{at}) läßt sich immer ein δ_0 finden, so daß (3.6) erfüllt ist.

Das Integral der Rücktransformation ist gemäß (3.4) als Linienintegral entlang einer Parallelen zur Imaginärachse mit dem konstanten Abstand δ zu bilden. Für die Konvergenz dieses Integrals gilt nun, daß sie immer gewährleistet ist, wenn der Integrationsweg rechts von allen Residuen von $X(p)$ verläuft, wie das in Bild 3.1 dargestellt ist.

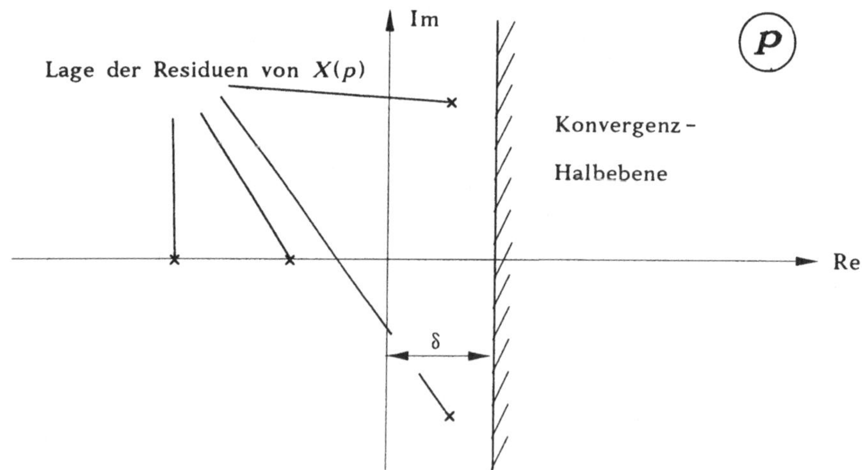

Bild 3.1. Konvergenzebene der Rücktransformation

Der kleinste Wert von δ, der in beiden Fällen die genannten Bedingungen erfüllt, definiert jeweils den Konvergenz-Bereich in der Ebene der komplexen Frequenz p. Wie sich zeigen läßt, führen beide Bedingungen für ein gegebenes Funktionenpaar $x(t)$, $X(p)$ auf denselben Wert δ und damit auf dieselbe Halbebene der Konvergenz.

Wir werden uns im folgenden um die Konvergenz der Laplace-Transformation nicht mehr im Einzelfall kümmern, da sie glücklicherweise für alle uns interessierenden Funktionen gewährleistet ist. Auch die Begrenzung der Konvergenz- Halbebene werden wir nicht weiter untersuchen, da man nach den Regeln der *Analytischen Fortsetzung* den Geltungsbereich der Funktion $X(p)$ auch formal über die Konvergenz-Halbebene hinaus ausdehnen darf mit Ausnahme der Residuen, die ohnehin Unendlichkeitsstellen der Funktion darstellen.

Der Frequenzbereich wird auch *Bildbereich* , *Unterbereich* oder *Laplace-Bereich*, der Zeitbereich auch *Oberbereich* genannt.

Ein Teil des Gewinns an Rechenvereinfachung durch die Laplace-Transformation wäre verloren, wenn man jedesmal die Definitionsintegrale berechnen müßte. Glücklicherweise ist dies für die gängigen Funktionen nicht notwendig; vielmehr kann man die zusammengehörenden Funktionenpaare aus Tabellen entnehmen. Eine nicht sehr ausführliche, aber für unsere Zwecke völlig ausreichende Zusammenstellung ist in Tabelle 3.1 gegeben.

Fast noch wichtiger als die Korrespondenzen aus Tabelle 3.1 sind Rechenregeln, die für die Laplace-Transformation gelten und in Tabelle 3.2 zusammengestellt sind. (Zur Herleitung dieser Regeln sei auf [5], [6] oder andere ausführlichere Darstellungen verwiesen.)

Zwei Eigenschaften sind im Hinblick auf die Behandlung linearer, dynamischer Systeme besonders hervorzuheben:

> Eine gewöhnliche Differentialgleichung n-ter Ordnung geht über in eine Polynomgleichung n-ter Ordnung, was eine bedeutsame Vereinfachung mit sich bringt.
>
> Die Operation der Faltung, die im vorangegangenen Kapitel bei der Lösung der inhomogenen Differentialgleichung auszuführen war, führt im Bildbereich auf die wesentlich einfachere Operation der Multiplikation.

Oftmals interessiert uns nur der Grenzwert des Verlaufs einer Systemvariablen (z. B. des Regelfehlers $e(t)$). Wenn man die Variable im Bildbereich berechnet hat, braucht man hierzu nicht in den Zeitbereich zurückzukehren; die am Ende der Tabelle 3.2 aufgeführten Grenzwertsätze erlauben - unter der Prämisse, daß beide Grenzwerte existieren - die Berechnung unmittelbar im Frequenzbereich.

Tabelle 3.1 : Funktionenpaare der Laplace - Transformation

Zeitbereich $x(t)$	$\mathcal{L}\{x(t)\}$ → / ← $\mathcal{L}^{-1}\{X(p)\}$	Frequenzbereich $X(p)$
	Einheitsimpuls $\delta(t)$	1
	Sprungfunktion $K \cdot \sigma(t)$	$\frac{K}{p}$
	Rampenfunktion $K \cdot t \cdot \sigma(t)$	$\frac{K}{p^2}$
	$e^{-at} \cdot \sigma(t)$	$\frac{1}{p+a}$
	$t \cdot e^{-at} \cdot \sigma(t)$	$\frac{1}{(p+a)^2}$
	$\left(1 - e^{-at}\right) \cdot \sigma(t)$	$\frac{a}{p(p+a)}$
	$\sin \omega t \cdot \sigma(t)$	$\frac{\omega}{p^2 + \omega^2}$
	$\cos \omega t \cdot \sigma(t)$	$\frac{p}{p^2 + \omega^2}$
	$e^{-at} \cdot \sin \omega t \cdot \sigma(t)$	$\frac{\omega}{(p+a)^2 + \omega^2}$
	$e^{-at} \cdot \cos \omega t \cdot \sigma(t)$	$\frac{p+a}{(p+a)^2 + \omega^2}$

Tabelle 3.2 : Rechenregeln zur Laplace - Transformation

Zeitbereich	Frequenzbereich
$c_1 x_1(t) + c_2 x_2(t)$	$c_1 X_1(p) + c_2 X_2(p)$
$\dot{x}(t)$	$p \cdot X(p) - x(t = +0)$
$\frac{d^n}{dt^n}\left(x(t)\right)$	$p^n \cdot X(p) - p^{n-1} x(+0) - \ldots - x^{(n-1)}(+0)$
$\int_0^t x(\tau)\,d\tau$	$\frac{1}{p} \cdot X(p)$
$\int_0^t g(t-\tau) \cdot x(\tau)\,d\tau$	$G(p) \cdot X(p)$
$x(t-T) \cdot \sigma(t-T)$	$e^{-pT} \cdot X(p)$
$e^{-at} \cdot x(t)$	$X(p+a)$
$x\left(\frac{t}{\alpha}\right)$ mit $\alpha > 0$	$\alpha \cdot X(\alpha \cdot p)$
$t \cdot x(t)$	$-\frac{dX(p)}{dp}$

Grenzwertsätze

$$x(+0) = \lim_{p \to \infty} p \cdot X(p)$$

$$x(\infty) = \lim_{p \to 0} p \cdot X(p)$$

Beide Sätze gelten nur, wenn die jeweiligen Grenzwerte auf beiden Seiten existieren.

Bemerkungen zu den Rechenregeln

Die erste Regel besagt, daß die Laplace-Transformation eine lineare Transformation ist, die das Überlagerungs- und das Verstärkungsprinzip erfüllt (vgl. Abschnitt 2.1, Definition 2.2).

Eine Reihe von Funktionenpaaren in Tabelle 3.1 ließe sich mit Hilfe der angegebenen Regeln herleiten. So kann beispielsweise die Bildbereichsdarstellung der Rampenfunktion als Integral der Sprungfunktion aus der *Integrationsregel* (Regel 4) hergeleitet werden. Ebenso läßt sich die Laplace-Transformierte für die Kosinusfunktion aus der Bildbereichsfunktion der Sinusfunktion über die *Differentiationsregel* (Regel 2) oder über die *Integrationsregel* herleiten (und umgekehrt). Die Laplace-Transformierte von $t \cdot e^{-at}$ läßt sich unter Anwendung der Regel 9 (*Differentiation im Frequenzbereich*) aus der Transformierten für die einfache e - Funktion e^{-at} gewinnen. In dieser Weise kann man durch konsequente Anwendung der Regeln die Korrespondenzen-Tabelle 3.1 beliebig erweitern.

Man überzeugt sich leicht von der Gültigkeit der *Differentiationsregel* anhand der Funktion

$$x(t) = \begin{cases} e^{at} & \text{für} \quad t > 0 \\ 0 & \text{sonst}. \end{cases}$$

Es gilt nach Tabelle 3.1

$$X(p) = \frac{1}{p-a} .$$

Die Differentiation im Zeitbereich ergibt nun für $t > 0$

$$\dot{x}(t) = a\, e^{at} ,$$

die Laplace-Transformierte hierfür ist nach Tabelle 3.1

$$X(p) = \frac{a}{p-a} .$$

Die Anwendung der *Differentiationsregel* liefert entsprechend

$$\mathcal{L}[\dot{x}(t)] = p\,\frac{1}{p-a} - e^{at}\Big|_{+0} = \frac{p}{p-a} - 1 = \frac{a}{p-a} .$$

Wendet man nun die gleichen Schritte auf die Sprungantwort an (d. h. $a = 0$), erhält man korrekt

$$\mathcal{L}[\dot{\sigma}(t)] = 0 .$$

Nun ist die Sprungfunktion im Abschnitt 2.1.3 auch als Integral der Impulsfunktion $\delta(t)$ interpretiert worden, und danach würde man für die Laplace-Transformierte der Ableitung von $\sigma(t)$ die Bildfunktion von $\delta(t)$, also 1 erwarten. Dieser scheinbare Widerspruch ist dadurch zu erklären, daß die $\delta(t)$ - Funktion keine Funktion im üblichen Sinne ist, auch wenn sie oft als Grenzübergang aus analytischen und auch differenzierbaren Funktionen gedeutet wird. Streng genommen müßte man für das Rechnen mit der $\delta(t)$-Funktion die Theorie der Distributionen anwenden (siehe z. B. [12]). Arbeitet man mit Distributionen, dann entfällt der Funktionswert an der Stelle $t = +0$ für die Differentiationsregel. Mithin gilt für das Rechnen mit der $\delta(t)$ - Funktion

$$\mathcal{L}[\dot{\sigma}(t)] = \mathcal{L}[\delta(t)] = 1 .$$

3.2 Anwendung der Laplace-Transformation auf lineare, zeitinvariante Übertragungssysteme

Im vorangegangenen Abschnitt stellten wir fest, daß eine Reihe von Operationen des Zeitbereichs wie die Integration oder die Faltung im Frequenzbereich durch einfachere Rechenoperationen ersetzt werden. Es soll nun gezeigt werden, daß diese Eigenschaft vorteilhaft genutzt werden kann bei der Behandlung und Darstellung linearer, zeitinvarianter Übertragungssysteme.

3.2.1 Übertragungssysteme 1. Ordnung

Nach Abschnitt 2.1.1 ist ein lineares System 1. Ordnung durch die folgende Differentialgleichung beschrieben

$$\dot{x}(t) + a\,x(t) = b\,u(t). \tag{3.7}$$

Transformiert man diese Beziehung in den Frequenzbereich, wobei die Variablen $x(t)$ und $u(t)$, die zunächst nicht bekannt sind, formal durch ihre Laplace-Transformierten $X(p)$ und $U(p)$ ersetzt werden, so erhält man

$$p\,X(p) - x(+0) + a\,X(p) = b\,U(p). \tag{3.8}$$

Dies ist eine gewöhnliche Gleichung für die unbekannte Systemantwort $X(p)$, die sich einfach nach $X(p)$ auflösen läßt:

$$X(p) = \underbrace{\frac{1}{p+a}\,x(+0)}_{\text{homogene}} + \underbrace{\frac{b}{p+a}\,U(p)}_{\text{partikuläre}}. \tag{3.9}$$

Systemantwort

Dies ist bereits die Darstellung der Systemantwort im Frequenzbereich. Sie hat wie die früher erhaltene Lösung im Zeitbereich (siehe (2.33)) zwei additive Anteile: die homogene Systemantwort aufgrund eines von Null verschiedenen Anfangswertes und die inhomogene Antwort als Reaktion auf eine Eingangsgröße $u(t)$. Es läßt sich nun zeigen, daß der Verlauf von $x(t)$ als der des Inhalts eines Speicherelementes für stückweise stetige Eingangsfunktionen im Zeitpunkt $t = 0$ immer stetig ist. Wir können daher hier im Anfangswert das Argument $+0$, das den rechtsseitigen Grenzwert der Funktion für $t \to 0$ bezeichnet, durch 0 ersetzen. (Wir werden hierauf noch beim System 2. Ordnung näher eingehen.)

Aus der erhaltenen Systemantwort (3.9) läßt sich erkennen:

1. Die kausale Zuordnung der Systemantwort $X(p)$ zur Eingangsgröße $U(p)$ wird im Frequenzbereich durch die Multiplikation mit einer gebrochen rationalen Funktion von p hergestellt. Diese Funktion hängt nur von den Parametern a und b der Differentialgleichung ab und heißt die *Übertragungsfunktion* $G(p)$ des Systems:

$$G(p) = \frac{b}{p+a} . \tag{3.10}$$

Wir erhalten hiermit eine weitere Möglichkeit, das Systemverhalten im Signalflußbild durch ein Übertragungsglied darzustellen, in das als Kennzeichen die Übertragungsfunktion eingetragen ist:

Bild 3.2. Signalflußbild eines Systems 1. Ordnung

(Es hat sich dabei eingebürgert, die Signale im Zeitbereich zu notieren, während der Übertragungsblock im Frequenzbereich charakterisiert ist.)

2. Der Nenner der Übertragungsfunktion wie auch der Nenner der homogenen Systemantwort stimmt mit dem charakteristischen Polynom überein (linke Seite von (2.24)), wenn man λ durch p ersetzt. Hieraus folgt gemäß den Überlegungen aus Kapitel 2, daß die homogene Systemantwort stabil ist, wenn der Pol $p = -a$ der Übertragungsfunktion (d. h. die Wurzel des charakteristischen Polynoms) negativ ist.

3. Setzt man $p = j\omega$, dann geht die Übertragungsfunktion über in den Frequenz-

gang $G(j\omega)$ nach (2.64), den wir bei der Berechnung der harmonischen Systemantwort im Abschnitt 2.1.3 eingeführt haben.

Um die Systemantwort im Zeitbereich zu erhalten, muß man die Lösung (3.9) rücktransformieren. Unter Beachtung der Korrespondenzen-Tabelle 3.1 und der Regeln aus Tabelle 3.2 erhält man unmittelbar

$$x(t) = e^{-at}x(0) + b\int_0^t e^{-a(t-\tau)}u(\tau)\,d\tau. \tag{3.11}$$

Dies ist erwartungsgemäß das früher mit einem Lösungsansatz erhaltene Ergebnis von Gleichung (2.33).

3.2.2 Übertragungssysteme 2. Ordnung

Unser Ausgangspunkt ist nun die Beschreibung eines linearen Systems 2. Ordnung gemäß Gleichung (2.81), wobei wir diesmal zulassen wollen, daß auf der rechten Seite auch die erste Ableitung der Eingangsgröße $u(t)$ auftritt ($b_1 \neq 0$):

$$\ddot{y}(t) + a_1\dot{y}(t) + a_0 y(t) = b_1\dot{u}(t) + b_0 u(t). \tag{3.12}$$

Die Transformation in den Frequenzbereich ergibt gemäß den Rechenregeln aus Tabelle 3.2 (die hier zunächst unbekannten Variablen $u(t)$, $y(t)$ werden wieder formal durch ihre Laplace-Transformierten $U(p)$, $Y(p)$ ersetzt) :

$$\begin{aligned} p^2Y(p) - p\,y(+\overset{0}{\not{\emptyset}}) - \dot{y}(+\overset{0}{\not{\emptyset}}) + a_1\,p\,Y(p) - a_1 y(+\overset{0}{\not{\emptyset}}) + a_0 Y(p) &= \\ = b_1\,p\,U(p) - b_1\,u(+\overset{0}{\not{\emptyset}}) + b_0 U(p). \end{aligned} \tag{3.13}$$

Es läßt sich nun zeigen (siehe [7] oder [14]), daß man hier, wie auch allgemein, bei den Anfangswerten das Argument +0 durch 0 (bzw. −0) ersetzen kann, wenn man dies auf *beiden* Seiten der Gleichung tut. Dies gilt auch, wenn einige der Variablen oder ihre zeitliche Ableitung zum Zeitpunkt $t = 0$ unstetig verlaufen, wobei Sprünge in $u(0)$ (und bei Systemen höherer Ordnung in seinen Ableitungen) durch entsprechende Sprünge in $\dot{y}(0)$ (und ggfs. in den höheren Ableitungen von $y(t)$) so kompensiert werden, daß (3.13) weiterhin gilt. (Diese für die Transformation von Differentialgleichungen geltende Eigenschaft bedeutet aber nicht, daß man allgemein bei der Differentiationsregel mit dem Argument +0 so verfahren darf!) Die Beziehung (3.13) ist wiederum eine gewöhnliche Gleichung, die, nach $Y(p)$ aufgelöst, für $u(0) = 0$ ergibt:

$$Y(p) = \frac{p + a_1}{p^2 + a_1 p + a_0}\, y(0) + \frac{1}{p^2 + a_1 p + a_0}\, \dot{y}(0) + \frac{b_1 p + b_0}{p^2 + a_1 p + a_0}\, U(p)\,. \tag{3.14}$$

Wie beim System 1. Ordnung erkennen wir:

1. Die kausale Zuordnung der Systemantwort $Y(p)$ zur Eingangsgröße $U(p)$ wird im Frequenzbereich durch die Multiplikation mit einer gebrochen rationalen Funktion, der *Übertragungsfunktion*

$$G(p) = \frac{b_1 p + b_0}{p^2 + a_1 p + a_0} \tag{3.15}$$

bewirkt. Diese Funktion von p hängt wiederum nur von den Parametern der Differentialgleichung ab, vereinigt in sich also alle Systemeigenschaften, die die Systemantwort bestimmen. Die kompakte Form dieser Funktion legt es auch nahe, sie zur Kennzeichnung eines Übertragungssystems 2. Ordnung bei Signalflußbildern zu verwenden (Bild 3.3).

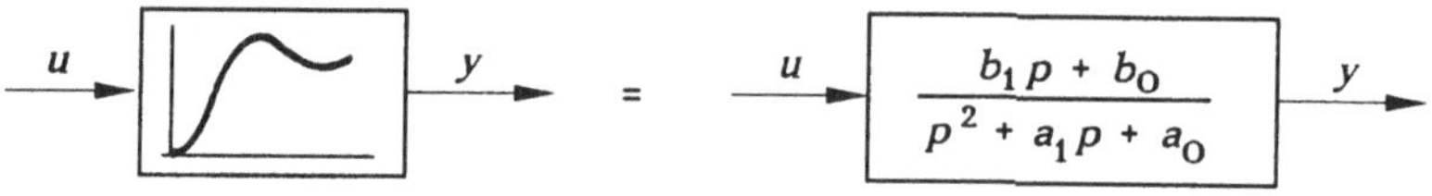

Bild 3.3. Signalflußbilder eines Systems 2. Ordnung

2. Der Nenner der Übertragungsfunktion und die Nenner der Terme mit den Anfangswerten stimmen mit dem charakteristischen Polynom des Systems überein (vgl. Gl. (2.84)), wenn man p durch λ ersetzt. Somit stimmen die Nennerwurzeln, d. h. die Pole von $G(p)$ mit den Eigenwerten überein. (Mitunter ist das Nennerpolynom nicht das vollständige, sondern das um einen Polynomfaktor gekürzte charakteristische Polynom; wir kommen hierauf noch im nächsten Abschnitt zurück.) Hieraus kann wieder gefolgert werden, daß die homogene Systemantwort abklingt und folglich stabil verläuft, wenn alle Pole von $G(p)$ einen negativen Realteil haben.

3. Setzt man $p = \mathrm{j}\omega$, so geht die Übertragungsfunktion in den Frequenzgang $G(\mathrm{j}\omega)$ über, wie man sich anhand der Ergebnisse im vorangegangenen Kapitel leicht überzeugt.

Es soll nun die Systemantwort im Zeitbereich durch Rücktransformation von (3.14) bestimmt werden. Hierzu muß wie im Kapitel 2 eine Fallunterscheidung getroffen werden hinsichtlich der Pole der Übertragungsfunktion, d. h. hinsichtlich der Eigenwerte des Systems.

Fall (A): Nennerwurzeln von $G(p)$ sind rein reell, d. h. die charakteristische Gleichung

$$p^2 + a_1 p + a_0 = (p - p_1)(p - p_2) = 0$$

hat reelle Wurzeln

$$p_{1,2} = -\frac{a_1}{2} \pm \sqrt{\frac{a_1^2}{4} - a_0} \,. \tag{3.16}$$

In diesem Fall lassen sich die drei gebrochen rationalen Vorfaktoren auf der rechten Seite von (3.14) in jeweils zwei Partialbrüche zerlegen:

$$\begin{aligned} \frac{p + a_1}{p^2 + a_1 p + a_0} &= \frac{A}{p - p_1} + \frac{B}{p - p_2} \,, \\ \frac{1}{p^2 + a_1 p + a_0} &= \frac{C}{p - p_1} + \frac{D}{p - p_2} \,, \\ \frac{b_1 p + b_0}{p^2 + a_1 p + a_0} &= \frac{E}{p - p_1} + \frac{F}{p - p_2} \,. \end{aligned} \tag{3.17}$$

Für $p_1 = \lambda_1$ und $p_2 = \lambda_2$ erhält man unter Berücksichtigung von $-a_1 = \lambda_1 + \lambda_2$ (nach (3.16)) z. B. über die Limes-Formel (3.40):

$$\begin{aligned} A &= \lim_{p \to \lambda_1} (p - \lambda_1) \frac{p + a_1}{(p - \lambda_1)(p - \lambda_2)} = \frac{-\lambda_2}{\lambda_1 - \lambda_2} \,, \\ B &= \lim_{p \to \lambda_2} (p - \lambda_2) \frac{p + a_1}{(p - \lambda_1)(p - \lambda_2)} = \frac{\lambda_1}{\lambda_1 - \lambda_2} \,, \\ C &= \lim_{p \to \lambda_1} (p - \lambda_1) \frac{1}{(p - \lambda_1)(p - \lambda_2)} = \frac{1}{\lambda_1 - \lambda_2} \,, \\ D &= \lim_{p \to \lambda_2} (p - \lambda_2) \frac{1}{(p - \lambda_1)(p - \lambda_2)} = \frac{-1}{\lambda_1 - \lambda_2} \,, \\ E &= \lim_{p \to \lambda_1} (p - \lambda_1) \frac{b_1 p + b_0}{(p - \lambda_1)(p - \lambda_2)} = \frac{b_1 \lambda_1 + b_0}{\lambda_1 - \lambda_2} \,, \\ F &= \lim_{p \to \lambda_2} (p - \lambda_2) \frac{b_1 p + b_0}{(p - \lambda_1)(p - \lambda_2)} = -\frac{b_1 \lambda_2 + b_0}{\lambda_1 - \lambda_2} \,. \end{aligned} \tag{3.18}$$

Die einfachen Partialbrüche auf der rechten Seite von (3.17) lassen sich mit Hilfe der Korrespondenzen-Tabelle 3.1 in den Zeitbereich zurücktransformieren; man erhält dabei

$$y(t) = \left[A e^{p_1 t} + B e^{p_2 t}\right] y(0) + \left[C e^{p_1 t} + D e^{p_2 t}\right] \dot{y}(0) + \tag{3.19}$$

$$+ \int_0^t \left[E e^{p_1(t-\tau)} + F e^{p_2(t-\tau)}\right] u(\tau)\, d\tau \, .$$

Solange $u(t)$ nicht festliegt, bleibt in der inhomogenen Lösung das Faltungsintegral stehen. Sind $u(t)$ und damit $U(p)$ bekannt, hat man das Produkt $G(p)\,U(p)$ in Partialbrüche zu zerlegen, wie es im Abschnitt 3.2.4 gezeigt wird. Man überzeugt sich durch eine kurze Rechnung, daß für $b_1 = 0$ diese Lösung mit der im Kapitel 2 im Zeitbereich erhaltenen übereinstimmt ((2.92) mit (2.94)), wobei wir dort den aufwendigen Rechengang übersprungen haben.

Fall (B) : Die Nennerwurzeln von $G(p)$ sind konjugiert komplex, d. h. die charakteristische Gleichung

$$p^2 + a_1 p + a_0 = \left(p + \frac{a_1}{2}\right)^2 + a_0 - \frac{a_1^2}{4} = (p+\sigma)^2 + \omega_0^2 = 0$$

hat die Wurzeln

$$p_{1,2} = -\frac{a_1}{2} \pm j\sqrt{a_0 - \frac{a_1^2}{4}} = -\sigma \pm j\omega_0 \, , \tag{3.20}$$

wobei $a_0 - \frac{a_1^2}{4} = \omega_0^2$ positiv ist.

Der im Fall A eingeschlagene Rechnungsweg wäre hier im Prinzip auch gangbar, wobei sich allerdings komplexe Koeffizienten für die Partialbruchterme ergeben. Diese würden bei der anschließenden Umrechnung der komplexen Exponentialfunktionen in gedämpfte Sinus- und Kosinusschwingungen wieder zu reellen Koeffizienten führen. Wir wollen hier einen direkteren Weg gehen, indem wir unser Wissen über die Art der Eigenbewegungen, nämlich gedämpfte oder anklingende harmonische Schwingungen, nutzen und versuchen, die Terme in der Lösung (3.14) so umzuformen, daß die entsprechenden Ausdrücke des Bildbereichs

$$\frac{p+\sigma}{(p+\sigma)^2 + \omega_0^2} \quad \text{und} \quad \frac{\omega_0}{(p+\sigma)^2 + \omega_0^2} \tag{3.21}$$

mit $\omega_0 = \sqrt{a_0 - a_1^2/4}$ und $\sigma = \frac{a_1}{2}$

entstehen. Hierzu wird zunächst der erste Term in (3.14) im Zähler aufgespalten und der dritte Term durch additive Erweiterung umgeschrieben:

$$Y(p) = \frac{p + \frac{a_1}{2} + \frac{a_1}{2}}{(p+\sigma)^2 + \omega_0^2}\, y(0) + \frac{1}{(p+\sigma)^2 + \omega_0^2}\, \dot{y}(0) + $$
$$+ \left[\frac{b_1\left(p + \frac{a_1}{2}\right)}{(p+\sigma)^2 + \omega_0^2} + \frac{1}{(p+\sigma)^2 + \omega_0^2} \left(b_0 - b_1 \frac{a_1}{2} \right) \right] U(p).$$

Nun wird noch zweimal mit ω_0 erweitert:

$$Y(p) = \frac{p+\sigma}{(p+\sigma)^2 + \omega_0^2}\, y(0) + \frac{\omega_0}{(p+\sigma)^2 + \omega_0^2}\, \frac{\frac{a_1}{2}\, y(0) + \dot{y}(0)}{\omega_0} +$$
$$+ \left[\frac{b_1(p+\sigma)}{(p+\sigma)^2 + \omega_0^2} + \frac{\omega_0}{(p+\sigma)^2 + \omega_0^2}\, \frac{b_0 - b_1 \frac{a_1}{2}}{\omega_0} \right] U(p) .$$

Mit diesen Umformungen wurden die Ausdrücke (3.21) explizit herausgearbeitet, so daß jetzt die Rücktransformation unmittelbar über die Tabelle 3.1 erfolgen kann zu

$$y(t) = e^{-\sigma t} \cos(\omega_0 t)\, y(0) + e^{-\sigma t} \sin(\omega_0 t) \left[\frac{a_1}{2\omega_0}\, y(0) + \frac{1}{\omega_0}\, \dot{y}(0) \right] +$$
$$+ \int_0^t e^{-\sigma(t-\tau)} \left[b_1 \cos \omega_0 (t-\tau) + \frac{b_0 - b_1 \frac{a_1}{2}}{\omega_0} \sin \omega_0 (t-\tau) \right] u(\tau)\, d\tau . \tag{3.22}$$

Auch hier wurde $u(t)$ noch nicht festgelegt, so daß die inhomogene Lösung in der allgemeinen Form des Faltungsintegrals erscheint. Für $b_1 = 0$ ergibt sich wieder die im Zeitbereich entwickelte Lösung.

3.2.3 Übertragungssysteme n - ter Ordnung

Bei der Betrachtung von linearen Systemen der allgemeinen Ordnung n kann, wie im Kapitel 2 gezeigt wurde, die Systembeschreibung im Zeitbereich entweder durch Differenzieren und Eliminieren von Zwischenvariablen auf die Form einer Differentialgleichung n - ter Ordnung gebracht werden (Fall I), oder man kann durch die Einführung geeigneter Variablen eine Zustandsbeschreibung mit einem System von n Differentialgleichungen erster Ordnung erhalten (Fall II). Beide Fälle wollen wir im folgenden betrachten.

Fall I. Die Systembeschreibung liege in Form einer Differentialgleichung n - ter Ordnung zwischen der Eingangsgröße und der Ausgangsgröße vor:

$$y^{(n)} + a_{n-1} y^{(n-1)} + \ldots + a_1 \dot{y} + a_0 y = b_{n-1} u^{(n-1)} + \ldots + b_1 \dot{u} + b_0 u \tag{3.23}$$

Es sei hierbei angenommen, daß - wie bei den meisten realen Systemen zutreffend - die höchste Ableitung in der Ausgangsgröße $y(t)$ mindestens um eins größer ist als die höchste Ableitung in der Eingangsgröße $u(t)$. Der Sonderfall, daß auf der rechten Seite die n-te Ableitung von $u(t)$ auftritt, stellt ein sogenanntes "sprungfähiges" System dar und wurde im Kapitel 2 bereits angesprochen (Parameter $d \neq 0$ in (2.102)). Systembeschreibungen, bei denen in $u(t)$ höhere Ableitungen auftreten als in $y(t)$, haben differenzierende Eigenschaft und können als solche nicht exakt realisiert werden. Der Koeffizient a_n wurde in (3.23) wieder zu 1 normiert.

Wie beim System 2. Ordnung besprochen, können bei der Laplace-Transformation auf beiden Seiten der transformierten Gleichung (3.23) die Anfangswerte zum Zeitpunkt $t = +0$ durch die Anfangswerte für $t = -0$ oder allgemein $t = 0$ ersetzt werden, sofern dies bei allen Werten geschieht. Wir wollen dies hier tun und gleichzeitig zur Vereinfachung des Rechengangs annehmen, daß alle Anfangswerte dann Null sind, d. h.

$$\begin{aligned} y^{(n-1)}(0) &= y^{(n-2)}(0) = \ldots = \dot{y}(0) = y(0) = 0 \\ u^{(n-2)}(0) &= u^{(n-3)}(0) = \ldots = \dot{u}(0) = u(0) = 0\,. \end{aligned} \tag{3.24}$$

Man erhält unter dieser Annahme mit der Laplace-Transformation aus (3.23):

$$\begin{aligned} p^n Y(p) + a_{n-1} p^{n-1} Y(p) + \ldots + a_1 p\, Y(p) + a_0 Y(p) &= \\ = b_{n-1} p^{n-1} U(p) + \ldots + b_1 p\, U(p) + b_0 U(p)\,. \end{aligned} \tag{3.25}$$

Nach $Y(p)$ aufgelöst, ergibt sich die Darstellung der Systemantwort im Bildbereich, die unter der Annahme verschwindender Anfangswerte nur die inhomogene Lösung beinhaltet:

$$\boxed{Y(p) = \frac{b_{n-1} p^{n-1} + \ldots + b_1 p + b_0}{p^n + a_{n-1} p^{n-1} + \ldots + a_1 p + a_0}\, U(p) = G(p)\, U(p)\,.} \tag{3.26}$$

Die gebrochen rationale Funktion auf der rechten Seite ist wieder die Übertragungsfunktion $G(p)$ des Systems, die im Nenner das charakteristische Polynom in p enthält. Es gelten wieder die gleichen Feststellungen, die wir für die Systeme 1. und 2. Ordnung getroffen haben.

Fall II. Die Systembeschreibung sei auf eine Zustandsdarstellung, d. h. auf eine Beschreibung mit n Differentialgleichungen erster Ordnung gebracht. Gemäß Kapitel 2 hat diese in vektorieller Schreibweise die allgemeine Form:

$$\begin{aligned} \dot{\boldsymbol{x}}(t) &= \boldsymbol{A}\,\boldsymbol{x}(t) + \boldsymbol{b}\,u(t) \\ y(t) &= \boldsymbol{c}'\boldsymbol{x}(t)\,. \end{aligned} \tag{3.27}$$

Im Sonderfall, daß die Eingangsgröße $u(t)$ direkt auf die Ausgangsgröße $y(t)$ wirkt, ist $y(t)$ durch (2.102) gegeben. Wir wollen darauf hier nicht weiter eingehen; die nachfolgende Rechnung ist aber ohne Schwierigkeiten auf diesen Fall auszudehnen.

Die Anwendung der Laplace-Transformation auf (3.27) ergibt

$$\begin{aligned} p\boldsymbol{I}\,\boldsymbol{X}(p) - \boldsymbol{x}(+0) &= \boldsymbol{A}\,\boldsymbol{X}(p) + \boldsymbol{b}\,U(p) \\ Y(p) &= \boldsymbol{c}'\boldsymbol{X}(p)\,. \end{aligned} \tag{3.28}$$

$\boldsymbol{X}(p)$ ist hierin der Vektor der transformierten Zustandsvariablen. Auf der linken Seite wurde für die folgende Rechnung vorsorglich die Einheitsmatrix $\boldsymbol{I}$ von links heranmultipliziert, was diesen Ausdruck nicht ändert. Wir ersetzen mit der oben angeführten Begründung wieder in den Anfangswerten das Argument +0 durch 0 und lösen nach $\boldsymbol{X}(p)$ auf:

$$\left(p\boldsymbol{I} - \boldsymbol{A}\right)\boldsymbol{X}(p) = \boldsymbol{x}(0) + \boldsymbol{b}\,U(p)$$

$$\boxed{\boldsymbol{X}(p) = \left(p\boldsymbol{I} - \boldsymbol{A}\right)^{-1}\boldsymbol{x}(0) + \left(p\boldsymbol{I} - \boldsymbol{A}\right)^{-1}\boldsymbol{b}\,U(p)} \tag{3.29}$$

Der erste Term auf der rechten Seite stellt die homogene, der zweite Term die inhomogene Lösung im Bildbereich dar. Aus einem Vergleich mit der im Kapitel 2 errechneten Lösung im Zeitbereich (2.114) erkennen wir, daß offensichtlich gilt:

$$\mathcal{L}\left\{\mathrm{e}^{\boldsymbol{A}t}\right\} = \left(p\boldsymbol{I} - \boldsymbol{A}\right)^{-1}, \tag{3.30}$$

d. h. die Laplace-Transformierte der Transitionsmatrix ist durch die Inverse der Matrix $(p\boldsymbol{I} - \boldsymbol{A})$ gegeben. Diese Beziehung bietet eine weitere, effiziente Möglichkeit zur Berechnung der Transitionsmatrix. Diese inverse Matrix läßt sich auch in der folgenden Form schreiben (vgl. Gleichung (2.138)):

$$\left(p\boldsymbol{I} - \boldsymbol{A}\right)^{-1} = \frac{1}{\det(p\boldsymbol{I} - \boldsymbol{A})}\,\mathrm{adj}'(p\boldsymbol{I} - \boldsymbol{A})\,. \tag{3.31}$$

In der im Nenner stehenden Determinante erkennen wir wieder das charakteristische Polynom n-ter Ordnung (vgl. (2.118)). Der zweite Faktor auf der rechten Seite ist die Adjunkte der Matrix $(p\boldsymbol{I} - \boldsymbol{A})$, die sich nach den Regeln der Matrizenrechnung aus Unterdeterminanten $(n-1)$-ter Ordnung von $(p\boldsymbol{I} - \boldsymbol{A})$ als Elementen zusammensetzt. Sie stellt also eine Matrix aus Polynomen in p dar, deren Grad maximal $n-1$ ist.

Für die Ausgangsgröße $Y(p)$ erhält man

$$Y(p) = \boldsymbol{c}'(p\boldsymbol{I} - \boldsymbol{A})^{-1}\boldsymbol{x}(0) + \boldsymbol{c}'(p\boldsymbol{I} - \boldsymbol{A})^{-1}\boldsymbol{b}\,U(p) \tag{3.32}$$

mit der Übertragungsfunktion des Systems

$$\boxed{G(p) = \boldsymbol{c}'(p\boldsymbol{I} - \boldsymbol{A})^{-1}\boldsymbol{b}\,.} \tag{3.33}$$

Dieser Ausdruck ist eine gebrochen rationale Funktion in p mit dem Nennerpolynom n-ter Ordnung

$$N(p) = \det(p\boldsymbol{I} - \boldsymbol{A}) = \Delta(p) \tag{3.34}$$

und dem Zählerpolynom maximal $(n-1)$-ter Ordnung

$$Z(p) = \boldsymbol{c}'\operatorname{adj}'(p\boldsymbol{I} - \boldsymbol{A})^{-1}\boldsymbol{b}\,, \tag{3.35}$$

wie man unter Betrachtung von (3.31) erkennt.

Es gelten wieder die Feststellungen, die wir bei den Systemen 1. und 2. Ordnung getroffen haben. Insbesondere zeigt ein Vergleich mit (2.136), daß die Übertragungsfunktion (3.33) für $p = j\omega$ in den Frequenzgang des Systems übergeht. Die für den in der Matrizenrechnung ungeübten Leser etwas abstrakten Beziehungen sollen nun anhand eines einfachen Rechenbeispiels konkretisiert werden.

Beispiel 3.1: Zustandsdarstellung und Übertragungsfunktion

Für die Querbewegung eines Leitkabel-geführten Fahrzeugs habe sich mit konkreten Konstruktionsdaten aus (2.77) die linearisierte Systembeschreibung ergeben:

$$\Delta\dot{\boldsymbol{x}}(t) = \begin{bmatrix} 0 & 1 \\ -30 & -11{,}5 \end{bmatrix} \Delta\boldsymbol{x}(t) + \begin{bmatrix} 0 \\ 30 \end{bmatrix} \Delta u(t)$$

$$\Delta y(t) = \begin{bmatrix} 1 & 0 \end{bmatrix} \Delta\boldsymbol{x}(t) = \Delta x_1(t)\,.$$

a) Es soll zunächst die Übertragungsfunktion von Δu nach Δy berechnet werden.

Wir berechnen zunächst

$$(p\boldsymbol{I} - \boldsymbol{A}) = \begin{bmatrix} p & 0 \\ 0 & p \end{bmatrix} - \begin{bmatrix} 0 & 1 \\ -30 & -11{,}5 \end{bmatrix} = \begin{bmatrix} p & -1 \\ 30 & p+11{,}5 \end{bmatrix} .$$

Die Inverse hierzu ergibt sich gemäß (3.31) zu

$$(p\boldsymbol{I} - \boldsymbol{A})^{-1} = \frac{1}{p^2 + 11{,}5p + 30} \begin{bmatrix} p+11{,}5 & 1 \\ -30 & p \end{bmatrix}$$

Bei der Berechnung von $G(p)$ nach (3.33) muß im Zähler die adjunkte Matrix von links mit dem Zeilenvektor $\boldsymbol{c}'$ und von rechts mit dem Spaltenvektor $\boldsymbol{b}$ aus der obigen Beschreibung multipliziert werden. Da das zweite Element von $\boldsymbol{c}'$ Null ist, hat die zweite Zeile der adjunkten Matrix keinen Einfluß auf das Produkt. Ebenso bewirkt die Null im ersten Element von $\boldsymbol{b}$, daß die erste Spalte der Matrix bei der Multiplikation herausfällt. Somit hätten wir für die Berechnung der Übertragungsfunktion nur das Element in der ersten Zeile und in der zweiten Spalte bestimmen müssen. Es ergibt sich

$$G(p) = \frac{30}{p^2 + 11{,}5\,p + 30} .$$

Die Pole der Übertragungsfunktion und damit die Eigenwerte des Systems liegen bei

$$p_1 = -4 \quad \text{und} \quad p_2 = -7{,}5$$

und sind rein reell.

b) Um die Reaktion des Fahrzeugs bei Kurvenfahrt zu bewerten, werde jetzt angenommen, daß ein sinusförmiger Verlauf des Sollwerts $u(t)$ mit einer Amplitude von 1 m und einer Periodendauer von 3,6 s auf das System gegeben wird. Dies wirkt sich so aus, als würde das Fahrzeug mit 50 km/h einem Leitkabel folgen, das in einer Sinuslinie mit 1 m Amplitude und 50 m Wellenlänge in der Fahrbahn verlegt ist. (Ob das Fahrzeug einem sinusförmigen Sollwertverlauf um ein gerades Kabel oder einem sinusförmigen Kabelverlauf beim Sollwert Null folgt, ist hierbei gleichbedeutend.) Insbesondere interessiert uns, inwieweit die Fahrzeugbewegung in Amplitude und Phasenverschiebung von der Sollbahn abweicht.

Wir berechnen hierzu zunächst den Frequenzgang, indem wir in $G(p)$ p durch $\mathrm{j}\omega$ ersetzen:

$$G(\mathrm{j}\omega) = \frac{30}{-\omega^2 + \mathrm{j}\,11{,}5\,\omega + 30} .$$

Die Schwingung des Sollwerts hat die Kreisfrequenz

$$\omega = \frac{2\pi}{T} = 1{,}745\ s^{-1} .$$

Für diesen Wert erhalten wir für den Frequenzgang

$$G(\mathrm{j}1{,}745) = \frac{30}{26{,}95 + \mathrm{j}\,20{,}07} = 0{,}716 - \mathrm{j}0{,}533 .$$

Für Betrag und Phase errechnet sich hieraus

$$|G| = \sqrt{\mathrm{Re}\{G\}^2 + \mathrm{Im}\{G\}^2} = 0{,}89$$

$$\arg\{G\} = \arctan\left(\frac{\mathrm{Im}\{G\}}{\mathrm{Re}\{G\}}\right) = -36{,}7^0 .$$

Man liest hieraus ab, daß die Amplitude der Fahrzeugbewegung das 0,89-Fache der vorgegebenen Amplitude, also 89 cm beträgt. Die Schwingungsbewegung ist dabei um 37^0 phasenversetzt, was auf die Wellenlänge von 50 m bezogen ca. 5 m entspricht. Man kann hieraus den Schluß ziehen, daß der Regelkreis für diese Bewegung offenbar nicht schnell genug ist.

3.2.4 Allgemeines Vorgehen bei der Rücktransformation

Zur Rücktransformation einer im Bildbereich errechneten Variablen ist es nicht notwendig, das Umkehrintegral (3.4) zu berechnen. Vielmehr sucht man im allgemeinen Korrespondenzentabellen wie die Tabelle 3.1 auf und entnimmt dieser direkt die Zeitfunktion. Nun kann eine solche Tabelle kaum alle denkbaren oder auch nur alle gängigen Funktionenpaare enthalten, sondern besteht meist nur aus einigen wenigen Elementarfunktionen, wie hier die Tabelle 3.1. Nun hat der vorangegangene Abschnitt gezeigt, daß eine Bildbereichsfunktion höherer Ordnung in der ganz überwiegenden Zahl der Fälle als gebrochen rationale Funktion anfällt. Dies bietet die Möglichkeit, eine solche durch *Partialbruch-Entwicklung* in eine Summe von Elementarfunktionen zu zerlegen, für die sich über die Tabelle 3.1 direkt die Zeitfunktionen finden lassen. Die Vorgehensweise dabei soll hier im Einzelnen beschrieben werden.

Wir gehen also davon aus, daß die berechnete Größe - z. B. $Y(p)$ - als gebrochen rationale Funktion vorliegt, wobei der Zählergrad mindestens um Eins kleiner ist als der Nennergrad

$$Y(p) = \frac{d_{m-1}p^{m-1} + \ldots + d_1 p + d_0}{p^m + c_{m-1}p^{m-1} + \ldots + c_1 p + c_0} . \qquad (3.36)$$

Dies kann z. B. die Systemantwort $Y(p) = G(p)\,U(p)$ nach (3.26) oder (3.32) sein, wobei für $u(t)$ eine der elementaren Standardeingangsfunktionen gewählt wurde, deren Laplace-Transformierte $U(p)$ wiederum eine gebrochen rationale Funktion ist. Das Nennerpolynom von (3.36) ist also aus der Multiplikation des Nenners von $U(p)$ mit dem Nenner von $G(p)$ entstanden. (In dem seltenen Fall, daß der Zählergrad von $Y(p)$ gleich dem Nennergrad ist, kann man $Y(p)$ in eine Konstante und einen gebrochen rationalen Ausdruck mit kleinerem Zählergrad zerlegen, wobei die Konstante nach Rücktransformation einen gewichteten Dirac-Impuls ergibt; mit dem verbleibenden Bruch verfährt man, wie nun beschrieben.)

1. *Schritt*: Bestimmung der Nennerwurzeln

Man bestimmt zunächst die Nennerwurzeln, indem man die Lösungen der Gleichung berechnet:

$$p^m + c_{m-1}p^{m-1} + \ldots + c_1 p + c_0 = 0 . \tag{3.37}$$

(Wenn der Nenner als Produkt, z. B. aus den Nennern von $G(p)$ und $U(p)$ entstanden ist, bestimmt man hierzu zweckmäßiger die Wurzeln der einzelnen Nennerfaktoren.) Da (3.37) bei realen Systemen nur reelle Koeffizienten c_i enthält, erhält man entweder reelle oder konjugiert komplexe Wurzeln:

$$p = p_1, p_2, \ldots, p_m \quad \text{mit z. B.} \quad p_{3,4} = -\sigma \pm j\omega_0 . \tag{3.38}$$

Für $Y(p) = G(p)\,U(p)$ sind dies die Eigenwerte des Systems und die Pole von $U(p)$.

2. *Schritt*: Partialbruchentwicklung

Nun zerlegt man die rechte Seite von (3.36) für die reellen Pole in Partialbrüche und für die konjugiert komplexen Pole in Terme mit quadratischem Nenner gemäß folgendem Ansatz:

$$\begin{aligned} Y(p) &= \frac{d_{m-1}p^{m-1} + \ldots + d_1 p + d_0}{p^m + c_{m-1}p^{m-1} + \ldots + c_1 p + c_0} = \\ &= \frac{A_1}{p - p_1} + \frac{A_2}{p - p_2} + \ldots + \frac{Bp + C}{(p+\sigma)^2 + \omega_0^2} + \ldots \end{aligned} \tag{3.39}$$

(Man beachte hierbei die Normierung der Nenner: der Vorfaktor der höchsten Potenz in p ist jeweils 1.)

Die reellen Zählerkoeffizienten der rechten Seite können einmal dadurch bestimmt werden, daß man die ganze rechte Seite auf den Hauptnenner bringt und dann einen Koeffizientenvergleich für die Zählerpolynome von beiden Seiten durchführt. Im Falle reeller Pole p_i können die Partialbruchkoeffizienten A_i auch durch die folgende Formel berechnet werden:

$$A_i = \lim_{p \to p_i} (p - p_i) \frac{d_{m-1} p^{m-1} + \ldots + d_1 p + d_0}{p^m + c_{m-1} p^{m-1} + \ldots + c_1 p + c_0} . \tag{3.40}$$

Im Falle einer reellen Doppelwurzel $p_2 = p_1$ hat man als Partialbruchterme anzusetzen

$$\frac{A_1}{(p - p_1)^2} + \frac{A_2}{p - p_1} ,$$

wobei A_1 wieder durch einen Grenzwert berechnet werden kann

$$A_1 = \lim_{p \to p_1} (p - p_1)^2 \frac{d_{m-1} p^{m-1} + \ldots + d_1 p + d_0}{p^m + c_{m-1} p^{m-1} + \ldots + c_1 p + c_0} . \tag{3.41}$$

Bevor man nun A_2 über (3.40) bestimmen kann, muß man erst den Ausdruck

$$\tilde{Y}(p) = \frac{d_{m-1} p^{m-1} + \ldots + d_1 p + d_0}{p^m + c_{m-1} p^{m-1} + \ldots + c_1 p + c_0} - \frac{A_1}{(p - p_1)^2} \tag{3.42}$$

berechnen und hierauf (3.40) anwenden. Bei Wurzeln höherer Vielfachheit ist sinngemäß zu verfahren.

3. *Schritt*: Rücktransformation

Die Rücktransformation der einzelnen Partialbruchterme kann nun anhand von Tabelle 3.1 erfolgen, da die Laplace-Transformation linear ist und nach Regel 1 in Tabelle 3.2 aus einer Summe von Bildfunktionen die entsprechende Summe von Zeitfunktionen wird. Aus (3.39) wird dann

$$y(t) = A_1 e^{p_1 t} + A_2 e^{p_2 t} + \ldots + B e^{-\sigma t} \cos \omega_0 t + \frac{C - B\sigma}{\omega_0} e^{-\sigma t} \sin \omega_0 t + \ldots \tag{3.43}$$

Der zu einem konjugiert komplexen Wurzelpaar gehörende Term mit quadratischem Nenner wird dabei so zerlegt, wie es beim System 2. Ordnung im Abschnitt 3.2.2 gezeigt wurde.

Beispiel 3.2: Zuverlässigkeit eines 2-aus-3-Systems

Die Berechnung der Transitionsmatrix aus ihrer Darstellung im Frequenzbereich nach Gleichung (3.30) soll hier an einem Beispiel demonstriert werden, das wie Beispiel 2.4 aus der Zuverlässigkeitstechnik entnommen ist.

Eine Temperaturmessung werde, um ihre Zuverlässigkeit zu erhöhen, mit drei gleichartigen Sensoren ausgeführt, die jeweils die Ausfallrate γ (z.B. angegeben in Ausfällen pro Tag, Monat oder Jahr) haben. In dem nachgeschalteten Meßwerterfassungssystem (z.B. integriert im Interface eines Rechners) trifft ein sog. Voter eine "2-aus-3"-Entscheidung: solange mindestens 2 der 3 Meßwerte (nahezu) übereinstimmen, wird dieser Meßwert als richtig interpretiert und weiterverarbeitet. Wenn der dritte Meßwert davon signifikant abweicht, wird er als Sensorausfall erkannt und bleibt unbeachtet. Wenn alle drei Meßwerte verschieden sind, wird das Meßsystem insgesamt als ausgefallen betrachtet. Dies ist der Fall, wenn zwei oder sogar alle drei Sensoren ausgefallen sind. Das nachfolgende Bild 3.4 zeigt eine Prinzipskizze dieses Systems:

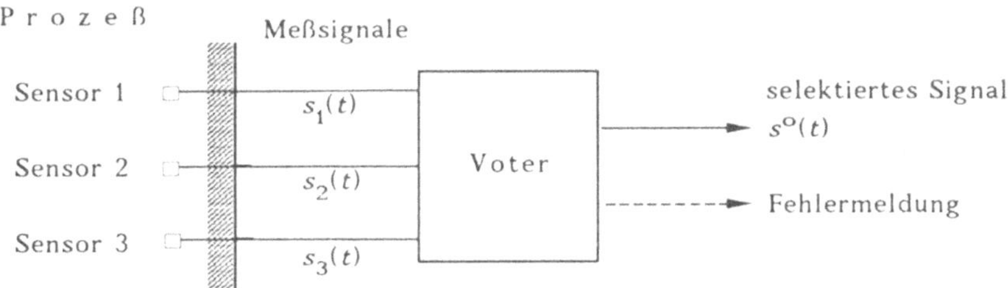

Bild 3.4 Prinzipbild des redundanten "2-aus-3"-Systems mit 3 Sensoren

Stellt man für die Analyse mit dem Markow'schen Modell den Zuverlässigkeitsgraphen auf, erhält man - da die drei Sensoren völlig gleichartig sind in ihren Eigenschaften - den folgenden Graphen mit vier Zuständen:

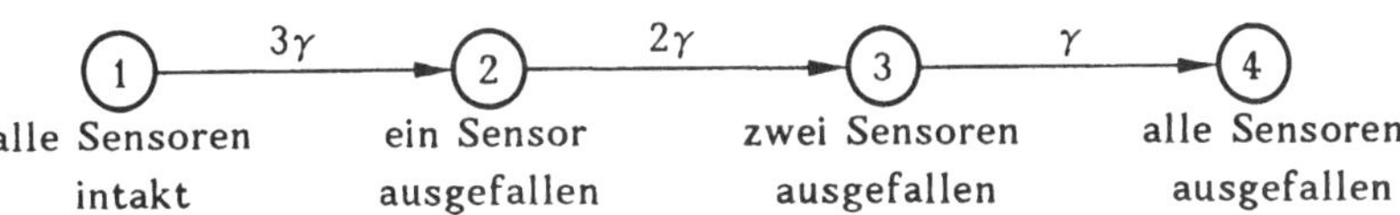

Bild 3.5. Zuverlässigkeitsgraph für das "2-aus-3"-System

Aus dem Zustand 1 (alle Sensoren intakt) ist ein Übergang in den Zustand 2 (ein Sensor ausgefallen) mit der Rate 3γ möglich, da jeder der drei Sensoren für sich genommen mit der Rate γ ausfallen kann. Der Übergang von Zustand 2 nach 3 erfolgt mit der Rate 2γ, da nun jeweils noch einer der beiden verbliebenen Sensoren ausfallen kann. Von Zustand 3 nach 4 kann schließlich nur noch der verbliebene intakte Sensor mit der Rate γ ausfallen. (Für eine nähere Erklärung der dynamischen Modellierung solcher Zuverlässigkeitsprobleme betrachte man auch Beispiel 2.4).

Die Wahrscheinlichkeiten dafür, daß sich das Gesamtsystem in den Zuständen 1, 2, 3 oder 4 befinde, seien durch $x_1(t)$, $x_2(t)$, $x_3(t)$ und $x_4(t)$ bezeichnet. Das Sensorsystem ist dann funktionsfähig, wenn es sich in den Zuständen 1 oder 2 befindet. Nach dem Markow'schen Modell gilt dann folgende Systembeschreibung für das Zuverlässigkeitsverhalten des Sensorsystems:

$$\frac{\mathrm{d}}{\mathrm{d}t}\begin{bmatrix} x_1(t) \\ x_2(t) \\ x_3(t) \\ x_4(t) \end{bmatrix} = \begin{bmatrix} -3\gamma & 0 & 0 & 0 \\ +3\gamma & -2\gamma & 0 & 0 \\ 0 & 2\gamma & -\gamma & 0 \\ 0 & 0 & \gamma & 0 \end{bmatrix} \begin{bmatrix} x_1(t) \\ x_2(t) \\ x_3(t) \\ x_4(t) \end{bmatrix}$$

Es sei jetzt folgende Aufgabe gestellt:

Man berechne über die Laplace-Transformation die Transitionsmatrix für diese Systembeschreibung und hieraus den Verlauf der Verfügbarkeit $A(t) = x_1(t) + x_2(t)$ für den Fall, daß zum Zeitpunkt $t = 0$ das System vollständig intakt ist.

Zunächst berechnet man

$$(pI - A)^{-1} = \begin{bmatrix} p+3\gamma & 0 & 0 & 0 \\ -3\gamma & p+2\gamma & 0 & 0 \\ 0 & -2\gamma & p+\gamma & 0 \\ 0 & 0 & -\gamma & p \end{bmatrix}^{-1} =$$

$$= \begin{bmatrix} \frac{1}{p+3\gamma} & 0 & 0 & 0 \\ \frac{3\gamma}{(p+3\gamma)(p+2\gamma)} & \frac{1}{p+2\gamma} & 0 & 0 \\ \frac{6\gamma^2}{(p+3\gamma)(p+2\gamma)(p+\gamma)} & \frac{2\gamma}{(p+2\gamma)(p+\gamma)} & \frac{1}{p+\gamma} & 0 \\ \frac{6\gamma^2}{(p+3\gamma)(p+2\gamma)(p+\gamma)\,p} & \frac{2\gamma}{(p+2\gamma)(p+\gamma)\,p} & \frac{\gamma}{(p+\gamma)\,p} & \frac{1}{p} \end{bmatrix}$$

Im Bildbereich ist die Lösungstrajektorie ausgehend von einem allgemeinen Systemzustand $\boldsymbol{x}(0)$ gegeben durch

$$\boldsymbol{X}(p) = (p\,\mathbf{I} - \boldsymbol{A})^{-1} \cdot \boldsymbol{x}(0)$$

Für die Rücktransformation in den Zeitbereich sind alle Elemente der oben berechneten Matrix zunächst in einer Partialbruchentwicklung nach (3.40) zu zerlegen. Dies soll hier exemplarisch nur für die Elemente der ersten Spalte ausgeführt werden. Für die (einfacheren) Elemente der Spalten 2 bis 4 wäre ebenso zu verfahren.

Element 1,1 : $$\frac{1}{p+3\gamma}$$

Element 2,1: $$\frac{3\gamma}{(p+3\gamma)(p+2\gamma)} = \frac{-3}{p+3\gamma} + \frac{3}{p+2\gamma}$$

Element 3,1:

$$\frac{6\gamma^2}{(p+3\gamma)(p+2\gamma)(p+\gamma)} = \frac{3}{p+3\gamma} - \frac{6}{p+2\gamma} + \frac{3}{p+\gamma}$$

Element 4,1:

$$\frac{6\gamma^3}{(p+3\gamma)(p+2\gamma)(p+\gamma)\,p} = \frac{-1}{p+3\gamma} + \frac{3}{p+2\gamma} - \frac{3}{p+\gamma} + \frac{1}{p}$$

Zerlegt man die Elemente der anderen Spalten ebenso und transformiert man dann die erhaltenen Elementarterme mit Hilfe von Tabelle (3.1) in den Zeitbereich zurück, erhält man die Transitionsmatrix des Systems

$$e^{\boldsymbol{A}t} = \begin{bmatrix} e^{-3\gamma t} & 0 & 0 & 0 \\ 3e^{-2\gamma t} - 3e^{-3\gamma t} & e^{-2\gamma t} & 0 & 0 \\ 3e^{-\gamma t} - 6e^{-2\gamma t} + 3e^{-3\gamma t} & 2e^{-\gamma t} - e^{-2\gamma t} & e^{-\gamma t} & 0 \\ 1 - e^{-\gamma t} + 3e^{-2\gamma t} + 3e^{-3\gamma t} & 1 - 2e^{-\gamma t} + e^{-2\gamma t} & 1 - e^{-\gamma t} & 1 \end{bmatrix}$$

Man findet in diesem Ergebnis bestätigt, daß die Elemente der Transitionsmatrix aus Linearkombinationen der Eigenbewegungen der Systemmatrix $\boldsymbol{A}$ bestehen (vgl. Gleichung (2.115) und nachfolgende Ausführungen).

Von den in der Transitionsmatrix enthaltenen Fundamental-Lösungen interessiert eigentlich nur die 1. Spalte mit den Lösungen, die zum Anfangszustand

$$\boldsymbol{x}^{\mathrm{T}}(0) = (1\ 0\ 0\ 0)$$

gehören, da man bei Zuverlässigkeitsbetrachtungen i.a. davon ausgeht, daß alle Komponenten z.Z. t=0 intakt sind, das System sich also mit der Wahrscheinlichkeit 1 im ersten Zustand befindet. Gefragt war oben insbesondere nach der Verfügbarkeit $A(t)$, die die Wahrscheinlichkeit angibt, daß das System sich entweder im Zustand 1 oder 2 befindet.

$$A(t) = x_1(t) + x_2(t) = 3e^{-2\gamma t} - 2e^{-3\gamma t}$$

Im nachfolgenden Bild 3.6 ist dieser Verlauf der Überlebenswahrscheinlichkeit $e^{-\gamma t}$ gegenübergestellt, die ein einzelner Sensor hätte. Man erkennt einen nennenswerten Verfügbarkeits-Gewinn bis zu dem Zeitpunkt, wo die Überlebenswahrscheinlichkeit des einzelnen Sensors die 0,5-Marge unterschreitet. Von da ab ist das "2 aus 3"-System sogar unterlegen.

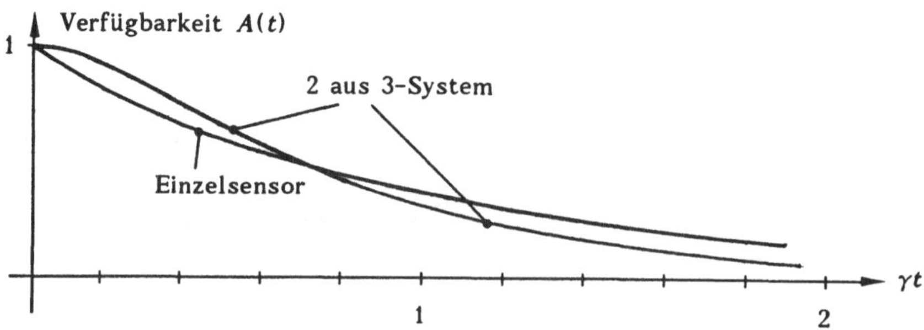

Bild 3.6 Verfügbarkeitsverläufe eines "2 aus 3-Systems und einer Einzelkomponente

3.2.5 Übertragungsfunktion und Frequenzgang

Es wurde oben bei der Bestimmung der Systemantworten im Bildbereich bereits festgestellt, daß die Übertragungsfunktion für $p = \mathrm{j}\omega$ formal in den Frequenzgang übergeht. Dies soll hier noch einmal systematisch gezeigt werden.

Wir betrachten hierzu ein lineares, zeitinvariantes Übertragungssystem mit der Übertragungsfunktion $G(p)$ gemäß Bild 3.7.

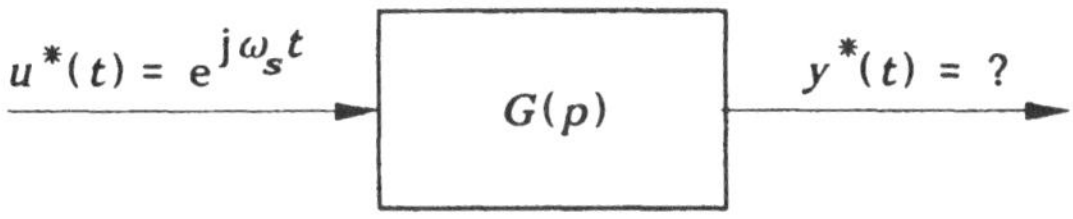

$u^*(t) = \mathrm{e}^{\mathrm{j}\omega_s t}$ → $G(p)$ → $y^*(t) = ?$

Bild 3.7. Übertragungssystem mit harmonischer Schwingung am Eingang

Es werde nun zum Zeitpunkt $t = 0$ eine harmonische Schwingung auf den Eingang des Systems gegeben, die hier zur Vereinfachung der Rechnung als komplexer Zeiger geschrieben wird, der mit der Kreisfrequenz ω_s umläuft. Entsprechend den Überlegungen von Abschnitt 2.1.3 ist für die Betrachtung einer reellen Kosinusschwingung von $u^*(t)$ und $y^*(t)$ jeweils der Realteil zu nehmen.

Es gilt dann im Frequenzbereich

$$U^*(p) = \frac{1}{p - \mathrm{j}\omega_s}, \tag{3.44}$$

$$Y^*(p) = G(p)\,U^*(p) = G(p)\,\frac{1}{p - \mathrm{j}\omega_s}. \tag{3.45}$$

Seien $p_1, p_2, \ldots, p_n$ die Pole von $G(p)$, die alle einen negativen Realteil haben mögen, damit die zugehörige Eigenbewegung abklingt. Die Partialbruch-Entwicklung von $Y^*(p)$ ergibt dann gemäß dem vorangegangenen Abschnitt

$$Y^*(p) = \frac{A_1}{p - p_1} + \frac{A_2}{p - p_2} + \ldots + \frac{Bp + C}{(p+\sigma)^2 + \omega_0^2} + \ldots + \frac{D}{p - \mathrm{j}\omega_s}. \tag{3.46}$$

Die Koeffizienten werden wie oben gezeigt berechnet; insbesondere ist

$$D = \lim_{p \to \mathrm{j}\omega_s} \cancel{(p - \mathrm{j}\omega_s)}\, G(p)\, \frac{1}{\cancel{(p - \mathrm{j}\omega_s)}} = G(\mathrm{j}\omega_s). \tag{3.47}$$

Die Rücktransformation in den Zeitbereich ergibt dann

$$y^*(t) = A_1 \mathrm{e}^{p_1 t} + A_2 \mathrm{e}^{p_2 t} + \ldots + B\,\mathrm{e}^{-\sigma t}\cos\omega_0 t + \frac{C - B\sigma}{\omega_0}\,\mathrm{e}^{-\sigma t}\sin\omega_0 t + \\ + \ldots + G(\mathrm{j}\omega_s)\,\mathrm{e}^{\mathrm{j}\omega_s t}. \tag{3.48}$$

Unter der oben getroffenen Annahme, daß alle Pole von $G(p)$ einen negativen Realteil haben, klingen die Eigenbewegungen auf der rechten Seite alle ab; nach hinreichend langer Zeit bleibt also nur die erzwungene Schwingung als stationäre Systemantwort übrig:

$$y_\sim(t) = G(j\omega_s)\, e^{j\omega_s t} \tag{3.49}$$

Wenn man nun für eine Anregung durch eine reelle Kosinusschwingung zum Realteil übergeht, erhält man

$$y_\sim(t) = \mathrm{Re}\{ G(j\omega_s)\, e^{j\omega_s t}\} = |G(j\omega_s)| \cos\left(\omega_s t + \angle G(j\omega_s)\right). \tag{3.50}$$

Hierin bezeichnet $\angle G(j\omega_s) = \arg\left(G(j\omega_s)\right)$ den Phasenwinkel des Zeigers $G(j\omega_s)$.

Die durch eine harmonische Anregung am Eingang erzwungene Bewegung am Ausgang ist also - wie wir bereits im Kapitel 2 gesehen haben - ebenfalls eine harmonische Schwingung gleicher Frequenz ω_s, deren Amplitude um den Faktor $|G(j\omega_s)|$ verändert ist und die um den Phasenwinkel $\angle G(j\omega_s)$ gegenüber der anregenden Schwingung versetzt ist. $G(j\omega_s)$ ist demnach wirklich der Frequenzgang, wie er bei der Bestimmung der harmonischen Systemantwort im Kapitel 2 eingeführt wurde.

Wir wollen diese Überlegungen noch weiter führen, indem wir in der allgemeinen Ein-Ausgangsbeziehung (3.26) p durch $j\omega$ ersetzen und so erhalten

$$\boxed{Y(j\omega) = G(j\omega)\, U(j\omega).} \tag{3.51}$$

Hierin sind $Y(j\omega)$ und $U(j\omega)$ komplexe Funktionen von der Kreisfrequenz ω, die nach Betrag und Phase darstellen, wie sich die Signale $y(t)$ und $u(t)$ im Bildbereich auf die verschiedenen Frequenzen verteilen. Man nennt $Y(j\omega)$ und $U(j\omega)$ die *Spektren* der Zeitfunktionen $y(t)$ und $u(t)$. Gleichung (3.51) besagt dann, daß der Frequenzgang eines Übertragungssystems die Verteilung des Spektrums der Eingangsgröße nach Betrag und Phase umformt zum Spektrum der Ausgangsgröße. $Y(j\omega)$ und $U(j\omega)$ sind auch die Fourier-Transformierten der Signale $y(t)$ und $u(t)$, wenn die *Fourier-Transformation*, eine mit der Laplace-Transformation sehr verwandte Integral-Transformation, für diese Signalverläufe konvergiert.

Zur Verdeutlichung dieser Interpretation von Gleichung (3.51) betrachten wir folgendes Beispiel.

Beispiel 3.3: Impuls und Tiefpaß 1. Ordnung

Auf ein System 1. Ordnung wird ein Impuls mit der endlichen Breite τ gegeben (Bild 3.8). Wenn man $u(t)$ als eine Differenz aus der einfachen Sprungfunktion und einer um τ zeitverschobenen Sprungfunktion zusammengesetzt denkt; d. h.

$$u(t) = \sigma(t) - \sigma(t-\tau),$$

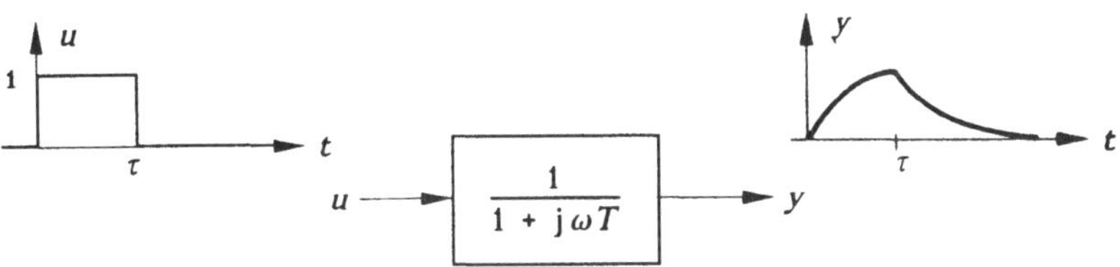

Bild 3.8. Antwort eines Systems 1.Ordnung auf einen Impuls der Breite τ

dann gilt mit den Regeln der Tabellen 3.1 und 3.2 im Frequenzbereich mit $p = \mathrm{j}\omega$

$$U(\mathrm{j}\omega) = \frac{1}{\mathrm{j}\omega} - \frac{1}{\mathrm{j}\omega}\mathrm{e}^{-\mathrm{j}\omega\tau} = \frac{1-\mathrm{e}^{-\mathrm{j}\omega\tau}}{\mathrm{j}\omega} = \frac{\mathrm{e}^{\mathrm{j}\omega\frac{\tau}{2}} - \mathrm{e}^{-\mathrm{j}\omega\frac{\tau}{2}}}{2\mathrm{j}\omega\frac{\tau}{2}}\,\tau\,\mathrm{e}^{-\mathrm{j}\omega\frac{\tau}{2}},$$

woraus sich mit den *Euler*-schen Formeln ergibt

$$U(\mathrm{j}\omega) = \frac{\sin\frac{\omega\tau}{2}}{\frac{\omega\tau}{2}}\,\tau\,\mathrm{e}^{-\mathrm{j}\frac{\omega\tau}{2}}.$$

Für das Spektrum der Ausgangsgröße erhält man dann mit (3.51)

$$Y(\mathrm{j}\omega) = \frac{1}{1+\mathrm{j}\omega T}\,\frac{\sin\frac{\omega\tau}{2}}{\frac{\omega\tau}{2}}\,\tau\,\mathrm{e}^{-\mathrm{j}\frac{\omega\tau}{2}}.$$

In Bild 3.9 sind die Beträge des Frequenzgangs $G(\mathrm{j}\omega)$ und der Spektren $U(\mathrm{j}\omega)$ und $Y(\mathrm{j}\omega)$ dargestellt. Man erkennt, daß aufgrund des Tiefpaßverhaltens des

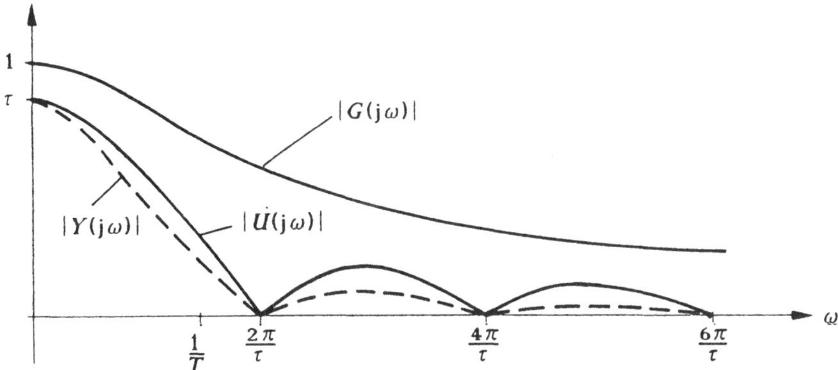

Bild 3.9. Frequenzgang und Spektren für das Beispiel 1. Ordnung

Übertragungssystems die Anteile von $U(j\omega)$ bei höheren Frequenzen stärker durch $G(j\omega)$ reduziert werden; mit anderen Worten: der höherfrequente Anteil des Spektrums wird deutlich verringert. Das Ausgangssignal vermag deshalb schnellen Bewegungen, z. B. den Impulsflanken von $u(t)$ in Bild 3.8, nicht mehr zu folgen und antwortet mit langsameren, abgerundeten Verläufen.

Beispiel 3.4: Spektrum eines Doppelimpulses

Es liege der im folgenden Bild 3.10 dargestellte Signalverlauf x(t) eines punktsymmetrischen Doppelimpulses vor.

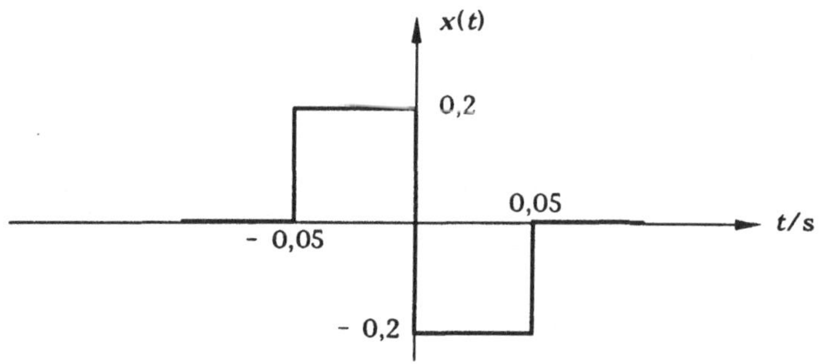

Bild 3.10. Zeitverlauf eines einmaligen Doppelimpulses

Es soll das Spektrum des Signals $X(j\omega)$ mit Hilfe der Laplace-Transformation berechnet werden, indem $X(p)$ ermittelt wird und dann $p=j\omega$ eingesetzt wird.

Das Signal läßt sich zunächst durch drei zeitlich versetzte Sprungfunktionen darstellen

$$x(t) = 0{,}2\,\sigma(t+0{,}05) - 0{,}4\,\sigma(t) + 0{,}2\,\sigma(t-0{,}05)$$

Zur Durchführung der Laplace-Transformation benutzen wir die Tabellen 3.1 und 3.2. Aus Tabelle 3.1 entnehmen wir die Laplace-Transformierte für die Sprungfunktion, aus Tabelle 3.2 die Auswirkung einer Zeitverschiebung (6. Zeile). Damit erhalten wir

$$X(p) = e^{0{,}05p} \cdot \frac{0{,}2}{p} - \frac{0{,}4}{p} + e^{-0{,}05p} \cdot \frac{0{,}2}{p}$$

Das Spektrum des Signals (d.h. die Fourier-Transformierte) erhalten wir, indem wir $p=j\omega$ setzen (Begründung für dieses Vorgehen ist hinter (3.51) kurz gegeben):

$$X(\mathrm{j}\omega) = \frac{0{,}4}{\mathrm{j}\omega}\left[\frac{1}{2}\mathrm{e}^{\mathrm{j}0{,}05\omega} + \frac{1}{2}\mathrm{e}^{-\mathrm{j}0{,}05\omega} - 1\right]$$

$$= \frac{0{,}4}{\mathrm{j}\omega}\left[\cos 0{,}05\omega - 1\right] = \left|X(\mathrm{j}\omega)\right| \cdot \mathrm{e}^{\mathrm{j}\varphi(\omega)}$$

Die Aufteilung dieser komplexen Funktion in Betrag $\left|X(\mathrm{j}\omega)\right| = A(\omega)$ und Phase $\varphi(\omega)$ entspricht der getrennten Betrachtung von Amplituden- und Phasenspektrum.

Wir wollen dies Ergebnis verifizieren, indem wir es noch einmal direkt über das Fourier-Integral berechnen (die Theorie der Fourier-Transformation und ihre Beziehung zur Laplace-Transformation können hier leider nicht weiter vertieft werden; der damit nicht vertraute Leser sei auf die einschlägige Literatur verwiesen).

$$X(\mathrm{j}\omega) = \int_{-\infty}^{+\infty} x(t)\cdot \mathrm{e}^{-\mathrm{j}\omega t}\,\mathrm{d}t = \int_{-0{,}05}^{0} 0{,}2\,\mathrm{e}^{-\mathrm{j}\omega t}\,\mathrm{d}t + \int_{0}^{0{,}05} (-0{,}2)\,\mathrm{e}^{-\mathrm{j}\omega t}\,\mathrm{d}t$$

$$= \frac{0{,}4}{\mathrm{j}\omega}\left[\cos 0{,}05\,\omega - 1\right]$$

Die Darstellung durch Betrag $A(\omega)$ und Phase $\varphi(\omega)$ ergibt

$$X(\mathrm{j}\omega) = \frac{0{,}4}{|\omega|}\left[1 - \cos 0{,}05\omega\right] \cdot \mathrm{e}^{\mathrm{j}0{,}5\pi\,\mathrm{sign}(\omega)} = A(\omega)\cdot \mathrm{e}^{\mathrm{j}\varphi(\omega)}\ .$$

Man erkennt, daß das Phasenspektrum für $\omega < 0$ und $\omega > 0$ jeweils konstant ist

$$\varphi(\omega) = \frac{\pi}{2}\,\mathrm{sign}(\omega)\ .$$

Das Amplitudenspektrum $\left|X(\mathrm{j}\omega)\right| = A(\omega)$ ist in Abbildung 3.11 dargestellt.

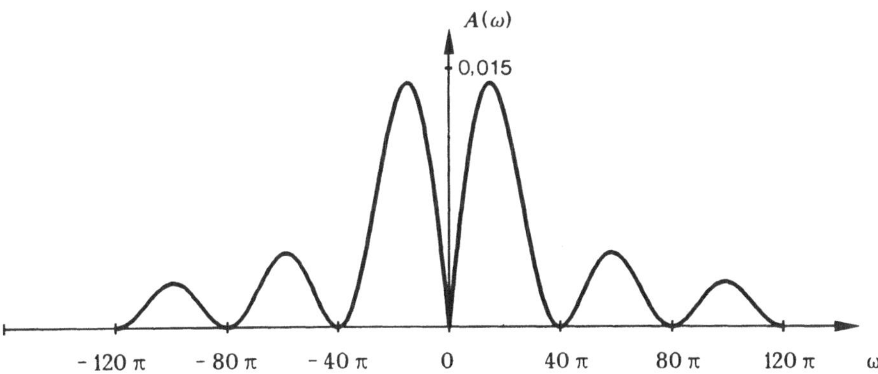

Bild 3.11 . Amplitudenspektrum des Signals

Abgesehen von den periodisch wiederkehrenden Nullstellen erkennt man, daß das Spektrum unendlich weit ausgedehnt ist, und tendenziell mit wachsender Frequenz ω abnimmt.

Beispiel 3.5: Produktionsverlauf als Wirkungskette

Der Produktionsverlauf einer Firma möge näherungsweise durch folgende Wirkungskette darstellbar sein.

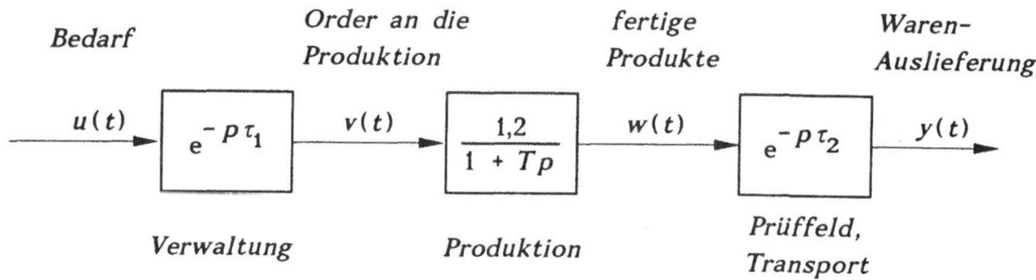

Bild 3.12. Produktionsablauf als Wirkungskette

Dieses Signalflußbild kann in folgender Weise interpretiert werden. Die einlaufenden Bestellungen kennzeichnen den Bedarf $u(t)$ des Marktes (z. B. in Stück pro Zeiteinheit). Dieser wird in der Verwaltung festgestellt, bearbeitet und nach kurzer Zeit in Form von Aufträgen $v(t)$ an die Produktion weitergegeben. Der zeitliche Verlauf des schwankenden Bedarfs wird dabei nicht verändert, sondern nur um die Bearbeitungszeit verschoben; das dynamische Verhalten entspricht einer Totzeit. Die Produktion ihrerseits braucht eine gewisse Anlaufzeit, sich auf die neuen Zahlen einzustellen. Hier gibt es einen allmählichen Einspielvorgang etwa wie bei einem Verzögerungsglied 1. Ordnung. Schließlich gelangen die gefertigten Produkte in der Rate $w(t)$ (Stück pro Zeiteinheit) ins Prüffeld und über den Transport zur Auslieferung $y(t)$. Wie bei der Verwaltung erfordere dies hier eine Bearbeitungs- und Transportzeit, aber ansonsten keinen dynamischen Anpassungsvorgang. Das zeitliche Verhalten wird wieder durch eine Totzeit modelliert.

Es seien folgende Zeitkonstanten gegeben:

$$\tau_1 = \tfrac{1}{3}\ \text{Jahr}; \quad \tau_2 = 2\ \text{Wochen} = \tfrac{1}{24}\ \text{Jahr}; \quad T = \tfrac{1}{2\pi}\ \text{Jahr} \approx 2\ \text{Monate};$$

a) *Man zeichne die Zeitverläufe $v(t)$, $w(t)$ und die Auslieferung $y(t)$ für den Fall auf, daß ein sprungförmiger Anstieg des Bedarfs vorliegt.*

Entsprechend den angenommenen elementaren Übertragungsgliedern ergeben sich die in Bild 3.13 abgebildeten Verläufe.

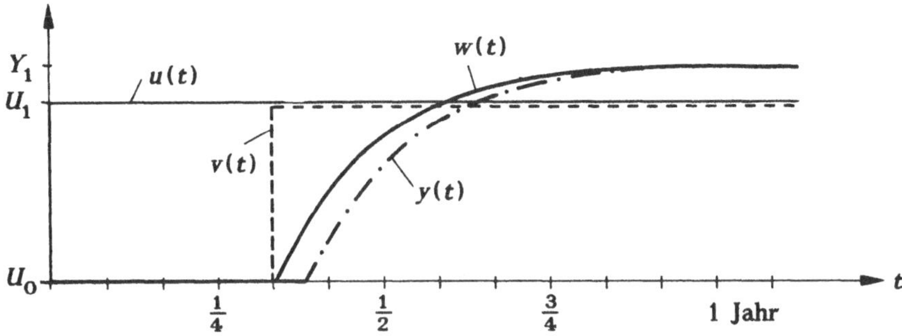

Bild 3.13 . Antworten auf einen sprungförmigen Bedarfsverlauf

b) *Man berechne den Frequenzgang des Gesamtsystems und skizziere ihn in der komplexen p-Ebene.*

Wir berechnen zuerst den Zusammenhang zwischen Ausgangs- und Eingangsgröße im Bildbereich

$$Y(p) = e^{-p\tau_2}\, W(p) = e^{-p\tau_2}\, \frac{1{,}2}{1+\frac{p}{2\pi}}\, V(p) = e^{-p\tau_2}\, \frac{1{,}2}{1+\frac{p}{2\pi}}\, e^{-p\tau_1}\, U(p)\,;$$

die beiden Exponentialfunktionen fassen wir zusammen und erhalten

$$Y(p) = \frac{1{,}2}{1+\frac{p}{2\pi}}\, e^{-\frac{3}{8}p}\, U(p) = G(p)\, U(p)\,.$$

Für $p = j\omega$ erhalten wir aus der Übertragungsfunktion den Frequenzgang

$$G(j\omega) = \frac{1{,}2}{1+\frac{j\omega}{2\pi}}\, e^{-\frac{3}{8}j\omega} = G_1(j\omega)\, G_2(j\omega)\,.$$

Der Frequenzgang $G(j\omega)$ setzt sich also aus zwei Faktoren zusammen: dem Frequenzgang eines Verzögerungsgliedes 1. Ordnung (siehe (2.64) und Bild 2.18) und dem Frequenzgang eines Totzeitgliedes, der die Form eines Zeigers mit konstanter Länge 1 hat, der mit wachsender Kreisfrequenz ω periodisch im mathematisch negativen Sinn, also im Uhrzeigersinn (wegen des Minuszeichens) den Einheitskreis durchläuft. Bild 3.14a zeigt diese beiden Teilfrequenzgänge als Ortskurven, die nach Multiplikation (zur Erinnerung: Beträge werden multipliziert, Phasen werden addiert!) zur Ortskurve des Gesamtfrequenzgangs nach Bild 3.14b führen.

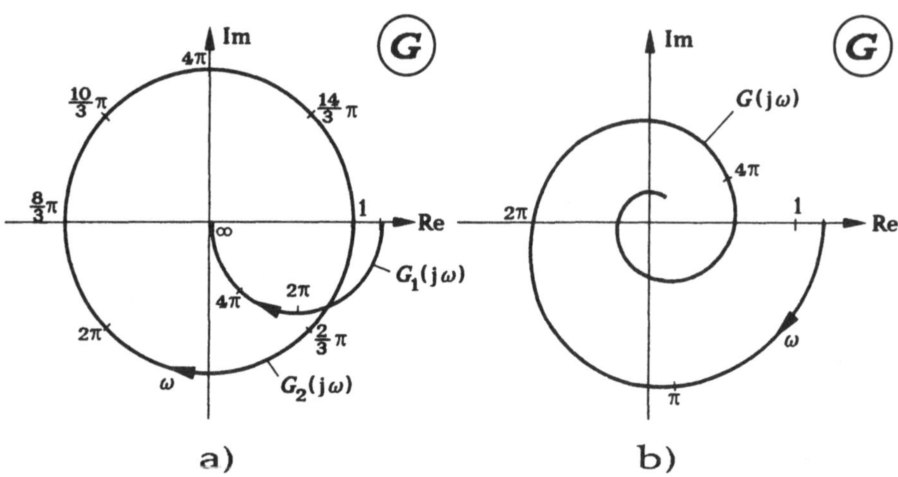

Bild 3.14 Ortskurven für $G_1(\mathrm{j}\omega)$, $G_2(\mathrm{j}\omega)$ und $G(\mathrm{j}\omega)$
(Die Zahlen an den Kurven bezeichnen ω-Werte in der Einheit [Jahr^{-1}]

c) *Der Bedarf hänge nun von der Jahreszeit ab und verändere sich über dem Mittelwert U_0 sinusförmig mit der Amplitude $U_0/2$ und der Periodendauer von einem Jahr. Wie verläuft die Warenauslieferung $y_\sim(t)$ im eingeschwungenen, stationären Zustand?*

In der gewählten Zeiteinheit ist $T = 1$ [Jahr] und damit $\omega = 2\pi$ [Jahr^{-1}]. Das System ist linear, so daß wir die Systemantwort im Sinne des Überlagerungsprinzips zusammensetzen können aus der Antwort auf den konstanten Bedarf U_0 und der auf die überlagerte Sinusschwingung. Hierzu haben wir aus dem Frequenzgang für $\omega = 0$ den Verstärkungsfaktor $G(\mathrm{j}0)$ für den Gleichanteil Y_0 und für $\omega = 2\pi$ die Amplitudenverstärkung und Phase für die harmonische Schwingung am Ausgang abzulesen. Aus Bild 3.14 erhalten wir:

$$\omega = 0: \quad G(\mathrm{j}0) = V = 1{,}2 \quad \rightarrow \quad Y_0 = 1{,}2\, U_0;$$

$$\omega = 2\pi: \quad |G(\mathrm{j}2\pi)| = 0{,}845 \quad \rightarrow \quad \hat{Y} = 0{,}845\, \hat{U} = 0{,}845 \cdot 0{,}5\, U_0 = 0{,}423\, U_0.$$

$$\angle G(\mathrm{j}2\pi) = -\pi$$

Wir erhalten somit für die stationäre Systemantwort:

$$y_\sim(t) = 1{,}2\, U_0 + 0{,}423\, U_0 \sin(2\pi t - \pi).$$

Es ergibt sich also eine Warenauslieferung, die ebenfalls mit dem Jahreszyklus schwankt, dem Bedarf aber um eine halbe Periodendauer hinterherhinkt (siehe Bild 3.15). Aufgrund der Verzugszeiten in Organisation und Produktion wird der Bedarf also denkbar schlecht befriedigt! In einem wirklichen Produktionsbetrieb wird die saisonale Schwankung im voraus berücksichtigt, so daß die Produktion entsprechend früher begonnen wird, was z. B. in der Textil- und Modebranche auch geschieht.

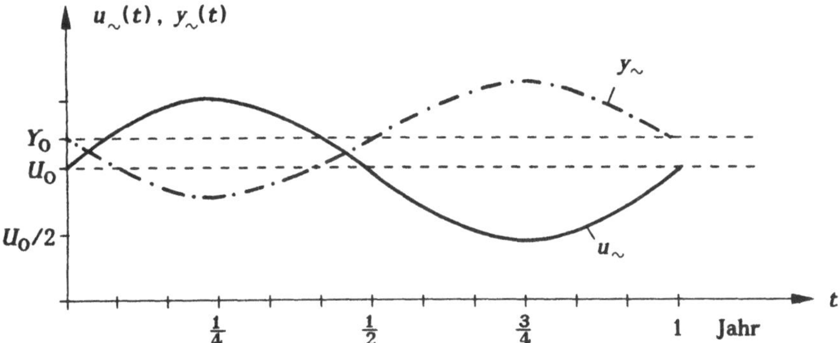

Bild 3.15 . Systemantwort bei saisonal schwankendem Bedarf.

3.3 Zusammengesetzte Systeme

Die kompakte Beschreibung des Übertragungsverhaltens von linearen Systemen durch ihre Übertragungsfunktion bietet eine elegante Möglichkeit, das Übertragungsverhalten von Systemen zu bestimmen, die sich in verschiedener Konfiguration aus Teilsystemen zusammensetzen. Wir müssen hierfür allerdings eine wichtige Voraussetzung machen, nämlich daß die Kombination von Teilsystemen hierbei *rückwirkungsfrei* ist. Dies soll bedeuten: wenn der Ausgang $y_1(t)$ eines Teilsystems S_1 auf den Eingang eines zweiten Systems S_2 einwirkt, dann soll hierdurch der Wirkungszusammenhang $u_1 \to y_1$ von S_1 unberührt bleiben. Dies gilt insbesondere dann, wenn die Verbindung von S_1 und S_2 ohne nennenswerten Energieaustausch wirksam ist, wenn das System S_1 also energetisch nicht durch S_2 (oder umgekehrt) belastet wird. Diese Voraussetzung ist zum Beispiel in Regelkreisen beim Zusammenwirken von Regler und Strecke erfüllt, wo der Regler meist elektronisch realisiert wird und seine Ausgangsgröße, die Stellgröße, über einen rückwirkungsfreien Leistungswandler des Stellgliedes an die Strecke weitergegeben wird.

Immer dann, wenn diese Voraussetzung nicht erfüllt ist, die Kopplung von Teilsystemen also zu Rückwirkungen auf die inneren Zusammenhänge führt, ist das folgende Vorgehen nicht zulässig. In diesen Fällen muß man für das Gesamtsystem eine Zustandsbeschreibung aufstellen, in der die Rückwirkungen explizit berücksichtigt sind, und hieraus dann die Gesamtübertragungsfunktion, wie unter 3.2.3 beschrieben, mit Hilfe von Gleichung (3.33) berechnen. Der numerische Aufwand steigt hierbei allerdings mit der erhöhten Ordnung des Gesamtsystems beträchtlich an.

3.3.1 Die Reihenschaltung

Zwei Einzelsysteme mit den Übertragungsfunktionen $G_1(p)$ und $G_2(p)$ seien gemäß Bild 3.16 in einer *Hintereinanderschaltung* oder *Reihenschaltung* verbunden.

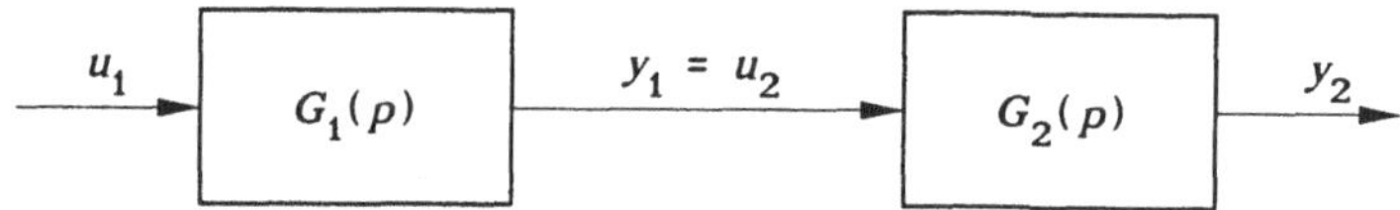

Bild 3.16. Reihenschaltung zweier Systeme.

Die entscheidende Kopplungsbedingung hierbei ist

$$u_2(t) = y_1(t) \qquad \text{bzw.} \qquad U_2(p) = Y_1(p) \,. \tag{3.52}$$

Diese in die Beziehung (3.26) für $Y_2(p)$ eingesetzt, ergibt

$$Y_2(p) = G_2(p)\, U_2(p) = G_2(p)\, Y_1(p) = G_2(p)\, G_1(p)\, U_1(p) \,.$$

Hieraus folgt für die Gesamtübertragungsfunktion:

$$\boxed{G_{ges}(p) = Y_2(p)/U_1(p) = G_1(p)\, G_2(p) = \frac{Z_1(p)\, Z_2(p)}{N_1(p)\, N_2(p)} \,.} \tag{3.53}$$

Hierbei sind $Z_i(p)$ und $N_i(p)$ die Zähler- bzw. Nennerpolynome der jeweiligen Einzelübertragungsfunktionen $G_i(p)$.

Aus dem Ergebnis lassen sich folgende Feststellungen entnehmen:

- Die Übertragungsfunktion einer Reihenschaltung ist das *Produkt* der Einzelübertragungsfunktionen.

- Die Ordnung des Gesamtsystems ist die Summe der Ordnungen der Teilsysteme.

- Das charakteristische Polynom des Gesamtsystems (d. h. der Nenner der ungekürzten Gesamtübertragungsfunktion) ist das Produkt der charakteristischen Polynome der Teilsysteme (d. h. der Nenner der Teilübertragungsfunktionen).

- Die Pole (d. h. die Eigenwerte des Gesamtsystems) der ungekürzten Gesamtübertragungsfunktion sind die Vereinigung der Pole (d. h. der Eigenwerte der Teilsysteme) der Teilübertragungsfunktionen.

- Das Gesamtsystem hat daher genau dann nur abklingende Eigenbewegungen, wenn die Teilsysteme nur abklingende Eigenbewegungen haben. (Wir werden im nächsten Kapitel sehen, daß das bedeutet: das Gesamtsystem ist stabil, wenn die Teilsysteme stabil sind.)

Bemerkung 1:

Es wurde hier wiederholt von der "ungekürzten" Übertragungsfunktion gesprochen. Hierzu betrachten wir folgendes kleine Beispiel.

Bei einer Reihenschaltung sei gegeben:

$$G_1(p) = \frac{k_1}{p-c} \qquad \text{und} \qquad G_2(p) = \frac{k_2(p-c)}{(p+a)(p+b)}$$

mit a, b, $c > 0$ und k_1, $k_2 > 0$.

Das Gesamtsystem hat die Ordnung 3 (drei Energiespeicher: einer im ersten Teilsystem und zwei im zweiten Teilsystem). Als Übertragungsfunktion der Reihenschaltung erhalten wir:

$$G_{ges}(p) = G_1(p)\, G_2(p) = \frac{k_1 k_2 (p-c)}{(p-c)(p+a)(p+b)} = \frac{k_1 k_2}{(p+a)(p+b)} \,.$$

Nach Kürzung eines Faktors ist eine Übertragungsfunktion mit einem Nenner 2. Grades entstanden, wie sie zu einem System 2. Ordnung gehört. Die Übertragungsfunktion hat damit eine niedrigere Ordnung als das Gesamtsystem, repräsentiert also nicht mehr das ganze System, wohl aber den Wirkungszusammenhang $u_1 \rightarrow y_2$. In der Übertragungsfunktion sind demnach nicht alle Eigenbewegungen des Systems vertreten. (Dies bedeutet , daß das Gesamtsystem nicht mehr vollständig *beobachtbar* bzw. nicht mehr vollständig *steuerbar* ist. Auf diese Begriffe soll hier nicht weiter eingegangen werden; der interessierte Leser sei auf [8], [13], [18], [22], [23] oder andere ausführlichere Lehrbücher verwiesen.)

Eine solche Kürzung ist ohne kritische Folgen, solange der zugehörige Pol und damit der zugehörige Eigenwert einen negativen Realteil hat. In diesem Beispiel liegt der Pol aber bei $p = +c$, d. h. der zugehörige Eigenwert ist $\lambda = +c$. Hierzu gehört aber eine anklingende, instabile Eigenbewegung. Das Gesamtsystem ist also instabil, obwohl die Übertragungsfunktion, die nur in der inhomogenen also instabil, obwohl die Übertragungsfunktion, die nur in der inhomogenen Lösung von (3.32) auftritt, dies nicht offenbart. Bei Kürzungen im Zusammenhang mit zusammengesetzten Systemen hat man sich also immer die Frage zu stellen, ob damit die Systemordnung erniedrigt wird und wenn ja, ob die zugehörige Eigenbewegung stabil ist.

Bemerkung 2:

Das beschriebene Vorgehen wird zum Aufsuchen einer Zustandsbeschreibung mitunter auch umgekehrt, indem eine Übertragungsfunktion formal in einzelne Faktoren, d. h. hintereinandergeschaltete Teilsysteme zerlegt wird.

Es sei zum Beispiel die folgende Übertragungsfunktion gegeben

$$G(p) = \frac{2}{(p+1)(p+2)} = \frac{1}{p+1}\,\frac{2}{p+2}$$

Dies entspricht rechnerisch einer Reihenschaltung zweier Systeme 1. Ordnung entsprechend Bild 3.11, wobei das tatsächlich vorliegende System 2. Ordnung nicht die Struktur einer Reihenschaltung haben muß. Führt man die Ausgangsgrößen dieser formalen Teilsysteme als Zustandsvariablen ein und transformiert man die Teilsysteme mit der Kopplungsbedingung zurück in den Zeitbereich, erhält man die Zustandsbeschreibung

$$\dot{x}_1(t) = -x_1(t) + u(t) \qquad \text{(1. Faktor)}$$

$$\dot{x}_2(t) = 2x_1(t) - 2x_2(t) \qquad \text{(2. Faktor)}$$

$$y(t) = x_2(t)$$

Beispiel 3.6: Rückwirkungsfreiheit von Netzwerken

Dies Beispiel soll den Begriff der Rückwirkungsfreiheit veranschaulichen.

Es werde zunächst das folgende elektrische Netzwerk betrachtet, bei dem zwei RC-Kombinationen mit den Ohmschen Widerständen R_1, R_2 und den Kapazitäten C_1, C_2 über einen Trennverstärker so miteinander kausal verbunden sind, daß die Spannung $x_1(t)$ am Kondensator C_1 auch am Ausgang des Verstärkers mit der Verstärkung 1 reproduziert wird und dort als Eingangsgröße wirksam wird. Der Trennverstärker sei trägheitslos und habe die Eigenschaft, daß er eingangsseitig keinen Strom (praktisch einen vernachlässigbar kleinen Strom) aufnimmt und ausgangsseitig innerhalb gewisser physikalischer Grenzen einen beliebigen Strom $i_2(t)$ bereitstellen kann, der sich aufgrund der angelegten Spannung $x_1(t)$ in der zweiten RC-Kombination einstellt. Wegen des Trennverstärkers wird dem ersten RC-Glied also keine Energie entommen; der Stromfluß im zweiten RC-Glied hat keine Rückwirkung auf Strom- und Spannungsverläufe im ersten RC-Glied: die Hintereinanderschaltung der beiden Teilsysteme ist *rückwirkungsfrei.*

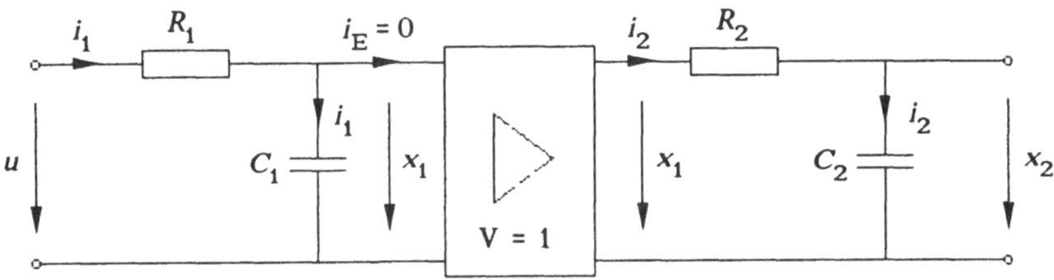

Bild 3.17. Rückwirkungsfreie Hintereinanderschaltung zweier RC-Glieder

a) Das gesamte Netzwerk werde nun als Übertragungssystem betrachtet, für das die Übertragungsfunktion zwischen der Spannung u am Eingang und der Spannung x_2 als Ausgangsgröße bestimmt werden soll.

Aus den Spannungsumläufen in den beiden RC-Maschen erhält man zunächst nach dem 2. Kirchhoffschen Gesetz

$$u(t) - x_1(t) - R_1 i_1(t) = 0$$

$$x_1(t) - x_2(t) - R_2 i_2(t) = 0 .$$

Ferner gilt nach dem Zusammenhang zwischen Strom und Spannung an einer Kapazität

$$i_1(t) = C_1 \cdot \dot{x}_1(t) \qquad \text{und} \qquad i_2(t) = C_2 \cdot \dot{x}_2(t) .$$

Setzt man diese Beziehungen oben ein, erhält man

$$\dot{x}_1(t) = -\frac{1}{R_1 C_1} x_1(t) + \frac{1}{R_1 C_1} u(t)$$

$$\dot{x}_2(t) = \frac{1}{R_2 C_2} x_1(t) - \frac{1}{R_2 C_2} x_2(t)$$

Die Spannungen an den Kapazitäten sind hierbei Zustandsvariablen der Beschreibung; in der früher eingeführten Vektor-Schreibweise können wir die Systembeschreibung auch auf die folgende Form bringen, die sich unmittelbar aus den beiden Differentialgleichungen ergibt.

$$\dot{\boldsymbol{x}}(t) = \begin{bmatrix} -\frac{1}{R_1 C_1} & 0 \\ \frac{1}{R_2 C_2} & -\frac{1}{R_2 C_2} \end{bmatrix} \boldsymbol{x}(t) + \begin{bmatrix} \frac{1}{R_1 C_1} \\ 0 \end{bmatrix} u(t)$$

$$y(t) = x_2(t) = \begin{bmatrix} 0 & 1 \end{bmatrix} \boldsymbol{x}(t)$$

Die Übertragungsfunktion $G(p)$ zwischen der Eingangsgröße $U(p)$ und der Ausgangsgröße $Y(p) = X_2(p)$ kann man nun z.B. aus der Zustandsbeschreibung unter Anwendung von (3.33) berechnen (dies sei zur Übung empfohlen). Wir wollen dies hier aber dadurch tun, daß wir die beiden oben erhaltenen Differentialgleichungen in den Frequenzbereich transformieren, wobei wir $x_1(+0) = 0$ und $x_2(+0) = 0$ annehmen wollen (die Kapazitäten seien zum Zeitpunkt $t = +0$ entladen). Die Anwendung der Laplace-Transformation ergibt dann

$$p X_1(p) = \frac{1}{R_1 C_1} \left(-X_1(p) + U(p) \right)$$

$$p X_2(p) = \frac{1}{R_2 C_2} \left(X_1(p) - X_2(p) \right)$$

und hieraus

$$X_1(p) = \frac{1}{1 + R_1 C_1 p} \, U(p)$$

$$X_2(p) = Y(p) = \frac{1}{1 + R_2 C_2 p} \, X_1(p)$$

Dies entspricht genau der Verkopplung einer Reihenschaltung, die oben behandelt wurde. Das Gesamtübertragungsverhalten ergibt sich zu

$$Y(p) = \underbrace{\frac{1}{1 + R_2 C_2 p} \cdot \frac{1}{1 + R_2 C_2 p}}_{G_{ges}(p)} \cdot U(p) = \frac{1}{1 + (R_1 C_1 + R_2 C_2) p + R_1 C_1 R_2 C_2 p^2} \, U(p)$$

Das folgende Bild 3.18 zeigt das Signalflußbild dieses rückwirkungsfreien Wirkungszusammenhangs:

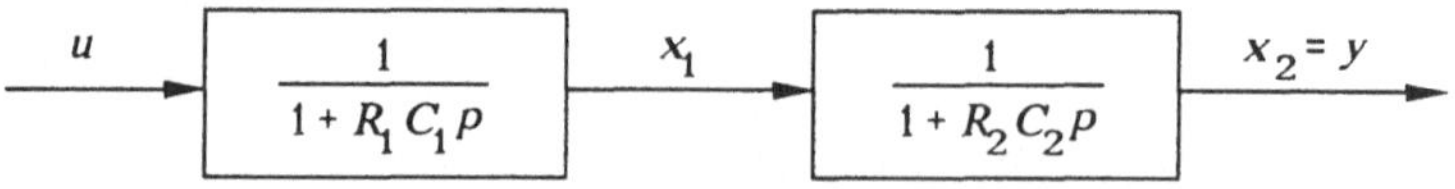

u → $\boxed{\frac{1}{1 + R_1 C_1 p}}$ → x_1 → $\boxed{\frac{1}{1 + R_2 C_2 p}}$ → $x_2 = y$

Bild 3.18. Signalflußbild der rückwirkungsfreien Serienschaltung zweier RC-Glieder

Es wird nun zum Vergleich die Hintereinanderschaltung der beiden RC-Glieder *ohne* Trennverstärker nach Bild 3.19 betrachtet. Der wesentliche Unterschied besteht nun darin, daß hinter dem Widerstand R_1 eine Stromaufteilung stattfindet; der Strom i_2 wird dem ersten RC-Glied entnommen: die Verkopplung der beiden RC-Glieder ist nicht mehr rückwirkungsfrei.

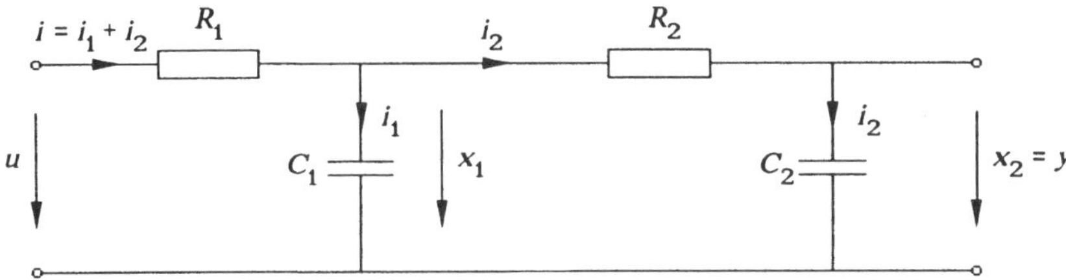

Bild 3.19. Rückwirkungsbehaftete Hintereinanderschaltung zweier RC-Glieder

b) Es sei wieder die Aufgabe gestellt, die Übertragungsfunktion zwischen $u(t)$ als Eingangsgröße und $x_2(t) = y(t)$ als Ausgangsgröße zu bestimmen.

Wenn man nun hierfür wieder die Spannungsumläufe in den beiden Maschen nach dem 2. Kirchhoffschen Gesetz durchführt und die Stromverzweigung nach dem 1. Kirchoffschen Gesetz $(i - i_1 - i_2 = 0)$ berücksichtigt, kommt man zu den Differentialgleichungen für die beiden Zustandsvariablen $x_1(t)$ und $x_2(t)$:

$$\dot{x}_1(t) = -\frac{1}{C_1}\left(\frac{1}{R_1} + \frac{1}{R_2}\right) x_1(t) + \frac{1}{R_2 C_1} x_2(t) + \frac{1}{R_1 C_1} u(t)$$

$$\dot{x}_2(t) = \frac{1}{R_2 C_2} x_1(t) - \frac{1}{R_2 C_2} x_2(t)$$

bzw. in vektorieller Schreibweise

$$\dot{\boldsymbol{x}}(t) = \begin{bmatrix} -\frac{1}{C_1}\left(\frac{1}{R_1} + \frac{1}{R_2}\right) & \frac{1}{R_2 C_1} \\ \frac{1}{R_2 C_2} & -\frac{1}{R_2 C_2} \end{bmatrix} \boldsymbol{x}(t) + \begin{bmatrix} \frac{1}{R_1 C_1} \\ 0 \end{bmatrix} u(t)$$

$$y(t) = x_2(t) = \begin{bmatrix} 0 & 1 \end{bmatrix} \boldsymbol{x}(t) .$$

Man sieht hieran, daß die Rückwirkung des zweiten RC-Gliedes auf die Spannung x_1 am Kondensator des ersten Gliedes durch zwei zusätzliche Terme in der ersten Differentialgleichung zum Ausdruck kommt.

Transformiert man die Beziehungen für verschwindende Anfangswerte mit der Laplace-Transformation in den Frequenzbereich erhält man jeweils über den oben beschriebenen Weg die Gesamtübertragungsfunktion zwischen der Eingangsspannung $U(p)$ und der Ausgangsspannung $X_2(p) = Y(p)$:

$$Y(p) = \underbrace{\frac{1}{1+(R_1C_1+R_1C_2+R_2C_2)p+R_1C_1R_2C_2p^2}}_{G_{ges}(p)}\,U(p)$$

Man erkennt, daß sich das Gesamtsystem jetzt nicht mehr als einfache Reihenschaltung durch das Produkt zweier Teilübertragungsfunktionen darstellen läßt. Im Signalflußbild 3.20 kommen die Rückwirkungen durch zwei zusätzliche Rückführungen zum Ausdruck.

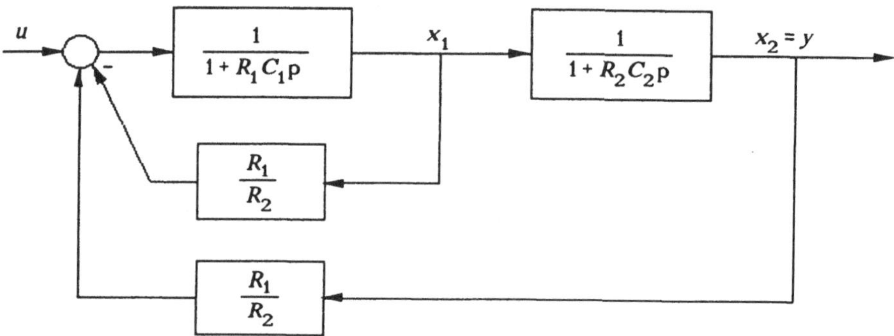

Bild 3.20. Signalflußbild für die nicht rückwirkungsfreie Hintereinanderschaltung ohne Trennverstärker

3.3.2 Die Parallelschaltung

Zwei Einzelsysteme mit den Übertragungsfunktionen $G_1(p)$ und $G_2(p)$ seien nun gemäß Bild 3.21 parallel wirksam.

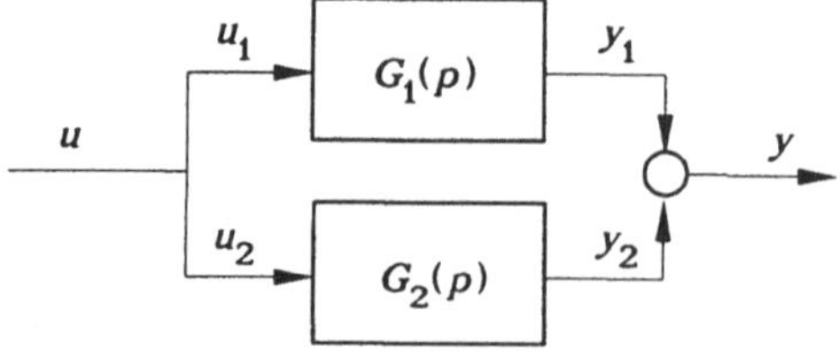

Bild 3.21. Parallelschaltung zweier Systeme.

Die Kopplungsbedingungen lauten diesmal:

$$\begin{aligned} u_1(t) &= u_2(t) = u(t) \\ y(t) &= y_1(t) + y_2(t) . \end{aligned} \tag{3.54}$$

Mit diesen ergibt sich im Frequenzbereich

$$Y(p) = Y_1(p) + Y_2(p) = G_1(p)\,U(p) + G_2(p)\,U(p) = \left[G_1(p) + G_2(p)\right] U(p) .$$

Hieraus folgt für die Gesamtübertragungsfunktion:

$$\boxed{G_{ges}(p) = Y(p)/U(p) = G_1(p) + G_2(p) = \frac{Z_1(p)\,N_2(p) + Z_2(p)\,N_1(p)}{N_1(p)\,N_2(p)}} \tag{3.55}$$

Wie oben ergeben sich hieraus eine Reihe von Folgerungen:

- Die Übertragungsfunktion einer Parallelschaltung ist die *Summe* der Teilübertragungsfunktionen (bzw. die *Differenz*, wenn $y(t) = y_1(t) - y_2(t)$ ist).

- Der Nenner der ungekürzten Übertragungsfunktion (d. h. das charakteristische Polynom des Gesamtsystems) ist das Produkt der Nenner der Teilübertragungsfunktionen (bzw. der charakteristischen Polynome der Teilsysteme).

- Die Ordnung des Gesamtsystems ist die Summe der Ordnungen der Teilsysteme.

- Die Pole der Gesamtübertragungsfunktion (d. h. die Eigenwerte des Gesamtsystems) sind die Vereinigung der Pole der Teilübertragungsfunktionen.

- Das Gesamtsystem hat daher genau dann nur abklingende Eigenbewegungen, wenn alle Eigenbewegungen der Teilsysteme abklingen. (Wie im nächsten Kapitel gezeigt wird, bedeutet das, daß das Gesamtsystem genau dann stabil ist, wenn die Teilsysteme stabil sind.)

Bemerkung:
Das Vorgehen läßt sich ebenfalls wieder umkehren, indem eine Übertragungsfunktion höherer Ordnung in eine Summe von Teilübertragungsfunktionen niedriger Ordnung zerlegt wird. Insbesondere kann man durch Partialbruchzerlegung Teilsysteme 1. Ordnung erhalten, aus denen man über die Rücktransformation in den Zeitbereich wiederum eine Zustandsbeschreibung herleiten kann, bei der die Systemmatrix $\boldsymbol{A}$ Diagonalform hat (vorausgesetzt, alle Eigenwerte sind verschieden).

Dies soll an dem einfachen Beispiel von oben gezeigt werden. Es gilt nun

$$G_{ges}(p) = \frac{2}{(p+1)(p+2)} = \frac{2}{p+1} - \frac{2}{p+2} .$$

Das gleiche System, das oben als eine Reihenschaltung interpretiert wurde, kann also - unabhängig von seiner tatsächlichen Struktur - formal auch in die Form einer Parallelschaltung mit gleichem Übertragungsverhalten gebracht werden.

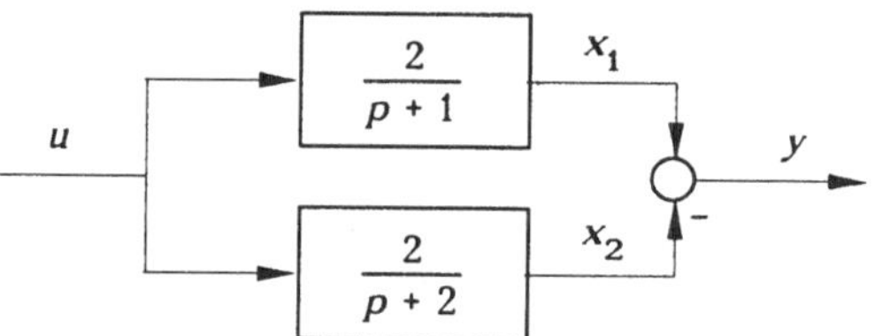

Durch Rücktransformation in den Zeitbereich (vgl. Gleichungen (3.7) bis (3.9)) erhält man hieraus eine andere Zustandsbeschreibung

$$\begin{bmatrix} \dot{x}_1 \\ \dot{x}_2 \end{bmatrix} = \begin{bmatrix} -1 & 0 \\ 0 & -2 \end{bmatrix} \begin{bmatrix} x_1 \\ x_2 \end{bmatrix} + \begin{bmatrix} 2 \\ 2 \end{bmatrix} u$$

$$y(t) = \begin{bmatrix} 1 & -1 \end{bmatrix} \begin{bmatrix} x_1 \\ x_2 \end{bmatrix}$$

3.3.3 Die einschleifige Rückführschaltung

Als nächstes wollen wir eine Konfiguration betrachten, bei der ein Teilsystem im Vorwärtszweig und ein zweites Teilsystem im Rückwärtszweig einer geschlossenen Regelkreisschleife liegt.

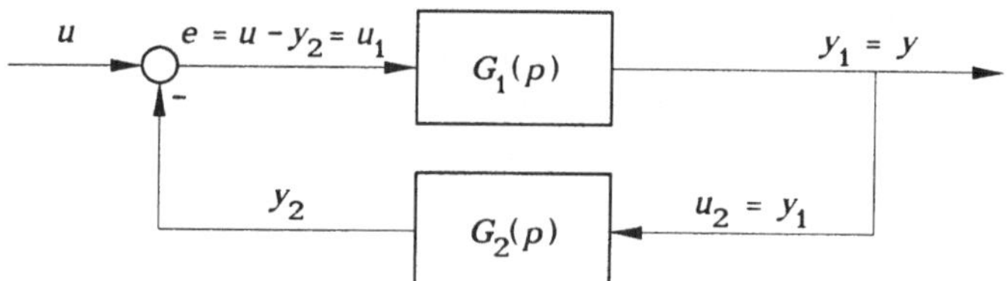

Bild 3.22. Einschleifige Rückführschaltung.

Die Kopplungsbedingungen lauten hierfür

$$\begin{aligned} u_1(t) &= e(t) = u(t) - y_2(t) \\ u_2(t) &= y_1(t) \quad \text{und} \quad y(t) = y_1(t) . \end{aligned} \tag{3.56}$$

Im Frequenzbereich erhalten wir hiermit

$$Y(p) = Y_1(p) = G_1(p)\left[U(p) - Y_2(p)\right] = G_1(p)\,U(p) - G_1(p)\,G_2(p)\,Y(p)$$

und hieraus durch Auflösung nach $Y(p)$

$$Y(p) = \frac{G_1(p)}{1 + G_1(p)\,G_2(p)}\,U(p)\,, \tag{3.57}$$

bzw.

$$\boxed{G_{ges}(p) = Y(p)/U(p) = \frac{G_1(p)}{1 + G_1(p)\,G_2(p)} = \frac{Z_1(p)\,N_2(p)}{N_1(p)\,N_2(p) + Z_1(p)\,Z_2(p)}} \tag{3.58}$$

Aus dem Ergebnis lassen sich wieder einige Schlußfolgerungen ziehen.

- Die Übertragungsfunktion einer einschleifigen Rückführschaltung enthält im Zähler die Übertragungsfunktion des Vorwärtszweiges und im Nenner Eins plus die Übertragungsfunktion der an der Rückführsummationsstelle aufgeschnittenen Kreisschleife (hier die Reihenschaltung aus G_1 und G_2).

- Das ungekürzte Nennerpolynom (d. h. das charakteristische Polynom des Gesamtsystems) ergibt sich aus der Summe des Produkts der einzelnen Nennerpolynome und des Produkts der Zählerpolynome.

- Die Ordnung des Gesamtsystems ist der Grad des Nenners der ungekürzten Übertragungsfunktion und ergibt sich aus der Summe der Ordnungen der Teilsysteme.

- Die Pole der Gesamtübertragungsfunktion sind hier von den Polen der Teilübertragungsfunktionen verschieden, denn diese machen nur den ersten Summanden im Nenner von (3.58) zu Null. (Nur im Sonderfall, daß $Z_1(p)$ und $N_2(p)$ bzw. $Z_2(p)$ und $N_1(p)$ jeweils gemeinsame Teiler haben, bleiben die zugehörigen Wurzeln auch Pole des geschlossenen Kreises.) Die Eigenwerte des geschlossenen Kreises sind also von den Eigenwerten des offenen Kreises verschieden!

- Hieraus folgt, daß aus stabilen Eigenbewegungen der Teilsysteme nicht auf stabile Eigenbewegungen des rückgeführten Gesamtsystems geschlossen werden kann, oder allgemeiner ausgedrückt: aus der Stabilität (bzw. Instabilität) der Teilsysteme kann nicht auf die Stabilität (Instabilität) des Gesamtsystems gefolgert werden oder umgekehrt.

3.3.4 Schaltungen mit mehreren Maschen

Es gibt in der Regelungstechnik oft Systeme, die nicht nur aus zwei Einzelsystemen in einer der oben behandelten Kopplungskombination bestehen, sondern sich aus einer Reihe von Teilsystemen in mehrfachen Vermaschungen zusammensetzen. Man kann in solchen Fällen einzelne Teile des Gesamtsystems, die für sich eine Reihen-, Parallel- oder Rückführschaltung darstellen, zunächst nach den obigen Regeln zu einem Übertragungsblock zusammenfassen. Maschen, die nicht eine dieser drei elementaren Grundstrukturen haben, sind im Frequenzbereich sinngemäß in gewöhnliche Gleichungssysteme für die einzelnen verkoppelten Variablen zu überführen und nach den Ausgangsgrößen in Abhängigkeit von den Eingangsgrößen aufzulösen.

Um dabei nicht unnötig redundante Gleichungssysteme aufzustellen, empfiehlt es sich, Gleichungen für die Ausgangsgrößen von Teilsystemen zu formulieren und die an Summationsstellen gebildeten Variablen (z. B. den Regelfehler) als Zwischengrößen einzuführen, die später durch Einsetzen eliminiert werden.

Beispiel 3.7: Antriebsregelkreis

In Bild 3.23 ist das Wirkschaltbild für den Antriebsregelkreis einer Parabolantenne gegeben, die einem Satelliten folgen soll, um dessen Informationsübertragung aufzunehmen.

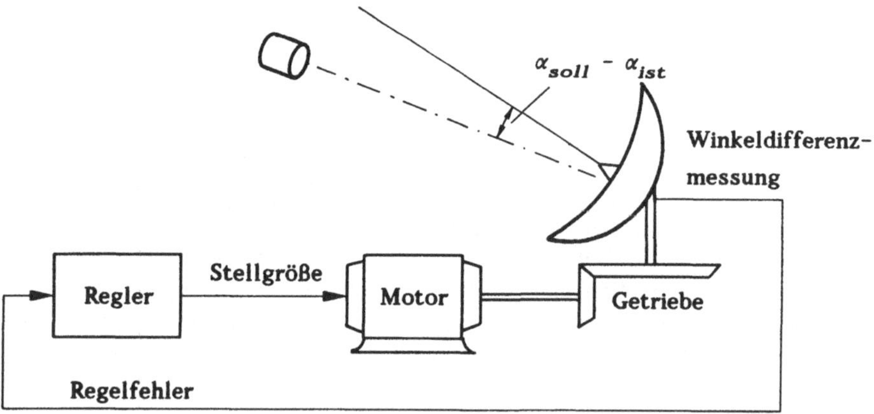

Bild 3.23. Wirkschaltbild eines Antriebsregelkreises für eine Parabolantenne

Die Satellitenbahn liege auf einer räumlich geneigten Ebene, in der der Ist-Winkel $\alpha_{ist}(t)$ der Antenne dem Sollwinkel $\alpha_{soll}(t)$ des Satelliten nachgeführt werden soll. Hierzu ist im Zentrum der Parabolantenne eine Peileinrichtung installiert, die die Winkelablage, d.h. den Regelfehler $e(t) = \alpha_{soll}(t) - \alpha_{ist}(t)$ unmittelbar mißt. Das zugehörige Signalflußbild ist in Bild 3.24 gegeben.

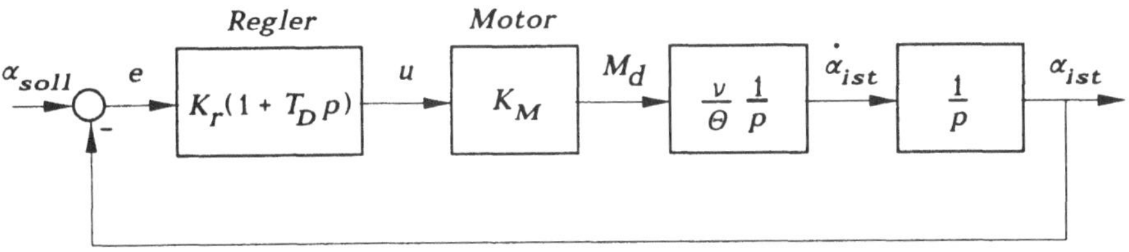

Bild 3.24. Signalflußbild des Folge-Regelkreises.

Der Regler ist hierbei als ideales *PD*-Glied gewählt, dessen Wirkung, in den Zeitbereich transformiert, beschrieben ist durch

$$u(t) = K_r\, e(t) + K_r\, T_D\, \dot{e}(t)\ .$$

In Wirklichkeit ist eine exakte gerätetechnische Differentiation nicht möglich, weshalb reale *PD*-Regler immer noch einen Nennerfaktor mindestens ersten Grades haben, was einem *PDT1* -Glied entspricht, wie wir im nächsten Abschnitt sehen werden.

Die Trägheit des Motors sei hier im Verhältnis zur Trägheit des Parabolspiegels vernachlässigbar, so daß der Motor durch ein einfaches Proportionalglied mit dem Verstärkungsfaktor K_M dargestellt werden kann. Das Motordrehmoment ist der Winkelbeschleunigung des Drehwinkels α_{ist} proportional (Drallsatz der Mechanik), wobei mit dem Übersetzungsverhältnis ν des Getriebes zu multiplizieren und durch das Trägheitsmoment Θ der Antenne zu dividieren ist.

Der Vorwärtszweig stellt eine Serienschaltung dar und kann multiplikativ gemäß (3.53) zu einer Übertragungsfunktion zusammengefaßt werden. Danach besteht der Kreis nur mehr aus einer einfachen Rückführschaltung mit der Übertragungsfunktion "1" im Rückführzweig. Die Gesamtübertragungsfunktion ergibt sich dann nach (3.58) zu

$$T(p) = \frac{5(1 + 0{,}4p)}{p^2 + 2p + 5}\ ,$$

wobei zur Konkretisierung folgende Zahlenwerte angenommen wurden:

$$K_r = 10, \quad K_M = 2, \quad \frac{\nu}{\Theta} = 0{,}25 \quad \text{und} \quad T_D = 0{,}4\ .$$

(Für die Übertragungsfunktion des geschlossenen Kreises wird üblicherweise die Bezeichnung $T(p)$ gewählt.)

Da das System als Folge-Regelkreis arbeiten und einer Satellitenbewegung möglichst gut folgen soll, interessiert hier als Testfall, wie gut die Regelgröße $\alpha_{ist}(t)$ einer Rampenfunktion folgt.

Die Rampenantwort im Frequenzbereich ergibt sich aus (3.26) mit der Eingangsgröße $\alpha_{soll}(p) = 1/p^2$ nach Tabelle 3.1 zu

$$\alpha_{ist}(p) = \frac{5(1 + 0{,}4p)}{(p^2 + 2p + 5)\,p^2} = T(p)\,\alpha_{soll}(p)\,.$$

Um diesen Ausdruck in den Zeitbereich zu transformieren, folgen wir der Vorgehensweise von Abschnitt 3.2.4.

1. *Schritt*: Bestimmung der Nennerwurzeln.

Man findet eine Doppelwurzel bei Null (herrührend von der Rampenfunktion) und ein konjugiert komplexes Polpaar:

$$p_1 = 0, \quad p_2 = 0, \quad p_{3,4} = -1 \pm j2\,.$$

2. *Schritt:* Partialbruchentwicklung mit dem Ansatz:

$$\frac{5(1 + 0{,}4p)}{(p^2 + 2p + 5)\,p^2} = \frac{A}{p^2} + \frac{B}{p} + \frac{Cp + D}{(p + 1)^2 + 4}\,.$$

Zunächst berechnen wir A nach der Grenzwertformel (3.41)

$$A = \lim_{p \to 0} p^2 \frac{5(1 + 0{,}4p)}{(p^2 + 2p + 5)\,p^2} = 1\,.$$

Zur Berechnung der anderen Koeffizienten wird zunächst A/p^2 von dem Gesamtausdruck subtrahiert:

$$\frac{5(1 + 0{,}4p)}{[(p + 1)^2 + 4]\,p^2} - \frac{1}{p^2} = \frac{-1}{(p + 1)^2 + 4} = \frac{B}{p} + \frac{Cp + D}{(p + 1)^2 + 4}\,.$$

Man erkennt hieraus ohne weitere Rechnung, daß gelten muß:

$$B = 0, \quad C = 0 \quad \text{und} \quad D = -1\,.$$

3. *Schritt*: Rücktransformation in den Zeitbereich.

Nach dem vorangegangenen Rechenschritt ist also die Rampenantwort im Frequenzbereich

$$\alpha_{ist}(p) = \frac{1}{p^2} - \frac{1}{2}\,\frac{2}{(p + 1)^2 + 4}\,;$$

dies ergibt nach Tabelle 3.1 für den Zeitbereich

$$\alpha_{ist}(t) = \left(t - 0{,}5\, e^{-t} \sin 2t \right) \sigma(t) .$$

(Wir haben hier der Einfachheit halber für den Winkel α im Zeit- und im Frequenzbereich dasselbe Funktionssymbol $\alpha(\,\cdot\,)$ verwendet, obwohl es sich dabei um verschiedene Funktionen von den unabhängigen Variablen t und p handelt.)

Der Vergleich von Soll- und Istwert-Verlauf nach Bild 3.25 zeigt, daß der Antennenwinkel nach einem kurzen Einschwingvorgang dem rampenförmigen Sollwertverlauf ohne bleibende Regelabweichung folgen kann.

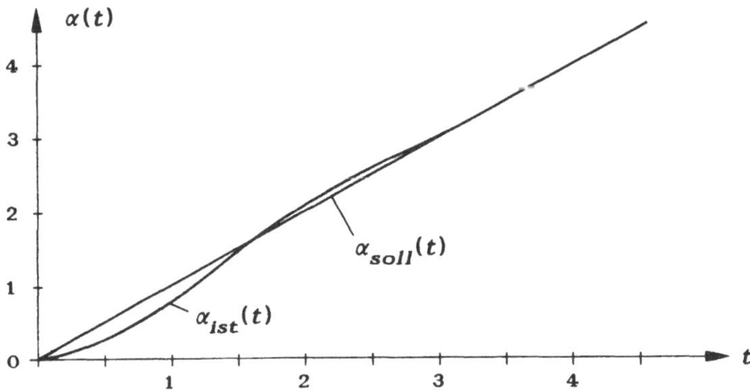

Bild 3.25. Sollwertrampe und Rampenantwort im Beispiel.

Beispiel 3.8: Kaskadenregelung (Drehzahlregelkreis)

Elektrische Antriebsregelungen werden mitunter als mehrmaschiger Regelkreis mit einem zweiten untergelagerten Hilfsregelkreis ausgeführt. In der äußeren Regelschleife wird die eigentliche Regelgröße, die Drehzahl $n(t)$ mit ihrem Sollwert verglichen. Die Ausgangsgröße des Drehzahlreglers ist der Sollwert für den inneren Regelkreis, der den Ankerstrom $i(t)$ regelt. Eine solche Regelkreisanordnung wird auch als Kaskadenregelung bezeichnet. Das nachfolgende Signalflußbild 3.26 zeigt ein Beispiel für einen solchen Kreis.

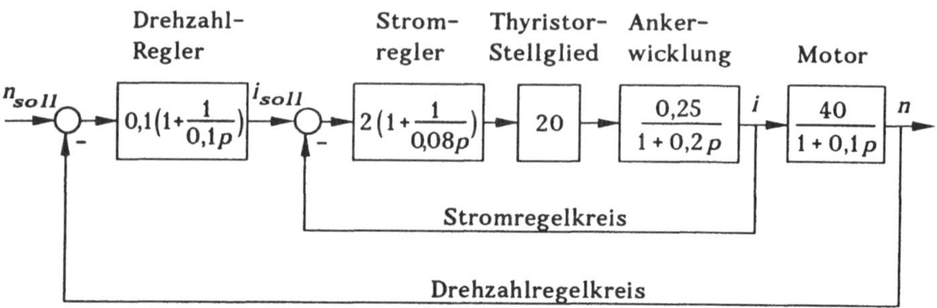

Bild 3.26. Signalflußbild einer Drehzahlregelung mit unterlagerter Stromregelung

a) Es soll zunächst die Übertragungsfunktion $T_I(p) = I(p)/I_{soll}(p)$ des inneren Stromregelkreises berechnet werden. Wo liegen die Pole dieses Teilsystems?

Die Übertragungsfunktion des aufgetrennten Stromregelkreises lautet

$$L_I(p) = \frac{125(1+0{,}08p)}{p(1+0{,}2p)},$$

und damit ergibt sich für den geschlossenen inneren Kreis gemäß (3.58)

$$T_I(p) = \frac{L_I(p)}{1+L_I(p)} = \frac{125\,(1+0{,}08p)}{0{,}2\,p^2+11p+125} = \frac{1+0{,}08p}{1+0{,}088p+0{,}0016p^2}.$$

Die Pole dieses Teilsystems 2. Ordnung liegen bei

$$p_1 = -\,38{,}96 \quad \text{und} \quad p_2 = -\,16{,}04.$$

Diese Pole haben aber für die Dynamik des Gesamtkreises keine direkte Bedeutung, da sie durch die äußere Rückführung verändert werden.

b) Es ist nun die Gesamtübertragungsfunktion des geschlossenen Drehzahlregelkreises zu berechnen. Wo liegen deren Pole?

Der aufgetrennte äußere Kreis ist eine Hintereinanderschaltung dreier Teilsysteme, von denen eines der geschlossene Stromregelkreis ist. Man erhält für seine Übertragungsfunktion

$$L_n(p) = 0{,}1\left(\frac{1+0{,}1p}{0{,}1\,p}\right)\cdot T_I(p)\cdot\frac{40}{1+0{,}1p} = \frac{125\,(1+0{,}08\,p)\cdot 40}{0{,}2p^3+11p^2+125p}.$$

Hierbei läßt sich ein Faktor $(1+0{,}1p)$ kürzen, was zu einer Vereinfachung des Ausdrucks führt.

Für den geschlossenen Gesamtregelkreis erhält man die Übertragungsfunktion, indem man noch einmal (3.58) anwendet:

$$T_n(p) = \frac{5000\,(1+0{,}08p)}{0{,}2p^3+11p^2+525p+5000} .$$

Die Pole dieser Übertragungsfunktion liegen bei

$$p_1 = -\,11{,}82 \quad \text{und} \quad p_{2,3} = -\,21{,}6 \pm j\;40{,}6 .$$

Das Gesamtsystem hat also zwei konjugiert komplexe Eigenwerte und damit zwei gedämpft schwingungsfähige Eigenbewegungen.

c) *Man vergleiche die Ordnung des Gesamtsystems mit der Ordnung der Übertragungsfunktion nach b). Was ist hieraus für die Eigenwerte des Gesamtsystems zu folgern?*

Das Signalflußbild 3.26 weist vier Teilsysteme 1. Ordnung aus: den Motor, die Dynamik der Ankerwicklung und die beiden *PI*-Regler. Das Gesamtsystem hat also die Ordnung 4. Dagegen ist die Gesamtübertragungsfunktion nur 3. Ordnung, da bei der Kürzung in der Berechnung von $L_n(p)$ offensichtlich ein Teilsystem 1. Ordnung durch Pol-Nullstellungskompensation in der Übertragungsfunktion unwirksam geworden ist. (Dieses Teilsystem ist nicht mehr *steuerbar* in dem Kreis; wir sind auf diesen Begriff in diesem Buch nicht weiter eingegangen.) Bei der Beurteilung der Stabilität des Gesamtkreises sind jedoch alle Eigenwerte zu berücksichtigen, auch die, die nach Kürzung in der Übertragungsfunktion nicht mehr auftreten. Es sind dies

$$\lambda_1 = -\,11{,}82; \quad \lambda_{2,3} = -\,21{,}6 \pm j\;40{,}6; \quad \lambda_4 = -\,10 .$$

Da alle Eigenwerte einen negativen Realteil haben, ist der Gesamtkreis stabil. Die Kürzung betraf einen stabilen Eigenwert, sie war also zulässig.

3.4 Elementare lineare Übertragungsglieder

Als Komponenten von Regelkreisen und anderen vermaschten Übertragungssystemen treten oft elementare Standard-Übertragungsglieder auf, die ein charakteristisches Verhalten haben. In der regelungstechnischen Fachsprache hat man diese Übertragungsglieder mit Kurzbezeichnungen versehen, die mit wenigen

Kennbuchstaben die entscheidenden Merkmale benennen. In Tabelle 3.3 sind die gebräuchlichsten dieser Glieder mit ihren Merkmalen im Zeit- und Frequenzbereich zusammengestellt. In der letzten Spalte wurde jeweils ein einfaches technisches oder physikalisches Beispiel skizziert, das ein solches Übertragungsverhalten hat. Der größte Teil dieser Tabelle ist selbsterklärend. Es sollen hier daher nur wenige ergänzende Kommentare gegeben werden.

Das *P-Glied* oder auch *Proportionalglied* läßt die Ausgangsgröße y ohne dynamische Veränderung um den Faktor K verstärkt der Eingangsgröße u folgen; es ist das einzige, nicht dynamische Übertragungsglied in dieser Übersicht.
Bei dem *PT1 - Glied* handelt es sich um das Verzögerungsglied 1. Ordnung, das wir zu Beginn des Kapitels 2 ausführlich analysiert haben. Ebenso erkennen wir im *PT2 - Glied* das Übertragungssystem 2. Ordnung ohne Nullstelle (d.h. ohne $\dot{u}$ in der Differentialgleichung), das im Abschnitt 2.2 von Kapitel 2 eingehend behandelt wurde.

Das *I - Glied* stellt einen Integrator dar, dessen Verstärkungsfaktor als inverse Zeitkonstante $1/T_I$ notiert ist (T_I : Integrationszeitkonstante). Auch dieses Übertragungsglied haben wir im Abschnitt 2.1 bereits kennengelernt.

Bei dem nächsten Element, dem *D - Glied*, handelt es sich um ein idealisiertes Übertragungsglied, das nur näherungsweise, d. h. nur mit einem zusätzlichen Nennerpolynom, dessen Wurzeln weit in der linken p-Halbebene liegen, realisiert werden kann (siehe das *DT1 - Glied* unten). Für langsame Bewegungen können diese Nennerwurzeln vernachlässigt werden, so daß man dann in guter Näherung auch mit diesem Glied rechnen kann. Das skizzierte Beispiel in der letzten Spalte macht diese Problematik auch physikalisch klar: wollte man für die Eingangsgröße, die Spannung $u(t)$, einen sprungartigen Verlauf realisieren, wäre das nur möglich, wenn die Ladung am Kondensator sich sprungartig ändert. Das hieße aber, man müßte einen Augenblick lang eine unendliche Stromstärke realisieren, was nicht möglich ist. In der Wirklichkeit würde der Innenwiderstand der Spannungsquelle und der zwar geringe Widerstand der Zuleitungen den Strom begrenzen. Die Schaltung würde sich genau genommen wie ein *RC* - Glied, d. h. wie ein *DT1 - Glied* (s. u.) mit einem sehr kleinen Widerstand R verhalten.

Das *PI-Glied* ist eine additive Kombination aus *P-* und *I - Glied*, was einer Parallelschaltung dieser beiden Elementarglieder entspricht. Dementsprechend ergeben sich die Sprungantwort und die Ortskurve durch additive Überlagerung aus denen der genannten Elementarglieder. Dieses Glied wird häufig als einfacher Regler mit der entsprechenden Parameteranpassung eingesetzt. Das Verhalten des technischen Beispiels ist wie folgt zu verstehen. Wird ein sprungförmiger Spannungsverlauf $u(t)$ an die Spule gelegt, dann folgt bei kleiner Induktivität der Strom und damit die magnetische Kraft diesem Sprung fast trägheitslos.

Vernachlässigt man weiter die Masse des beweglichen Spulenkerns, dann nimmt dieser sprungartig eine Position ein, bei der die magnetische Kraft und die Federkraft entgegengesetzt gleich groß sind. In dem Maße, in dem das untere Ende der Feder im Dämpfungstopf nachgleitet, verschiebt sich das Gleichgewicht; der Spulenkern rückt stetig, das Kräftegleichgewicht wiederherstellend nach oben. Diese Funktion gilt allerdings nur für kleine Bewegungen.

In gleicher Weise stellt das *PD-Glied* eine additive Zusammenfassung von *P*- und *D-Glied* dar, die wegen des *D-Gliedes* wieder nicht exakt realisierbar ist. In der Praxis wird es immer durch ein *PDT1 - Glied* (siehe unten) mit $T_1 \ll T_D$ approximiert. Dieses Glied wurde als Regler im Beispiel des Abschnitts 3.3.5 verwendet.

In einfachen Regelkreisen hat sich das *PID - Glied* als wirksamer Regler bewährt. Mit seinen drei Einstellparametern K, T_I und T_D erlaubt es eine flexible Anpassung an die jeweilige Regelstrecke. Wie wir im Kapitel 5 "Regelkreissynthese" sehen werden, haben die drei Anteile - etwas vereinfachend ausgedrückt - folgende Funktionen: der *P* - Anteil sorgt für die *Schnelligkeit* des geschlossenen Kreises, der *I* - Anteil für die *Genauigkeit* der stationären Systemantwort und der *D* - Anteil für die *Dämpfung*. Es handelt sich hierbei wiederum um die additive Kombination der drei beteiligten Elementarglieder Der *D* - Anteil wird - genau genommen - in der Praxis wieder durch ein *DT1 - Glied* mit $T_1 \ll T_D$ realisiert, was zur Vereinfachung der Rechnung gerne vernachlässigt wird.

Das folgende *IT1 - Glied* ist nun eine *multiplikative* Verknüpfung von *I*- und *PT1 - Glied*, entspricht also einer Serienschaltung der beiden Glieder. Das technische Beispiel eines Motors mit Lastaufzug beinhaltet in der Trägheit des Motors das *PT1* - Verhalten, das Aufziehen der Last bildet den Integral-Anteil. In gleicher Weise ist das *DT1 - Glied* (für $T_1 \ll T_D$ der reale *PD* -Regler) eine Serienschaltung aus *D*-Glied und *PT1* -Glied, wie man aus der Übertragungsfunktion leicht abliest.

Für das *PDT1 - Glied* sind zwei Varianten angegeben: $T_1 < T_D$ (die reale Approximation des *PD* - Gliedes) und $T_1 > T_D$. Beide Glieder sind Komponenten, mit denen man bei der Regelkreissynthese durch das Frequenzkennlinienverfahren (siehe Kapitel 5) den Regler gezielt an die Strecke und die Regelaufgabe anpassen kann. Dieses Glied ist wie auch das *DT1* -Glied und das *PI* -Glied ein sprungfähiges Übertragungsglied, dessen Sprungantwort zum Zeitpunkt $t = +0$ ebenfalls einen Sprung enthält. Diese Eigenschaft ist daran zu erkennen, daß in der Differentialgleichung die Eingangsgröße $u(t)$ ebenso oft abgeleitet auftritt wie die Ausgangsgröße $y(t)$. In der Übertragungsfunktion ist deshalb der Grad des Zählerpolynoms so groß wie der Grad des Nennerpolynoms.

Sowohl bei der Aufstellung einer Zustandsbeschreibung im Zeitbereich wie bei der Partialbruchzerlegung für die Impulsantwort im Frequenzbereich muß man diese sprungfähigen Glieder in eine Parallelschaltung aus einem *P* - Glied und einem nicht sprungfähigen Glied zerlegen, dessen Zählergrad kleiner als der Nennergrad ist. Dies soll hier am Beispiel eines *PDT1* - Gliedes gezeigt werden. Wir ziehen hierzu vom *PDT1* - Glied eine Konstante ab, die sich aus dem Quotienten des höchsten Zählerkoeffizienten und des höchsten Nennerkoeffizienten ergibt:

$$\frac{K(1+T_D p)}{1+T_1 p} - \frac{K\,T_D}{T_1} = \frac{K(1-T_D/T_1)}{1+T_1 p} \tag{3.59}$$

Wenn wir die Konstante auf die rechte Seite bringen, kann das *PDT1* - Glied also als folgende Parallelschaltung eines *P* - Gliedes und eines *PT1* - Gliedes dargestellt werden:

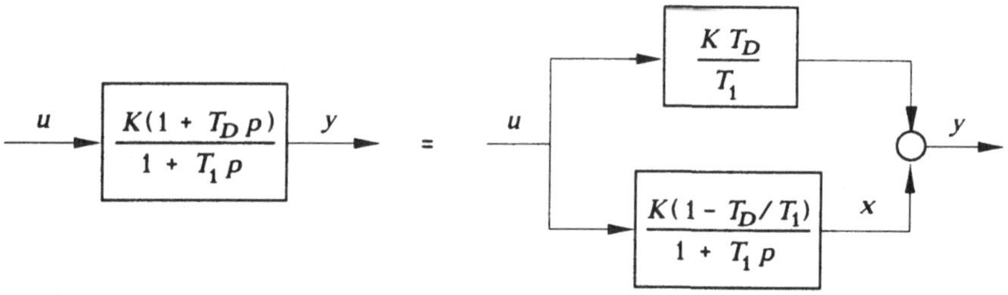

Bild 3.27. Aufspaltung eines sprungfähigen *PDT1* - Gliedes

Für die Impulsantwort des *PDT1* - Gliedes erhalten wir demnach

$$Y_\delta(p) = \frac{K(1+T_D p)}{1+T_1 p}\cdot 1 = \frac{K\,T_D}{T_1} + \frac{K(1-T_D/T_1)}{1+T_1 p}\,. \tag{3.60}$$

(Bei Systemen höherer Ordnung wäre die rechte Seite noch in Partialbrüche zu zerlegen.)

Im Zeitbereich ergibt dies

$$y_\delta(t) = \frac{K\,T_D}{T_1}\,\delta(t) + \frac{K(1-T_D/T_1)}{T_1}\,e^{-t/T_1}\,. \tag{3.61}$$

Zur Ermittlung einer Zustandsbeschreibung führen wir als Zustandsgröße die Ausgangsgröße des *PT1* - Gliedes ein, für die nach obigem Signalflußbild gilt:

$$\dot{x}(t) = -\frac{1}{T_1}\,x(t) + \frac{K(T_1-T_D)}{T_1^{\,2}}\,u(t) = -a\,x(t) + b\,u(t)\,; \tag{3.62}$$

für die Ausgangsgröße y liest man ab

$$y(t) = x(t) + \frac{K\,T_D}{T_1}\,u(t) = c\,x(t) + d\,u(t). \tag{3.63}$$

Als letztes Übertragungsglied ist das *Totzeitglied* aufgeführt, das wir bereits beim Einführungsbeispiel in Kapitel 1 kennengelernt haben. Es ist das einzige der aufgeführten Elementarglieder, das nicht durch eine gebrochen rationale, sondern durch eine transzendente Übertragungsfunktion beschrieben ist.

Beispiel 3.9: Schaltung eines PID-Gliedes

Einige der in Tabelle 3.3 angegebenen Realisierungen verwenden einen mit verschiedenen *R-C*-Kombinationen beschalteten rückgekoppelten Operationsverstärker. Es soll hier am Beispiel des *PID*-Reglers gezeigt werden, daß sich mit der angegebenen Schaltung tatsächlich das entsprechende Verhalten realisieren läßt.

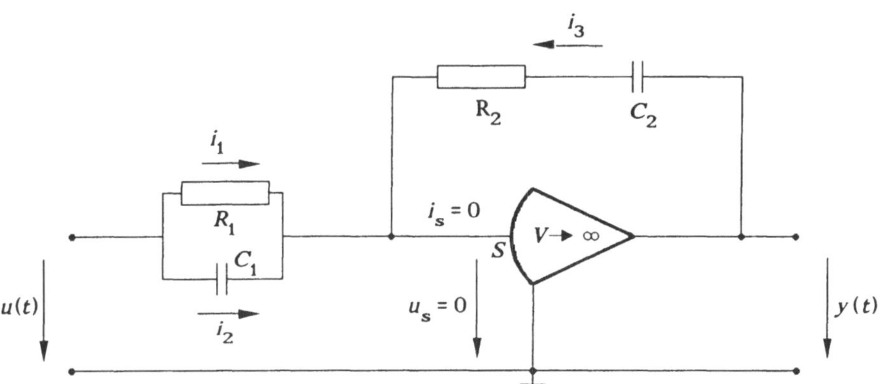

Bild 3.28. Schaltung des *PID*-Gliedes

Es werden nun für die Schaltung nach Bild 3.28 zwei idealisierende Annahmen für den Operationsverstärker getroffen, die bei technischen Realiserungen auch gut erfüllt sind:

1. Der Eingangswiderstand am Summenpunkt S ist sehr hoch d.h. der Eingangsstrom ist vernachlässigbar klein $i_s \approx 0$.
2. Die Verstärkung V des (offenen) Verstärkers ist sehr hoch, d.h. $V \to \infty$. Dies bedingt wiederum, daß die Spannung zwischen Summenpunkt S und Masse

nahezu 0 ist, $u_s \approx 0$, wenn sich am Ausgang endliche Spannungswerte für $y(t)$ einstellen. Wir dürfen also bei der Rechnung davon ausgehen, daß das Potential des Summenpunktes auf 0 V liegt, obwohl er galvanisch nicht mit dem Massepunkt verbunden ist. Folglich liegt an der Parallelschaltung von R_1 und C_1 die volle Eingangsspannung $u(t)$, während die Ausgangsspannung $y(t)$ an der Reihenschaltung des Rückführzweiges aus R_2 und C_2 abfällt.

Man erhält zunächst aus dem 1. Kirchhoffschen Gesetz für den Summenpunkt

$$i_1(t) + i_2(t) + i_3(t) = 0.$$

Für die Ströme erhält man bei den genannten Spannungsverhältnissen aus den einfachen Gesetzen für Strom und Spannung an den jeweiligen Bauelementen

$$i_1(t) = \frac{1}{R_1} \cdot u(t); \qquad \frac{1}{C_1} \int_0^t i_2(\tau)\, d\tau = u(t),$$

$$i_3(t) \cdot R_2 + \frac{1}{C_2} \int_0^t i_3(\tau)\, d\tau = y(t).$$

Um die Übertragungsfunktion der Schaltung zu bestimmen, wird zunächst auf diese Beziehungen die Laplace-Transformation angewendet:

$$I_1(p) = \frac{1}{R_1} U(p); \qquad \frac{1}{C_1 p} I_2(p) = U(p);$$

$$I_3(p) \cdot R_2 + \frac{1}{C_2 p} I_3(p) = Y(p).$$

Diese Beziehungen in das ebenfalls transformierte Kirchhoffsche Gesetz eingesetzt ergibt

$$I_1(p) + I_2(p) + I_3(p) = \frac{1}{R_1} U(p) + C_1 p\, U(p) + \frac{C_2 p}{1 + R_2 C_2 p} Y(p) = 0.$$

Löst man nun nach $Y(p)$ auf, erhält man

$$Y(p) = -\frac{(1 + R_1 C_1 p)(1 + R_2 C_2 p)}{p \cdot R_1 C_2} U(p)$$

$$= -\left[\frac{R_1 C_1 + R_2 C_2}{R_1 C_2} + \frac{1}{R_1 C_2} \cdot \frac{1}{p} + R_2 C_1 p\right] U(p) = -\left[K + \frac{K}{T_I} p + K T_D p\right] U(p),$$

mit

$$K = \frac{R_1 C_1 + R_2 C_2}{R_1 C_2}, \qquad T_I = R_1 C_1 + R_2 C_2, \qquad T_D = \frac{R_1 C_1 R_2 C_2}{R_1 C_1 + R_2 C_2}.$$

Man überzeugt sich leicht davon, daß mit der freien Wahl der vier Bauelemente R_1, R_2, C_1 und C_2 jeder der drei Reglerparameter K, T_I und T_D beliebig eingestellt werden kann.

In der obigen Skizze wurde die Spannung $y(t)$ vom Ausgang des Verstärkers gegen Masse als positiv angesetzt. Die Übertragungsfunktion zeigt nun ein Minuszeichen (Vorzeichenumkehr des Verstärkers), was bedeutet, daß die Spannung eigentlich umgekehrt gerichtet ist. Dies konnte physikalisch auch bereits aus den Strömen geschlossen werden: wenn die Ströme i_1 und i_2 auf den Summenpunkt zufließen, dann muß i_3 nach dem Kirchhoffschen Gesetz davon abfließen, und es muß die Ausgangsspannung umgekehrt gerichtet sein.

Es wurde bereits an anderer Stelle gesagt, daß Übertragungssysteme, bei denen der Zählergrad größer als der Nennergrad ist, sich nicht exakt realisieren lassen. Das hier erhaltene Ergebnis, bei dem wir den idealen *PID*-Regler mit realen Bauteilen aufgebaut haben, scheint dem zu widersprechen. Genau genommen haben wir allerdings bei den Kapazitäten den jeweiligen Zuleitungswiderstand vernachlässigt. In der Reihenschaltung des Rückführzweiges ist dies unerheblich, da dieser Widerstand immer zu R_2 zugerechnet werden kann. Bei der Parallelschaltung des Eingangskreises hat diese Vernachlässigung Folgen. Wenn die zeitliche Änderung der Eingangsspannung sehr groß wird, wächst auch der Strom i_2 entsprechend unbegrenzt an. In der Praxis wird er dann durch den Zuleitungswiderstand begrenzt (bzw. durch den Innenwiderstand der Spannungsquelle für $u(t)$). Berücksichtigt man diesen in Reihe zu C_1 liegend, dann erhält man über den obigen Rechengang eine weitere Polstelle im Nenner der Übertragungsfunktion; der Nenner ist dann 2. Ordnung wie der Zähler.

Tabelle 3.3: Elementare Übertragungsglieder (Teil 1)

Kurzbezeichnung	Beschreibung im Zeitbereich	Übertragungsfunktion	Sprungantwort	Frequenzgang	Pol - Nullstellenverteilung	Technisches Beispiel
P	$y(t) = K\,u(t)$	K			Keine Polstellen und keine Nullstellen	
PT1	$T_1\dot{y} + y = K u$	$\frac{K}{1 + T_1 p}$				
PT2	$T_{22}^2\ddot{y} + T_{12}\dot{y} + y = K u$	$\frac{K}{1 + T_{12}\,p + T_{22}^2\,p^2}$				
I	$T_I\dot{y} = u$ $y = \frac{1}{T_I}\int_0^t u(\tau)\,d\tau$	$\frac{1}{T_I\,p}$				
D	$y = T_D\,\dot{u}$	$T_D\,p$				
PI	$T_I\dot{y} = K(T_I\dot{u} + u)$ $y = K\left(u + \frac{1}{T_I}\int_0^t u(\tau)\,d\tau\right)$	$K\left(1 + \frac{1}{T_I\,p}\right) = \frac{K(1 + T_I\,p)}{T_I\,p}$				
PD	$y = K(u + T_D\dot{u})$	$K(1 + T_D\,p)$				

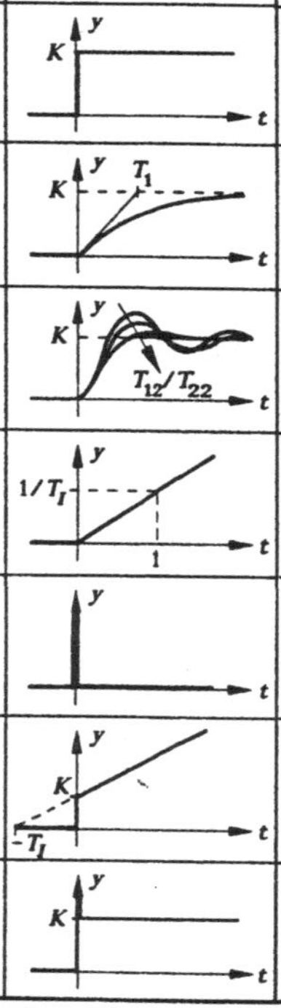

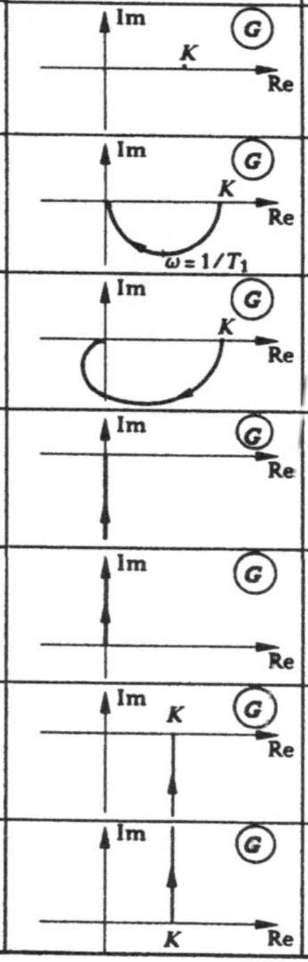

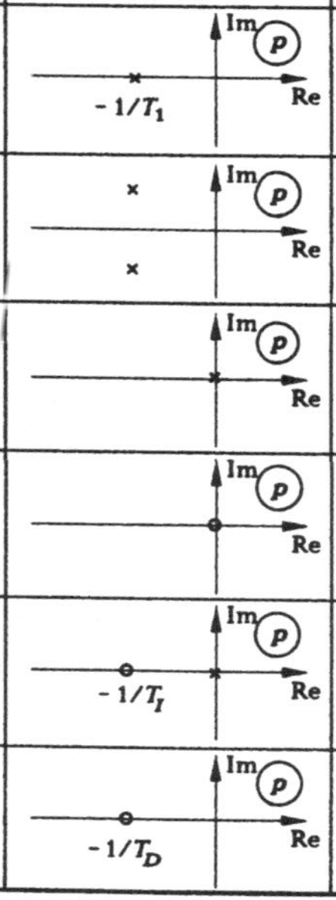

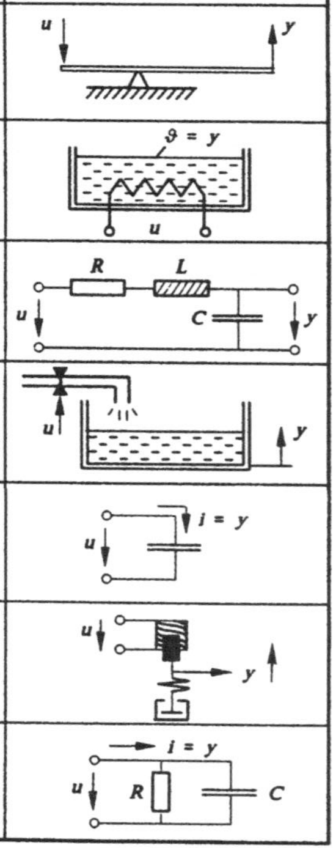

Tabelle 3.3: Elementare Übertragungsglieder (Teil 2)

Kurzbezeichnung	Beschreibung im Zeitbereich	Übertragungsfunktion	Sprungantwort	Frequenzgang	Pol - Nullstellenverteilung	Technisches Beispiel
PID	$y = K\left(u + \frac{1}{T_I}\int_0^t u\,\mathrm{d}\tau + T_D\dot{u}\right)$	$K\left(1 + \frac{1}{T_I p} + T_D p\right) = \frac{K(1 + T_I p + T_I T_D p^2)}{T_I p}$	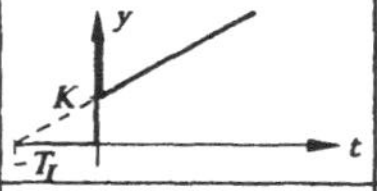	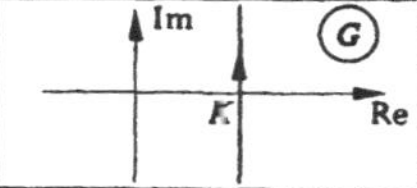	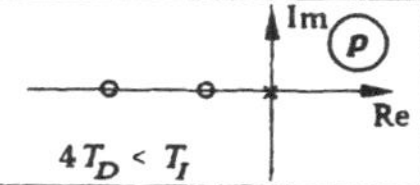 $4T_D < T_I$	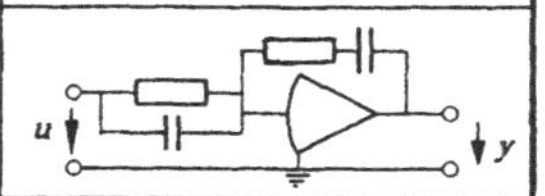
IT1	$T_1\dot{y} + y = \frac{1}{T_I}\int_0^t u(\tau)\,\mathrm{d}\tau$	$\frac{1}{T_I p(1 + T_1 p)}$	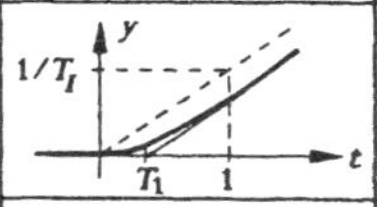	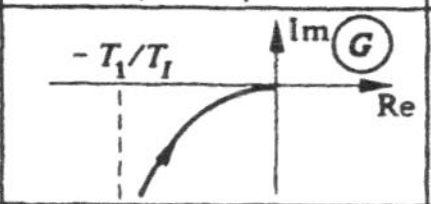	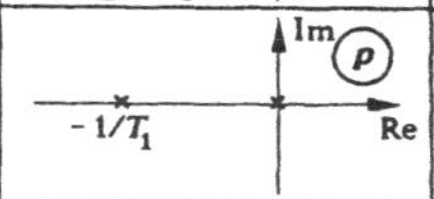	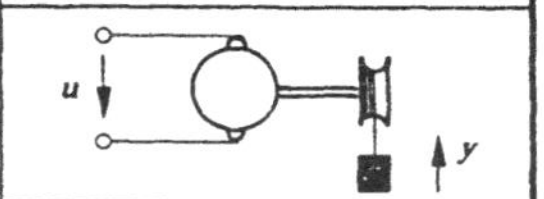
DT1	$T_1\dot{y} + y = T_D\dot{u}$	$\frac{T_D p}{1 + T_1 p}$	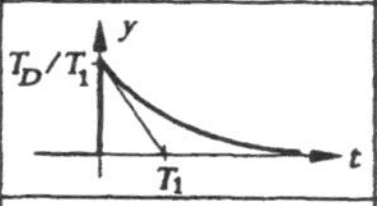	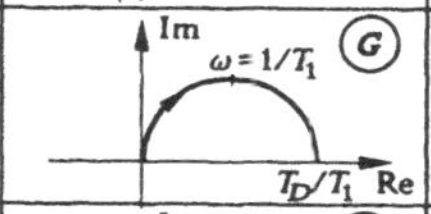	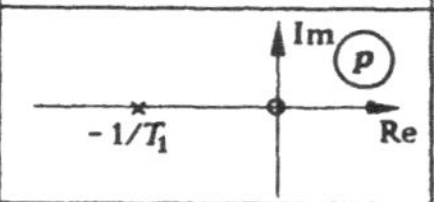	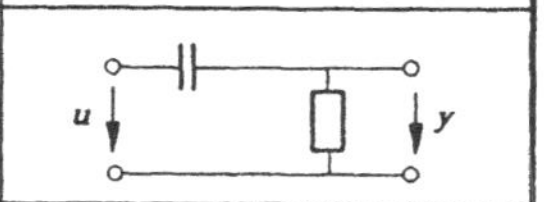
PDT1 $T_1 < T_D$	$T_1\dot{y} + y = K(u + T_D\dot{u})$	$\frac{K(1 + T_D p)}{1 + T_1 p}$	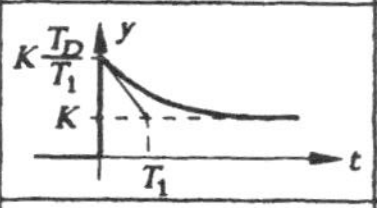	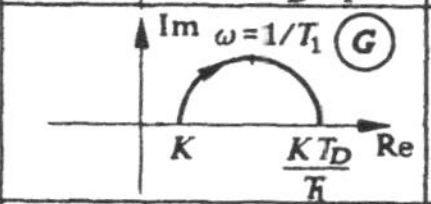	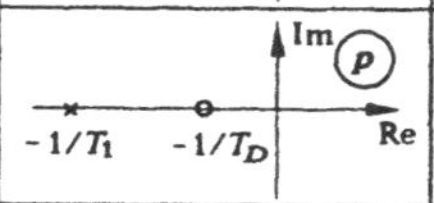	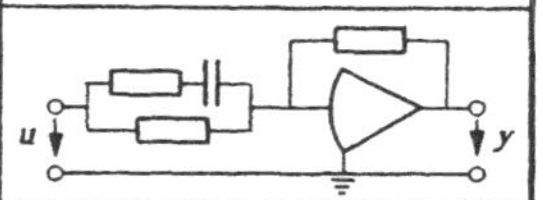
PDT1 $T_1 > T_D$	$T_1\dot{y} + y = K(u + T_D\dot{u})$	$\frac{K(1 + T_D p)}{1 + T_1 p}$	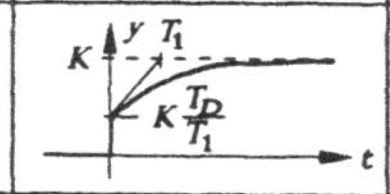	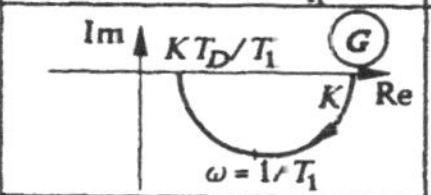	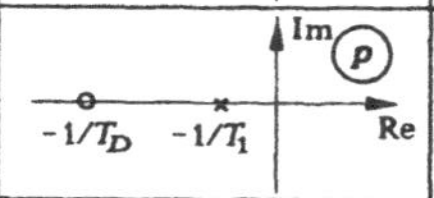	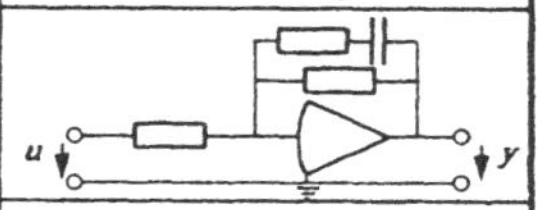
T_t	$y(t) = u(t - T_t)$	e^{-pT_t}	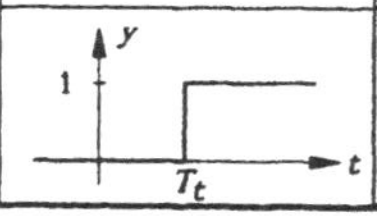	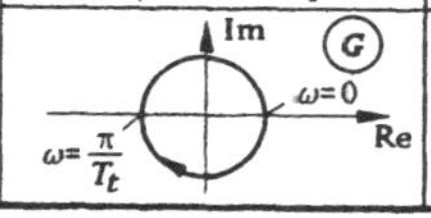	keine Pole und Nullstellen im Endlichen	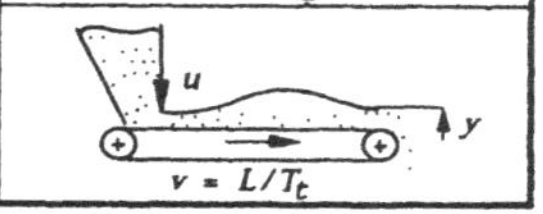

4 Die Stabilität von Regelkreisen

4.1 Die Bedeutung von Polstellen und Nullstellen

4.1.1 Polstellen

Wir hatten im Abschnitt 3.2.3 gesehen, daß die *Pole* der (ungekürzten) Übertragungsfunktion mit den Eigenwerten des Übertragungssystems übereinstimmen. Aus der Lage der Pole in der komplexen Ebene kann dann unmittelbar auf die Art der Eigenbewegungen geschlossen werden, was in Bild 4.1 veranschaulicht wird. Insbesondere gilt:

> Hat ein Pol einen negativen Realteil $-\delta$, so klingt die zugehörige Eigenbewegung gemäß $e^{-\delta t}$ ab.

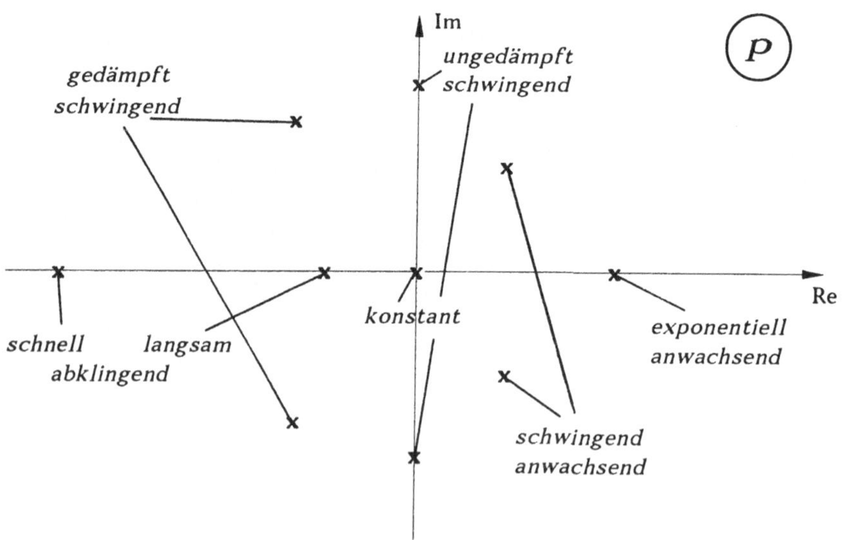

Bild 4.1. Lage der Pole und Kennzeichnung der zugehörigen Eigenbewegungen

Wir können hieraus schließen, daß die homogene Systemantwort, die allgemein aus einer Linearkombination aller Eigenbewegungen besteht, genau dann für $t \to \infty$ gegen Null abklingt, wenn alle Pole der (ungekürzten) Übertragungsfunktion einen negativen Realteil haben. Um eine entsprechende Aussage auch für die inhomogene Systemantwort zu erhalten, brauchen wir zunächst die folgende

Definition 4.1: Ein Übertragungssystem heißt *eingangs - ausgangs - stabil*, wenn für beliebige Anfangszustände $\boldsymbol{x}(t_0)$ und für alle beschränkten Eingangsgrößenverläufe im Zeitintervall $t_0 \le t < \infty$

$$|u(t)| \le K_u \tag{4.1}$$

auch alle Zustandsgrößen beschränkt bleiben

$$|x_i(t)| \le K_x , \qquad i = 1, \dots n \tag{4.2}$$

und somit auch die Ausgangsgröße(n) unter einer endlichen Schranke bleiben

$$|y(t)| \le K_y . \tag{4.3}$$

Bemerkung: Mitunter wird für $\boldsymbol{x}(t_0) = \boldsymbol{0}$ gefordert, daß K_y in einem festen Verhältnis zu K_u steht

$$K_y = \alpha K_u , \tag{4.4}$$

d. h. wenn die Schranke K_u um einen Faktor heruntergesetzt wird, muß dies auch für die Schranken K_x und K_y gelten. Diese Bedingung ist bei linearen Systemen wegen des Verstärkungsprinzips immer erfüllt.

Diese Stabilitätsdefinition (im angelsächsischen auch BIBO-Stabilität genannt für "bounded input - bounded output") ist für lineare Systeme bereits sehr aussagekräftig. Für nichtlineare oder stochastische Systeme ist sie oftmals aber zu streng oder unbrauchbar. Es sind daher weitere Definitionen formuliert worden wie die *Stabilität nach Ljapunow*, die *asymptotische Stabilität*, die $\mathcal{L}^p$-*Stabilität* oder auch die *Stabilität im quadratischen Mittel*, um nur einige zu nennen. Wir wollen uns hier mit keiner dieser Varianten des Stabilitätsbegriffs befassen; der interessierte Leser sei auf weiterführende Bücher verwiesen ([2], [9], [11]).

Es gilt nun der

Satz 4.1: Ein lineares, zeitinvariantes Übertragungssystem ist genau dann *eingangs - ausgangs - stabil*, wenn
- alle Wurzeln der charakteristischen Gleichung,
- bzw. alle Pole der ungekürzten Übertragungsfunktion

einen negativen Realteil haben.

Beweisskizze:

1. Nach (2.111) und (2.119) besteht die Transitionsmatrix und damit die homogene Systemantwort wie auch die Gewichtsfunktion $g(t)$ im Faltungsintegral aus einer Linearkombination der Eigenbewegungen des Systems. Nach (2.99) und (2.100) gilt

$$|y(t)| \leq \left|\sum_{i=1}^{n} k_i \mathrm{e}^{\lambda_i t}\right| + \left|\int_0^t g(t-\tau)\, u(\tau)\, \mathrm{d}\tau\right| . \tag{4.5}$$

(Eine entsprechende Beziehung gilt für jede Zustandsgröße, wobei wir in der Systembeschreibung (2.101) den $\boldsymbol{c}'$- Vektor nur zum jeweiligen Einheitsvektor zu wählen haben, d. h. wir wählen formal die i - te Zustandsgröße als Ausgangsgröße.)

Wenn der Realteil aller Eigenwerte λ_i kleiner Null ist, klingen die Eigenbewegungen ab, so daß $|y(t)|$ nach (4.5) abgeschätzt werden kann durch

$$|y(t)| \leq \left|\sum_{i=1}^{n} k_i\right| + \int_0^t |g(t-\tau)|\, |u(\tau)|\, \mathrm{d}\tau . \tag{4.6}$$

Hierbei haben wir davon Gebrauch gemacht, daß der Betrag eines Integrals stets kleiner oder gleich ist dem Integral über den Betrag des Integranden, und bei diesem haben wir den Betrag des Produktes durch das Produkt der Beträge nach oben abgeschätzt. Wenn wir nun $|u(t)|$ gemäß Voraussetzung durch (4.1) abschätzen, dann gilt

$$|y(t)| \leq K_1 + K_u \int_0^t |g(t-\tau)|\, \mathrm{d}\tau . \tag{4.7}$$

Das Integral über den Betrag der Gewichtsfunktion $|g(t-\tau)|$, d. h. über den Betrag einer Linearkombination abklingender e - Funktionen, ist für alle t endlich, was man sich an einer einzelnen Exponentialfunktion leicht klarmachen kann. Somit gilt

$$|y(t)| \leq K_1 + K_u K_2 = K_y , \tag{4.8}$$

womit gezeigt ist, daß die Bedingung im Satz 4.1 hinreichend ist.

2. Wenn umgekehrt ein oder mehr Eigenwerte einen Realteil haben, der größer oder gleich Null ist, dann klingt die zugehörige Eigenbewegung und folglich auch die Gewichtsfunktion $g(t)$ nicht ab. Die Wahl $u(t) = \operatorname{sign}\big(g(t-\tau)\big)$ bewirkt, daß das Faltungsintegral unbegrenzt mit der Zeit t wächst, während $|u(t)|$ immer durch 1 beschränkt ist. Dies zeigt, daß die Bedingung im Satz 4.1 auch notwendig ist, womit die Beweisskizze abgeschlossen ist.

Bemerkung 1: Nach diesem Satz ist ein Integrator instabil, da der Pol seiner Übertragungsfunktion im Ursprung liegt und keinen negativen Realteil hat. Gibt man den Einheitssprung $u(t) = \sigma(t)$ - eine offensichtlich beschränkte Funktion - auf seinen Eingang, so erhält man am Ausgang die Rampenfunktion $y(t) = t\sigma(t)$, die mit wachsender Zeit t über alle Grenzen wächst.

Bemerkung 2: Wir haben im Satz 4.1 von der *ungekürzten* Übertragungsfunktion gesprochen. Es werde hierzu die folgende Hintereinanderschaltung betrachtet (vgl. Bemerkung 1 im Abschnitt 3.3.1):

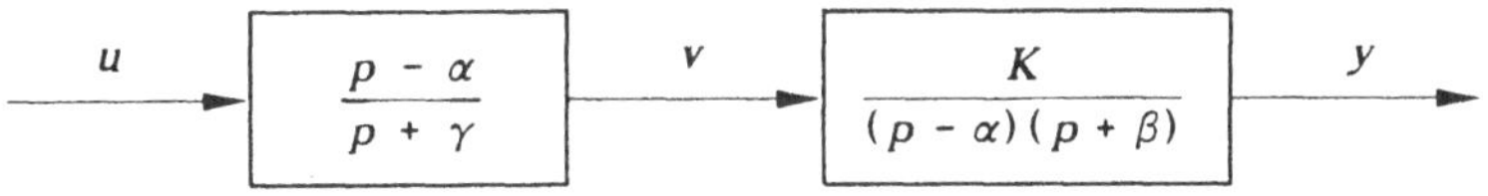

$$u \longrightarrow \boxed{\frac{p-\alpha}{p+\gamma}} \overset{v}{\longrightarrow} \boxed{\frac{K}{(p-\alpha)(p+\beta)}} \overset{y}{\longrightarrow}$$

Bild 4.2. Instabile Reihenschaltung (α, β, $\gamma > 0$)

Die gekürzte Übertragungsfunktion

$$G(p) = \frac{K}{(p+\gamma)(p+\beta)} \tag{4.9}$$

ist nur mehr zweiter Ordnung, obwohl das Gesamtsystem offensichtlich die Ordnung drei hat; ein instabiler Pol bei $p = +\alpha$ wurde gekürzt. Das Gesamtsystem bleibt damit weiterhin instabil. Geringste Störungen im System würden ausreichen, die instabile, durch Kürzung verborgen gemachte Eigenbewegung anzuregen, die dann über alle Grenzen wächst.

4.1.2 Nullstellen

Die Nullstellen einer Übertragungsfunktion beeinflussen die Zählerkoeffizienten bei der Partialbruchentwicklung (3.39) und haben keinen Einfluß auf die Stabilität des Systems. Wie man sich anhand der Grenzwertformel (3.40) klarmachen kann, ist der Koeffizient A_i des Partialbruchterms für die Nennerwurzel $p = p_i$ um so kleiner, je näher eine Nullstelle an p_i liegt. Der Einfluß der zugehörigen Eigenbewegung auf die Systemantwort wird geringer.

Wir wollen uns hier noch auf einem anderen Wege die Wirkung einer Nullstelle veranschaulichen. Dazu sei als Beispiel die folgende Übertragungsfunktion gegeben, die wir entsprechend den Summanden des Zählerpolynoms formal in eine Summe aufspalten

$$G(p) = \frac{2\alpha p+2}{(p+1)(p+2)} = \overbrace{\frac{2}{(p+1)(p+2)}}^{G_1(p)} + \overbrace{\frac{2\alpha p}{(p+1)(p+2)}}^{G_2(p)}. \tag{4.10}$$

Die Nullstelle liegt für $\alpha > 0$ in der *linken p - Halbebene* bei

$$p = -\frac{1}{\alpha}. \qquad (4.11)$$

Für $\alpha = 0$ hat $G(p)$ keine Nullstelle. Entsprechend der rechten Seite von (4.10) gilt formal für die Systemantwort (gemäß (3.26)):

$$Y(p) = G(p)\,U(p) = G_1(p)\,U(p) + G_2(p)\,U(p) = Y_1(p) + Y_2(p). \qquad (4.12)$$

Offensichtlich ist hierbei

$$G_2(p) = \alpha\, p\, G_1(p)$$

und somit

$$Y_2(p) = \alpha\, p\, Y_1(p). \qquad (4.13)$$

Wenn $y_1(+0) = 0$ ist, folgt aus dieser Beziehung für den Zeitbereich

$$y_2(t) = \alpha \frac{d}{dt} y_1(t). \qquad (4.14)$$

Mit dieser Beziehung läßt sich nun die Sprungantwort zur Übertragungsfunktion (4.10) dadurch konstruieren, daß man zur Sprungantwort des Systems ohne Nullstelle $y_1(t)$ den α - fachen Verlauf ihrer zeitlichen Ableitung addiert wie in Bild 4.3 dargestellt.

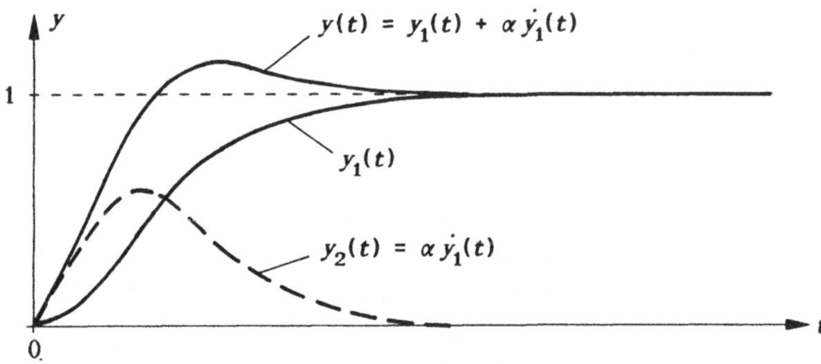

Bild 4.3. Wirkung einer Nullstelle in der linken Halbebene

Durch das Hinzufügen einer Nullstelle in einer Übertragungsfunktion, z. B. durch ein vorgeschaltetes *PD* - Glied oder einen *PD* - Regler im Regelkreis, wird die Systemantwort also beaschleunigt, wobei ggfs. ein *Überschwingen* auftritt. Je größer α ist, desto näher liegt die Nullstelle am Ursprung, desto höher wird das Maximum von $y_2(t)$, desto schneller wird der Anstieg der Sprungantwort und desto höher wird auch das Überschwingen der Systemantwort $y(t)$.

Es werde jetzt die Übertragungsfunktion (4.10) dieses Beispiels modifiziert, indem ein Minuszeichen vor den Faktor α gesetzt wird (weiterhin sei $\alpha > 0$)

$$\hat{G}(p) = \frac{-2\alpha p + 2}{(p+1)(p+2)} = \frac{2}{(p+1)(p+2)} + \frac{-2\alpha p}{(p+1)(p+2)} = G_1(p) - G_2(p). \quad (4.15)$$

Für $\alpha \neq 0$ hat die Übertragungsfunktion wieder eine Nullstelle, die diesmal in der *rechten Halbebene* der komplexen Ebene liegt, und zwar bei

$$p = +\frac{1}{\alpha}. \quad (4.16)$$

Entsprechend den Schritten von Gleichung (4.12) bis (4.14) erhalten wir diesmal

$$Y(p) = \hat{G}(p)\,U(p) = G_1(p)\,U(p) - G_2(p)\,U(p) = Y_1(p) - Y_2(p) \quad (4.17)$$

und

$$y(t) = y_1(t) - y_2(t) \qquad \text{mit} \qquad y_2(t) = \alpha\,\dot{y}_1(t). \quad (4.18)$$

Die Konstruktion von $y(t)$ liefert jetzt den Verlauf nach Bild 4.4.

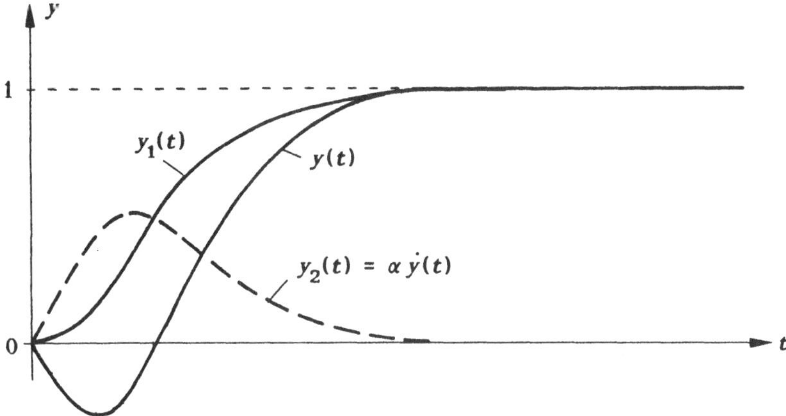

Bild 4.4. Wirkung einer Nullstelle in der rechten Halbebene

Man erkennt hieraus, daß eine Nullstelle in der rechten p - Halbebene die Sprungantwort verzögert und diese zunächst mit einem Ausschlag in die falsche Richtung (*Unterschwingen*) beginnt. Hierbei gilt: je größer α ist, desto näher liegt die Nullstelle am Ursprung, desto tiefer wird das Unterschwingen und desto mehr wird die Sprungantwort verzögert.

Ein solches System heißt ein *Nichtminimumphasen - System*, denn es gilt für die Frequenzgänge

$$\hat{G}(j\omega) = G(j\omega)\,\frac{1 - j\alpha\omega}{1 + j\alpha\omega} \quad (4.19)$$

und damit

$$|\hat{G}(j\omega)| = |G(j\omega)|, \tag{4.20a}$$

aber

$$\angle \hat{G}(j\omega) < \angle G(j\omega), \tag{4.20b}$$

d. h. die Beträge beider Frequenzgänge sind gleich, die Phase von $\hat{G}$ eilt aber der Phase von G nach. Wir werden dies im Zusammenhang mit den logarithmischen Frequenzkennlinien im nächsten Kapitel noch deutlicher herausarbeiten.

Beispiel 4.1: Modellierung eines volkswirtschaftlichen Zyklus

Die Entwicklung des Bruttosozialprodukts einer Volkswirtschaft zeige zwei charakteristische Merkmale: ein stetes Ansteigen und diesem überlagert ein periodisches Anwachsen und Abflachen.

Sei die im folgenden Bild dargestellte Entwicklung des Zuwachses $y(t)$ über eine Reihe von Jahren beobachtet worden (Bezugsjahr 1965: $\bar{y}$ = 100%, $y(0)$ = 0).

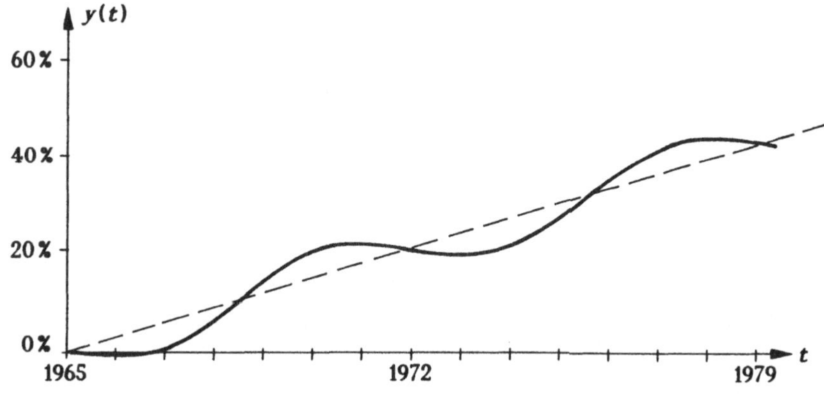

Bild 4.5. Entwicklung des Wachstums einer Volkswirtschaft

a) *Die Zeit t sei in Jahren gemessen und mit dem Anfangszeitpunkt* $t = 0$ *für das Jahr* 1965 *festgelegt. Es soll zunächst das Wachstum des Bruttosozialprodukts als Summe zweier elementarer Zeitsignale dargestellt werden.*

Als Zeitfunktionen zur Darstellung des obigen Verlaufs bietet sich die Überlagerung einer Rampenfunktion und einer Sinusschwingung an. Die Steigung der Rampe bzw. Amplitude und Kreisfrequenz der Schwingung liest man aus Bild 4.5 ab:

$$y(t) = y_1(t) + y_2(t) = 3\,t\,\sigma(t) - 5\sin(\tfrac{2\pi}{7}t)\,\sigma(t)\,.$$

b) *Der zeitliche Verlauf des Wachstums $y(t)$ soll nun als die Impulsantwort zweier paralleler, linearer Übertragungsglieder gedeutet werden (entsprechend der Zerlegung unter* a)). *Der Impuls gebe dabei dem System die entsprechende Anfangsgeschwindigkeit. Man bestimme für diese Modellvorstellung die Übertragungsfunktion beider Teilsysteme.*

Die angenommene Modellstruktur ist in Bild 4.6 wiedergegeben.

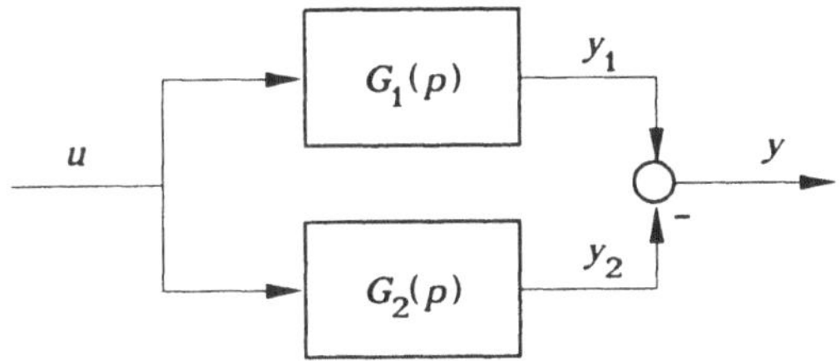

Bild 4.6. Modell aus zwei parallelgeschalteten Teilsystemen

Nach der Aufgabenstellung ist $u(t) = \delta(t)$, d. h. im Frequenzbereich $U(p) = 1$. Ebenso ist

$$y_1(t) = 3\,t\,\sigma(t) \qquad \text{und daher} \qquad Y_1(p) = \frac{3}{p^2},$$

$$y_2(t) = 5\sin\left(\tfrac{2\pi}{7}t\right) \qquad \text{und daher} \qquad Y_2(p) = \frac{\frac{10\pi}{7}}{p^2 + \frac{4\pi^2}{49}}.$$

(Vgl. Tabelle 3.1.) Hiermit erhält man

$$G_1(p) = \frac{Y_1(p)}{U(p)} = \frac{3}{p^2}$$

und

$$G_2(p) = \frac{Y_2(p)}{U(p)} = \frac{4{,}488}{p^2 + 0{,}8057}.$$

c) *Es sind nun beide Teilsysteme zur Gesamtübertragungsfunktion zusammenzufassen.*

Unter Beachtung des Minuszeichens in Bild 4.6 erhält man

$$G_{ges}(p) = G_1(p) - G_2(p) = \frac{-1{,}488\,p^2 + 2{,}417}{p^2(p^2 + 0{,}8057)}.$$

d) *Es soll jetzt anhand der Polstellen der Übertragungsfunktion entschieden werden, ob das als Modell dienende System eingangs-ausgangs-stabil ist.*

Um die Pole zu bestimmen, wird der Nenner der Übertragungsfunktion zu Null gesetzt:

$$N(p) = p^2(p^2 + 0{,}8057) = 0.$$

Da der Nenner in faktorisierter Form vorliegt, erhält man die Polstellen und damit die Eigenwerte einfach, indem man jeweils einen Faktor gleich Null setzt:

$$p_1 = 0,$$

$$p_2 = 0,$$

$$p_{3,4} = \pm \mathrm{j}\frac{2\pi}{7} = \pm \mathrm{j}\,0{,}8976.$$

Die Pole liegen demnach alle auf der imaginären Achse. Da mindestens ein Pol (hier sogar alle vier) keinen negativen Realteil hat, ist das Gesamtsystem *nicht* eingangs-ausgangs-stabil.

4.2 Das Nyquist-Kriterium

Wir haben im vorangegangenen Abschnitt gesehen, daß die Eigenwerte eines Übertragungssystems und damit die Pole der Übertragungsfunktion eine eindeutige Stabilitätsaussage ermöglichen. Bei einem *einschleifigen* Regelkreis nach Bild 4.7 ist die Gesamtübertragungsfunktion durch den folgenden Ausdruck gegeben, der sich unmittelbar aus den Regeln für eine Reihenschaltung (3.53) und für eine Rückführschaltung (3.58) berechnen läßt (man beachte, daß hier im Rückführzweig kein Übertragungsglied liegt, also in der Rückführschaltung die Übertragungsfunktion 1 eingesetzt werden muß):

$$T(p) = \frac{L(p)}{1 + L(p)} = \frac{G_r(p)\,G_s(p)}{1 + G_r(p)\,G_s(p)} = \frac{Z_r(p)\,Z_s(p)}{N_r(p)\,N_s(p) + Z_r(p)\,Z_s(p)}. \tag{4.21}$$

$L(p)$ bezeichnet hierbei die Übertragungsfunktion der an der Vergleichsstelle aufgetrennten Kreisschleife (ohne das Minuszeichen), hier also die Übertragungsfunktion der Reihenschaltung von Regler und Strecke.

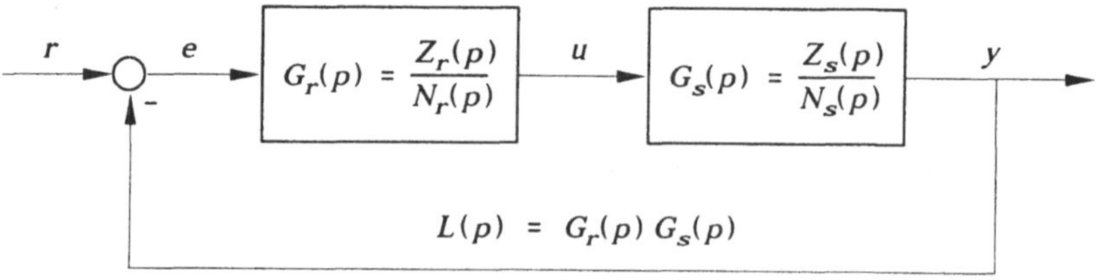

r
e
-
$G_r(p) = \dfrac{Z_r(p)}{N_r(p)}$
u
$G_s(p) = \dfrac{Z_s(p)}{N_s(p)}$
y
$L(p) = G_r(p)\,G_s(p)$

Bild 4.7. Einschleifiger Regelkreis

Zur Untersuchung der Stabilität des geschlossenen Kreises hat man also nach den Aussagen des vorangegangenen Abschnitts die Wurzeln der folgenden Gleichung (der charakteristischen Gleichung des geschlossenen Kreises) zu bestimmen und zu untersuchen:

$$1 + L(p) = 0, \tag{4.22}$$

bzw.

$$N_r(p)\, N_s(p) + Z_r(p)\, Z_s(p) = 0. \tag{4.23}$$

Ein solches Vorgehen hat zwei Nachteile:

1. Bei Systemen höherer Ordnung ist der numerische Aufwand nicht unerheblich, wenn hierfür auch leistungsfähige Algorithmen zur Verfügung stehen.

2. Oft ist der Regler nur in seiner Struktur festgelegt, seine Parameter müssen aber noch bestimmt werden. Die Gleichung (4.23) stellt nun leider einen unüberschaubaren Zusammenhang zwischen den Polen des geschlossenen Regelkreises und den Reglerparametern dar. Wenn die Rechnung z. B. für einen Parametersatz ergibt, daß der Kreis instabil ist, dann erhält man keinen Hinweis, wie der Regler zu modifizieren ist, um den Kreis zu stabilisieren.

Es gibt nun eine Reihe von *Stabilitätskriterien*, die keine Berechnung der Pole des geschlossenen Kreises erfordern und auf anderem, numerisch einfacherem Wege eine Aussage liefern, ob der Kreis stabil oder instabil ist. In dieser binären Ja-Nein-Aussage liegt dann allerdings auch weniger Information, als wenn man die Lage der Pole einzeln erfährt. Jedoch bieten einige dieser Kriterien auch gezielte Hinweise, wie man den Regler zu verändern hat, um Stabilität von einer gewissen "Güte" für den Gesamtkreis zu erreichen. Wir werden hiervon im nächsten Kapitel bei der Synthese von Regelkreisen mit dem Frequenzkennlinienverfahren noch Gebrauch machen. Hier und in den folgenden beiden Abschnitten wollen wir uns auf drei Kriterien beschränken: das *Nyquist-Kriterium*, das *Hurwitz-Kriterium* und das *Kreiskriterium*. Hinsichtlich weiterer Kriterien sei der Leser auf ausführlichere Lehrbücher verwiesen ([9], [15], [17], [24] u. a.).

Es soll hier keine strenge Herleitung, sondern nur eine Plausibilitätserklärung für das anschließend formulierte *Nyquist-Kriterium* gegeben werden. Dazu untersuchen wir zunächst, wann der Regelkreis nach Bild 4.7 sich gerade an der *Stabilitätsgrenze* befindet, d. h. wann eine oder mehrere Wurzel von (4.22) gerade auf der imaginären Achse liegen. In diesem Fall muß es also eine Wurzel

$$p_i = \mathrm{j}\omega^* \tag{4.24}$$

mit dem Realteil 0 geben, für die (4.22) erfüllt ist:

$$1 + L(\mathrm{j}\omega^*) = 0. \tag{4.25}$$

Wenn wir diese Beziehung nach $L(\mathrm{j}\omega^*)$ auflösen

$$L(\mathrm{j}\omega^*) = -1\,, \tag{4.26}$$

dann können wir sie in der folgenden Weise gemäß Bild 4.8 grafisch interpretieren: an der Stabilitätsgrenze läuft die Ortskurve $L(\mathrm{j}\omega)$ des aufgetrennten Regelkreises für den Wert $\omega = \omega^*$ genau durch den Punkt [-1, j0] in der komplexen Ebene.

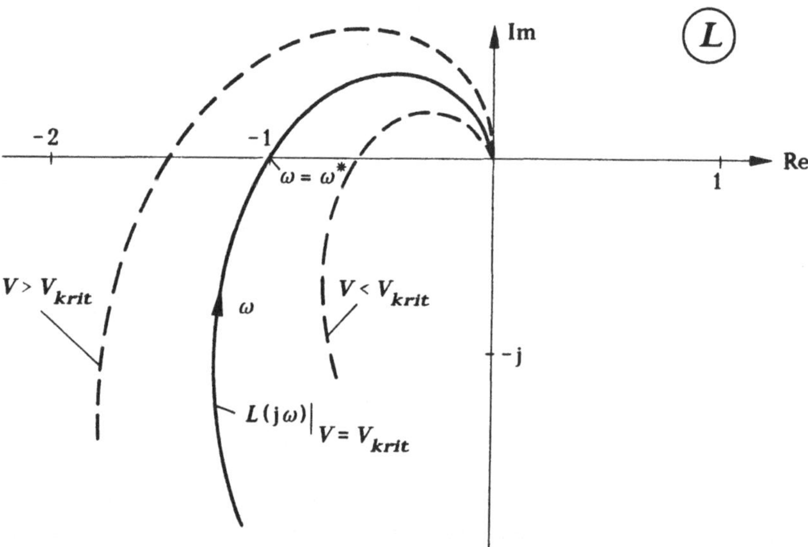

Bild 4.8. Ortskurve $L(\mathrm{j}\omega)$ an der Stabilitätsgrenze

Der Frequenzgang $L(\mathrm{j}\omega)$ enthält nun einen Verstärkungsfaktor V, der als Produkt aus den Verstärkungsfaktoren des Reglers V_r und der Strecke V_s resultiert. An der Stabilitätsgrenze, d. h. wenn (4.26) erfüllt ist, bezeichnen wir den zugehörigen Wert als *kritische Verstärkung* V_{krit}. Wenn wir nun die Gesamtverstärkung verringern (indem wir z. B. die Reglerverstärkung V_r kleiner machen), dann wird jeder Punkt auf der Ortskurve dem Betrage nach verkleinert; die Ortskurve "schrumpft" maßstäblich und schneidet jetzt die reelle Achse bei einem Wert, der näher am Ursprung liegt. Der Punkt [-1, j0] liegt dann links neben der Ortskurve, wenn man diese mit wachsendem ω durchläuft. Wenn umgekehrt die Verstärkung vergrößert wird, also $V > V_{krit}$ ist, weitet sich die Ortskurve maßstäblich aus; der Punkt [-1, j0] liegt jetzt rechts von der Ortskurve. Nach den Erkenntnissen, die wir aus dem Einführungsbeispiel in Kapitel 1 gewonnen haben, erwarten wir, daß der Kreis mit wachsender Verstärkung zur Instabilität neigt. Dies wird durch den folgenden Satz bestätigt und präzisiert.

Satz 4.2 (einfache Form des *Nyquist-Kriteriums, "Linke-Hand"-Regel*):

Es habe die Übertragungsfunktion des offenen Kreises $L(p)$ nur Pole in der linken Halbebene und höchstens zwei Pole im Ursprung. Ferner sei ihr Zählergrad kleiner als ihr Nennergrad.

Der *geschlossene* Regelkreis ist genau dann *eingangs-ausgangs-stabil*, wenn die Ortskurve $L(j\omega)$ des *offenen* Kreises, im Sinne steigender ω-Werte durchlaufen, den Punkt $[-1, j0]$ links liegen läßt.

Bemerkung 1: Es soll noch einmal deutlich hervorgehoben werden, daß dieser Satz anhand der Eigenschaften des offenen Kreises über die Stabilität des geschlossenen Kreises entscheidet.

Bemerkung 2: Oft geht es darum, mit diesem Kriterium eine Aussage für die Wahl der Kreisverstärkung V zu treffen. Man spaltet dann diesen Faktor ab

$$L(j\omega) = V L^{\circ}(j\omega), \tag{4.27}$$

wobei $L^{\circ}(j\omega)$ jetzt den Verstärkungsfaktor 1 hat. Gleichung (4.26) kann dann auch wie folgt geschrieben werden

$$L^{\circ}(j\omega) = -\frac{1}{V}. \tag{4.28}$$

Dies bedeutet, daß man nicht die Ortskurve für verschiedene V-Werte wiederholt berechnen, aufzeichnen und hinsichtlich ihrer Lage zum Punkt $[-1, j0]$ analysieren muß, sondern daß man stattdessen die Ortskurve $L^{\circ}(j\omega)$ nur einmal zeichnen und bezüglich des mit der Verstärkung V veränderlichen Punktes $[-1/V, j0]$ zu untersuchen hat.

Bemerkung 3: Wie oben schon erwähnt, stellt dieses Ortskurvenkriterium die Grundlage für das später behandelte Frequenzkennlinien-Verfahren zum Entwurf von Regelkreisen dar.

Bemerkung 4: Das Nyquist-Kriterium gilt auch für Regelstrecken, die eine Totzeit enthalten, auch wenn man in diesen Fällen keine Polynomform für die charakteristische Gleichung mehr hat (siehe hierzu [8]).

Die oben formulierte "Linke-Hand"-Regel stellt eine vereinfachte, aber besonders anschauliche Formulierung des Nyquist-Kriteriums dar. Wir wollen hier auch die abstraktere, allgemeine Formulierung dieses Kriteriums angeben, für die weniger einschränkende Voraussetzungen gelten.

Satz 4.3 (Allgemeine Form des *Nyquist-Kriteriums*):

Der Nenner der Übertragungsfunktion $L(p)$ des offenen einschleifigen Regelkreises nach Bild 4.7 habe den Grad n, d. h. $L(p)$ habe n Pole, von denen
n_l Pole in der linken komplexen Halbebene,
n_a Pole auf der imaginären Achse und
n_r Pole in der rechten komplexen Halbebene liegen.
Ferner sei der Zählergrad von $L(p)$ kleiner oder gleich dem Nennergrad.

Es wird nun die *stetige Winkeländerung* $\Delta\varphi^*$ des Fahrstrahls vom Punkt $[-1, j0]$ zum laufenden Punkt auf der Ortskurve des *offenen* Kreises $L(j\omega)$ betrachtet, wobei ω von 0 bis ∞ läuft. Der *geschlossene* Regelkreis ist genau dann *eingangs-ausgangs-stabil*, wenn für die stetige Winkeländerung $\Delta\varphi^*$ gilt

$$\underset{\omega=0}{\overset{\omega=\infty}{\Delta}} \arg\{1 + L(j\omega)\} = \underset{\omega=0}{\overset{\omega=\infty}{\Delta}} \varphi^* = \pi\left(n_r + \frac{n_a}{2}\right). \tag{4.29}$$

Eine grafische Erläuterung hierzu gibt Bild 4.9

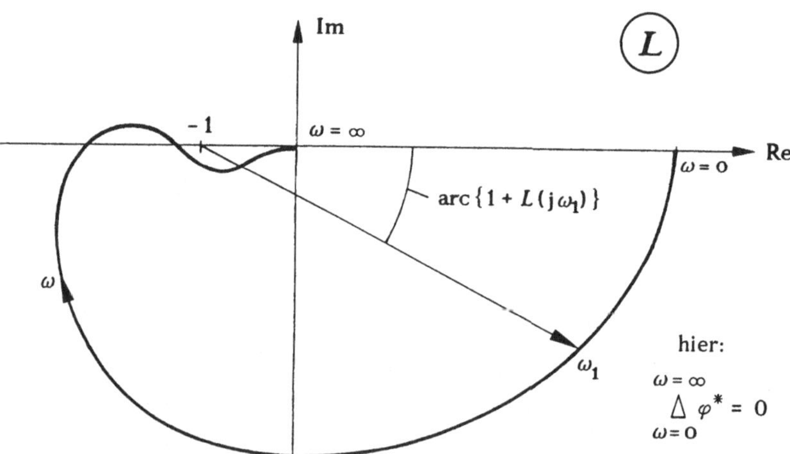

Bild 4.9. Fahrstrahl von $[-1, j0]$ zu einem Punkt auf der Ortskurve $L(j\omega)$

Bemerkung 5: Unter den Voraussetzungen von Satz 4.2 reduziert sich diese Aussage zur "Linken-Hand"-Regel.

Bemerkung 6: Hat der offene Kreis Pole auf der imaginären Achse, dann hat die Ortskurve für diese ω-Werte Äste, die ins Unendliche reichen. Die dabei auftretenden Sprünge im Winkel des Fahrstrahls sind bei der *stetigen* Winkelsumme nicht mitzurechnen.

Bemerkung 7: Auch bei dieser Formulierung läßt sich der Faktor V gemäß (4.27) abspalten. Man hat dann den Fahrstrahl vom Punkt $[-1/V, \mathrm{j}0]$ auf die Ortskurve $L^{\circ}(\mathrm{j}\omega)$ zu betrachten.

4.3 Das Stabilitätskriterium nach Hurwitz

Das im vorangegangenen Abschnitt behandelte Nyquist-Kriterium gehört zur Klasse der Ortskurvenkriterien, bei denen aus dem Verlauf einer Ortskurve auf die Stabilität des Systems (beim Nyquist-Kriterium des geschlossenen Regelkreises) geschlossen werden kann. Eine andere Klasse bilden die Numerischen Kriterien, die über algebraische Rechenprozeduren mit den Koeffizienten des charakteristischen Polynoms zu einer Stabilitätsaussage kommen, ohne die Wurzeln des Polynoms zu bestimmen. Die bekanntesten dieser Kriterien sind das *Routh-Kriterium* und das *Hurwitz-Kriterium* ([15], [20]), von denen hier nur das zweite exemplarisch beschrieben werden soll.

Es liege das charakteristische Polynom, bzw. das Nennerpolynom der ungekürzten Übertragungsfunktion eines linearen, zeitinvarianten Übertragungssystems vor:

$$N(p) = p^n + a_{n-1}p^{n-1} + a_{n-2}p^{n-2} + \ldots + a_2p^2 + a_1p + a_0 . \qquad (4.30)$$

Es gilt nun der folgende

Satz 4.4 (*Hurwitz-Kriterium*):

Die Wurzeln p_i der charakteristischen Gleichung $N(p) = 0$ haben genau dann alle einen negativen Realteil, und damit ist das Übertragungssystem genau dann *eingangs-ausgangs-stabil*, wenn alle Hauptabschnittsdeterminanten D_1, D_2, ... D_n der folgenden $n \times n$-Matrix positiv sind

$$D_n = \begin{vmatrix} a_{n-1} & a_{n-3} & a_{n-5} & a_{n-7} & \cdots & & & 0 \\ 1 & a_{n-2} & a_{n-4} & a_{n-6} & \cdots & & & 0 \\ 0 & a_{n-1} & a_{n-3} & a_{n-5} & \cdots & & & 0 \\ 0 & 1 & a_{n-2} & a_{n-4} & \cdots & & & 0 \\ 0 & 0 & a_{n-1} & a_{n-3} & & \vdots & \vdots & \vdots \\ \vdots & \vdots & \vdots & \vdots & \cdots & a_3 & a_1 & 0 \\ 0 & 0 & 0 & & \cdots & a_4 & a_2 & a_0 \end{vmatrix}$$

(Die Hauptabschnittsdeterminanten D_1, D_2, D_3, D_4 sind in der Matrix durch Rahmen gekennzeichnet.)

Bemerkung: Eine notwendige, aber nicht hinreichende Bedingung für die Erfüllung des Kriteriums ist, daß alle Koeffizienten a_i positiv sind, d. h. $a_i > 0$ für $i = 0, 1, \ldots, n-1$.

Dieses Kriterium ist sehr nützlich für die Systemanalyse; für die Regelkreissynthese ist es weniger brauchbar als das Nyquist-Kriterium, weil hierbei schwer durchschaubar ist, in welcher Weise freie Parameter des Reglers das Vorzeichen der einzelnen Determinanten bestimmen.

4.4 Das Kreiskriterium

Wir haben uns bis jetzt fast ausschließlich mit linearen Übertragungsgliedern befaßt; hier wollen wir uns nun einer Klasse von *nichtlinearen* Regelkreisen zuwenden und ein Ortskurven-Kriterium kennenlernen, das für diese eine Stabilitätsaussage macht. Hierzu betrachten wir den folgenden einschleifigen, *nichtlinearen Standard-Regelkreis*, der aus einem nichtlinearen, statischen Kennlinienglied und einem linearen, dynamischen Übertragungssystem mit der Übertragungsfunktion $G(p)$ besteht.

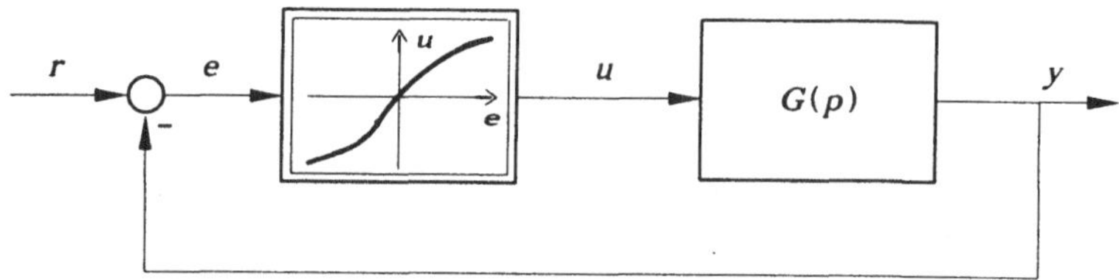

Bild 4.10. Nichtlinearer Standard-Regelkreis

Es ist dabei nicht zwingend, daß das Kennlinienglied unmittelbar hinter der Vergleichsstelle liegt. Wesentlich ist nur, daß an irgendeiner Stelle im Kreis ein solches nichtlineares Glied liegt, während alle anderen Übertragungsglieder linear und zeitinvariant sind. Man kann dann einen solchen Kreis durch Umformulierung und Zusammenfassung der linearen Anteile immer auf diese Form bringen.

Es seien die folgenden Voraussetzungen erfüllt:

1. Die lineare Übertragungsfunktion $G(p)$ habe nur Pole in der offenen linken Halbebene und höchstens zwei Pole im Ursprung. Ferner sei der Zählergrad kleiner als der Nennergrad.

2. Die nichtlineare Kennlinie $u = f(e)$ sei eindeutig und liege für alle Werte von

e in dem Sektor, der durch die Grenzgeraden $u = k_2 e$ und $u = k_1 e$ mit $k_2 > k_1$ eingerahmt wird (siehe Bild 4.11).

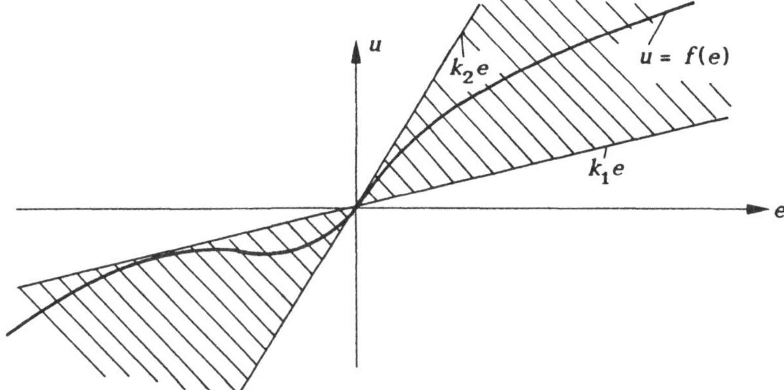

Bild 4.11. Zur Sektorbedingung für die nichtlineare Kennlinie

Eine Aussage zur Stabilität macht nun der folgende Satz.

Satz 4.5 (*Kreiskriterium*):

Der nichtlineare Standard-Regelkreis ist *eingangs-ausgangs-stabil*, wenn die Ortskurve des linearen Anteils der offenen Kreisschleife $G(j\omega)$ die "Linke-Hand"- Regel des Nyquist-Kriteriums erfüllt bezüglich aller Punkte innerhalb und auf dem Kreis durch die Punkte $-1/k_1$ und $-1/k_2$ mit Mittelpunkt auf der reellen Achse.
Der Kreis ist *instabil*, wenn die Ortskurve $G(j\omega)$ mit wachsendem ω durchlaufen die Kreisscheibe ganz zur Rechten liegen läßt.

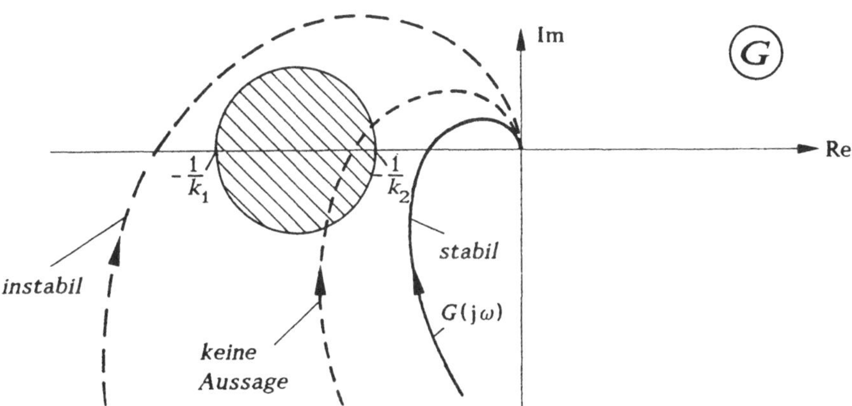

Bild 4.12. Erläuterung des Kreiskriteriums

Bemerkung 1: Das Kriterium macht keine Aussage für den Fall, daß die Ortskurve den Kreis berührt oder schneidet. Es bietet daher nur eine *hinreichende*, aber nicht *notwendige* Stabilitätsbedingung.

Bemerkung 2: Für einige Kennlinien ist die untere Sektorgrenze die reelle Achse ($k_1 = 0$). Der Kreis entartet dabei zu einer Halbebene, die gegeben ist durch die Bedingung $\mathrm{Re}\{z\} \leq -1/k_2$, das ist die Halbebene links von der Senkrechten durch $-1/k_2$.

Bemerkung 3: Wenn der Sektor immer schmaler wird und die nichtlineare Kennlinie in eine (lineare) Gerade übergeht, wird das Kreiskriterium zum Nyquist-Kriterium, das dann eine *notwendige* und *hinreichende* Bedingung für die Stabilität angibt.

Bemerkung 4: Eine Kreisscheibe in der Linken Halbebene, wie in Bild 4.12 dargestellt, ergibt sich, wenn der Kennliniensektor ganz im 1. und 3. Quadranten liegt und die Achsen nicht berührt ($0 < k_1 < k_2 < \infty$). Wenn die untere Sektorgrenze mit der Abszisse zusammenfällt ($k_1 = 0$), wandert der Punkt $-1/k_1$ ins negative Unendliche, der Kreis entartet zu einer Halbebene, die durch den Wert $-1/k_2$ auf der rechten Seite begrenzt ist. Wenn k_1 negativ wird, weil die untere Sektorgrenze im 2. und 4. Quadranten liegt, kommt der Punkt $-1/k_1$ auf der positiven reellen Achse zu liegen. Der Kreis "klappt um", d.h. der für die Ortskurve zulässige Bereich liegt jetzt im Innern des Kreises (s. Tabelle 4.1).

Tabelle 4.1 Fallunterscheidung für die Lage des Kennliniensektors

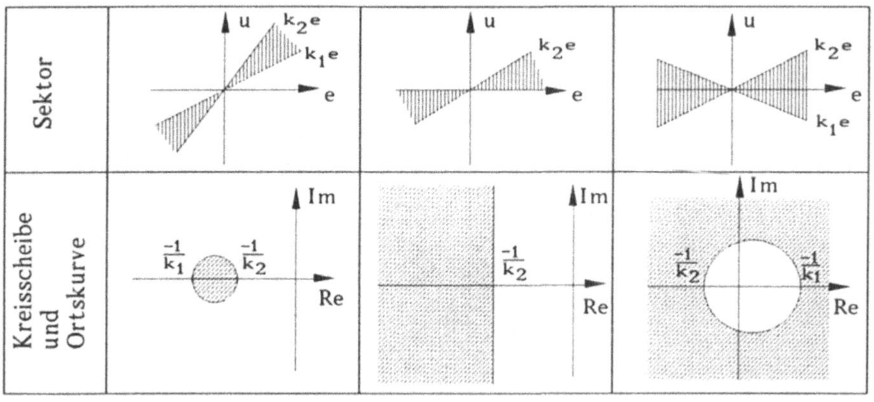

Das Kreiskriterium wurde in mehreren Schritten in den letzten zwanzig Jahren entwickelt. Es gilt auch für zeitvariable Kennlinien $u = f(e, t)$, sofern diese für alle Zeiten t die Sektorbedingung erfüllen. Es kann daher auch für lineare, zeitvariante Systeme, z. B. mit einer zeitveränderlichen Verstärkung $V(t)$ angewendet werden. Für weitere Varianten dieses Kriteriums wird [11] empfohlen.

Beispiel 4.2: Geschwindigkeitsregelung einer Magnetschwebebahn

Die Regelung der Fahrgeschwingkeit $v(t)$ eines Magnetschwebefahrzeugs erfolge nach folgendem Signalflußbild:

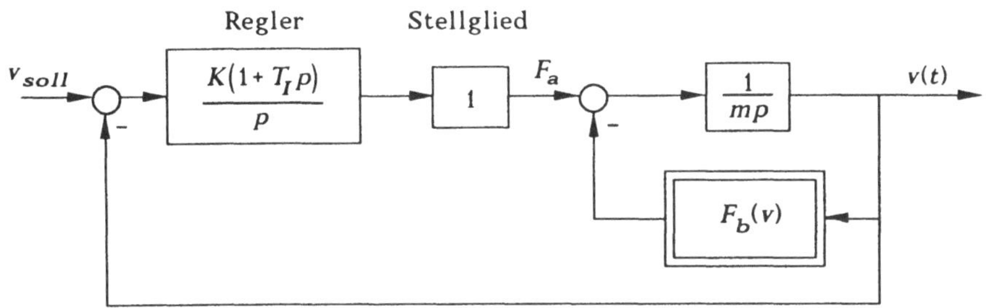

Bild 4.13. Signalflußbild des Geschwindigkeits-Regelkreises

Die Antriebskraft $F_a(t)$ wird dabei beim Stellglied mit der Übertragungsfunktion 1 hinter dem PI-Regler erzeugt. Ihr wirkt eine von der Geschwindigkeit v abhängige Bremskraft $F_b(v)$ aus elektrodynamischen und aerodynamischen Wirkungsanteilen entgegen, die den im folgenden Diagramm wiedergegebenen nichtlinearen Verlauf mit einer charakteristischen Einbuchtung oberhalb 200 *km/h* hat.

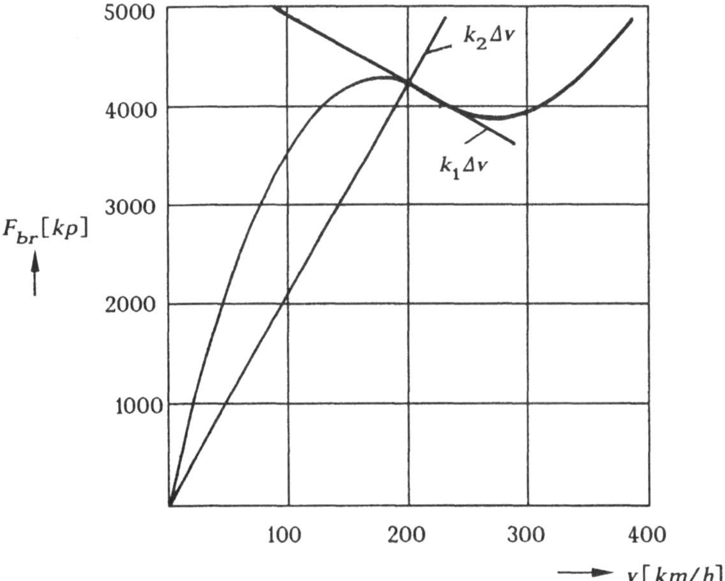

Bild 4.14. Nichtlineare Charakteristik der Bremskraft

Das Fahrzeug soll im Betrieb bei einer nominellen Geschwindigkeit von $v = 200\ km/h$ betrieben werden.

a) Man beziehe zunächst die Systembeschreibung auf die hierdurch festgelegten Betriebswerte der Variablen, d.h. auf die hierdurch definierte Ruhelage des Regelkreises, bevor die nachfolgenden Stabilitätsfragen untersucht werden.

Eine Ruhelage kann nur vorliegen, wenn die Signale an den Eingängen der Integratoren verschwinden (andernfalls können deren Ausgänge nicht zeitlich konstant sein). Es muß gelten

$$\bar{v} = v_{soll} = 200\ km/h; \qquad \bar{F}_a = \bar{F}_b(\bar{v}) = 4240\ kp.$$

Hiermit werden die Abweichungen von der Ruhelage eingeführt gemäß

$$\Delta v_{soll} = 0; \qquad \Delta F_a(t) = F_a(t) - \bar{F}_a;$$

$$\Delta v(t) = v(t) - \bar{v}; \qquad \Delta F_b(\Delta v) = F_b(v) - \bar{F}_b(\bar{v}).$$

Beim Übergang zu diesen Variablen bleiben die linearen Übertragungsglieder unverändert (Begründung?), während für die nichtlineare Charakteristik der Koordinatenursprung in dem Punkt $\{\bar{v} = 200$ km/h; $\bar{F}_b = 4240$ kp$\}$ verlegt wird (siehe Markierung in Bild 4.14).

b) Nun bringe man den Regelkreis mit $v_{soll} = const = 200\,km/h$ durch Umformung auf die Form des einschleifigen, nichtlinearen Standard-Regelkreis des Kreiskriteriums.

Die Umformung des Signalflußbildes zum Standard-Regelkreis erfolgt am besten in wenigen elementaren Schritten. Mit den neuen, auf den Betriebspunkt bezogenen Variablen erhält man zunächst aus Bild 4.13:

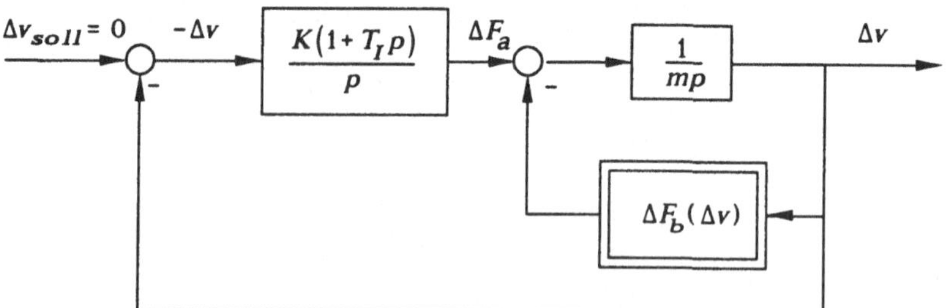

Bild 4.15. Auf den Betriebspunkt bezogenes Signalflußbild

Nun werden die innere (nichtlineare) und die äußere (lineare) Rückführung, die parallel zueinander liegen, vertauscht, und es wird formal zur Ausgangsgröße (- Δv) übergegangen.

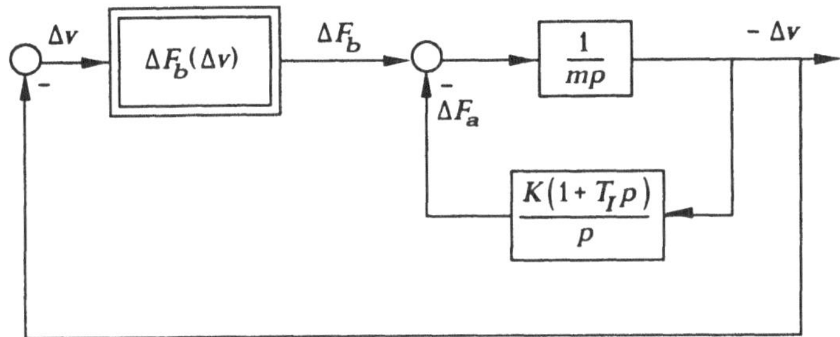

Bild 4.16. Zwischenschritt bei der Umformung des Signalflußbildes

Durch Zusammenfassen der inneren, linearen Rückführschleife (vgl. (3.58)) erhält man schließlich den Standard-Regelkreis.

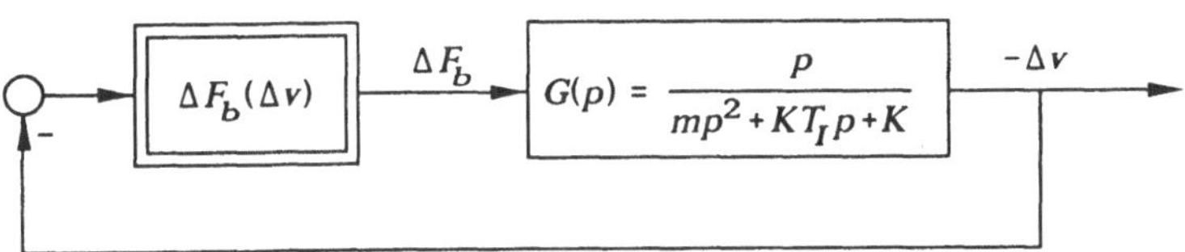

Bild 4.17. Nichtlinearer Standard-Regelkreis

Es stellt sich heraus, daß nach dieser Umformung der lineare Anteil *D*-Charakter hat (Faktor p im Zähler).

c) Für welche Regler-Parameter K und T_I ist der linearisierte Kreis für kleine Auslenkungen aus dem Betriebspunkt stabil?

Die Frage c) kann auf zweifache Weise beantwortet werden: einmal anhand der Eigenwerte des linearisierten, geschlossenen Kreises und dann anhand des allgemeinen Nyquist-Kriteriums (Satz 4.3).

Die Linearisierung des nichtlinearen Standard-Regelkreises nach Bild 4.17 kann einfach dadurch erfolgen, daß die nichtlineare Kennlinie durch ihre Tangente im Arbeitspunkt $\bar{v} = 200\ km/h$ ersetzt wird. Aus Bild 4.14 lesen wir für die Steigung dieser Tangente ab

$$V_T = -7\ \frac{kp}{km/h} \approx -25\ \frac{kp}{m}\ s$$

(es ist zweckmäßig, auf das einheitliche $kp-m-s$ System von Einheiten überzugehen).

Für den linearisierten geschlossenen Kreis nach Bild 4.17 erhält man die Übertragungsfunktion

$$T_L(p) = \frac{V_T \cdot p}{mp^2 + (KT_I + V_T)p + K} .$$

Da die Masse m immer positiv ist, ergibt eine Analyse des Nennerpolynoms als Stabilitätsbedingung für den linearisierten Kreis

$$K > 0; \quad KT_I > -V_T = 25\ \left[\frac{\mathrm{kp}}{\mathrm{m}}\,\mathrm{s}\right].$$

Zur Anwendung des Nyquist-Kriteriums wie auch des Kreiskriteriums berechnen wir die Ortskurve $G(j\omega)$ des linearen Übertragungsglieds $G(p)$ in Bild 4.17. Es zeigt sich, daß diese für $K > 0$ (was weiterhin vorausgesetzt sei) ein Vollkreis in der rechten Halbebene ist, der die reelle Achse im Ursprung und für $\omega = \sqrt{K/m}$ im Punkt $\left\{\frac{1}{KT_I};\ j\,0\right\}$ schneidet.

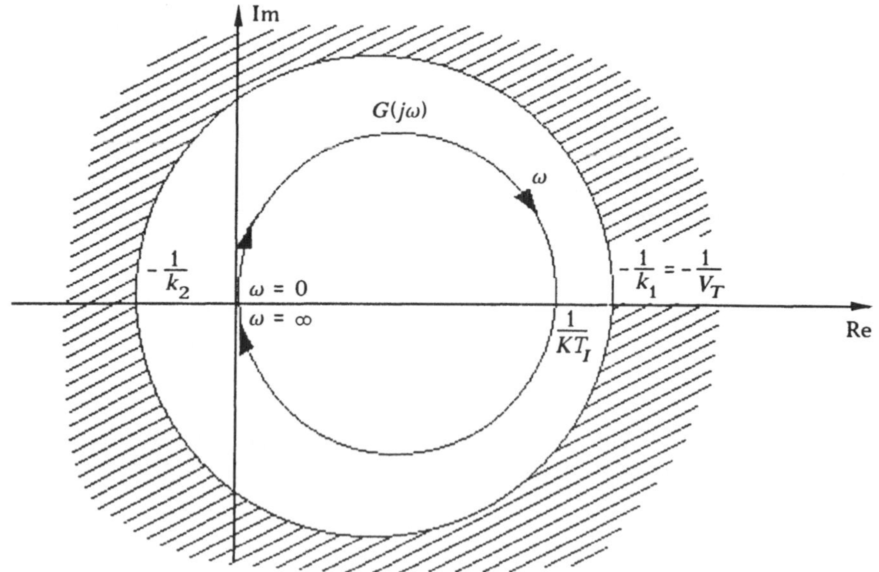

Bild 4.18. Auswertung von Nyquist- und Kreiskriterium

Es soll die allgemeine Form des Nyquist-Kriteriums (Satz 4.3) angewendet und dabei von der Bemerkung 7 im Anschluß an das Kriterium Gebrauch gemacht werden. Danach muß die aufsummierte stetige Winkeländerung $\Delta\varphi^*$ des Fahrstrahls vom Punkt $-1/V_T = +0{,}04$ an die Ortskurve die Bedingung (4.29)

$$\underset{\omega=0}{\overset{\omega=\infty}{\Delta\varphi^*}} \overset{!}{=} \pi \cdot 0 = 0$$

erfüllen, da der lineare Anteil weder Pole auf der imaginären Achse noch in der rechten Halbebene hat ($n_a = 0$, $n_r = 0$).

Zunächst stellt man fest, daß der Punkt $-1/V_T$ in der rechten Halbebene liegt, da V_T negativ ist. Die Nyquist-Bedingung ist dann nur erfüllt, wenn der Punkt $-1/V_T = 0{,}04$ rechts vom Kreis liegt, wie in Bild 4.18 eingezeichnet, d.h. es muß gelten

$$\frac{1}{KT_I} < -\frac{1}{V_T}$$

bzw.

$$KT_I > -V_T = 25\left[\frac{kp}{m}s\right],$$

was - wie nicht anders zu erwarten - mit der oben erhaltenen Bedingung übereinstimmt.

d) Kann das Kreiskriterium für den ganzen Kennlinienbereich $0 \leq v \leq 400$ km/h, also auch für Anfahren und Abbremsen Stabilität garantieren, und wie hängt diese Aussage möglicherweise von den Reglerparametern ab?

Wenn man diese Frage beantworten will, wird man zunächst im Arbeitspunkt den Sektor fixieren, in den die Kennlinie im gewünschen Aussteuerbereich $0 \leq v \leq 400$ eingepaßt werden kann. Man erhält

$$k_1 = V_T = -25\left[\frac{kp}{m}s\right]$$

$$k_2 = 76\left[\frac{kp}{m}s\right].$$

Da k_1 negativ ist, liegt der Punkt $-1/k_1$ in der rechten Halbebene, die Kreisscheibe "klappt um", d.h. die von der Ortskurve nicht zu berührende Fläche wird der außerhalb des Kreises durch $-1/k_1$ und $1/k_2$ markierte Bereich (schraffiert in Bild 4.18). Man stellt fest, daß die Ortskurve $G(j\omega)$ die Bedingung des Kreiskriteriums dann erfüllt wenn,

$$-1/k_1 = 0{,}04 > \frac{1}{KT_I}$$

was auch das Nyquist-Kriterium forderte. Der Punkt $-1/k_2$ liegt dann in jedem Falle in der linken Halbebene, da k_2 positiv ist, was sicherstellt, daß die durch die Kennlinie definierte Kreiskontur die kreisförmige Ortskurve berührungsfrei und sicher umschließt.

Man mag bei diesem Ergebnis zu der Vermutung neigen, daß die Stabilitätsbedingungen des Kreiskriteriums i.a. nahe bei denen des Nyquist-Kriteriums liegen. Diese Vermutung ist falsch. Da das Kreiskriterium nur hinreichend, aber nicht notwendig ist, ist es meist auch zu restriktiv und weist einen Stabilitätsbereich aus, der oft wesentlich kleiner ist als die tatsächliche Stabilitätsgrenze.

5 Synthese von Regelkreisen

5.1 Allgemeine Betrachtungen

Die vorangegangenen Kapitel brachten eine grundlegende Einführung in die Methoden zur Beschreibung und Analyse von dynamischen Übertragungssystemen. Wir werden, auf diesem Fundament aufbauend, jetzt die Grundlagen der Synthese von Regelkreisen erarbeiten, anschließend einige halbempirische Regeln zur Reglerwahl kennenlernen und schließlich zwei systematische Syntheseverfahren, das *Frequenzkennlinienverfahren* und die *vollständige Zustandsrückführung*, behandeln.

Ausgangspunkt unserer Überlegungen sei der folgende einschleifige Regelkreis in Bild 5.1, bei dem an verschiedenen Stellen *Störgrößen* angreifen.

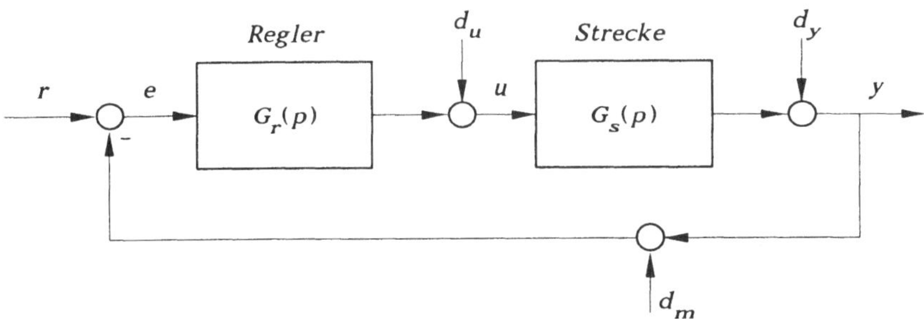

Bild 5.1. Einschleifiger Regelkreis mit Führungsgröße und Störgrößen

In dieser Darstellung haben die Signale die folgenden Bedeutungen (in Klammern sind die Benennungen der DIN-Norm 19 226 angegeben; wir wollen hier aber die international eingeführten Bezeichnungen verwenden):

$r(t)$ $[w(t)]$ Führungsgröße (Referenzgröße)

$y(t)$ $[x(t)]$ Regelgröße (Ausgangsgröße)

$e(t)$ $[x_d(t)]$	Regelfehler
$u(t)$ $[y(t)]$	Stellgröße
$d_u(t)$	Störung der Stellgröße
$d_y(t)$	Störung der Ausgangsgröße (Laststörung)
$d_m(t)$	Störung der Meßgröße.

Wie schon beim Nyquist-Kriterium fassen wir im folgenden die Übertragungsfunktion der vor dem Minuszeichen der Vergleichsstelle aufgeschnittenen Kreisschleife (hier die Reihenschaltung von Regler- und Streckenübertragungsfunktion) zusammen zur Übertragungsfunktion $L(p)$. Zähler- und Nennerpolynom nehmen wir als faktorisiert und so normiert an, daß der konstante Term jedes Teilfaktors 1 ist, wobei ein gemeinsamer Faktor V, der *Verstärkungsfaktor*, im Zähler entsteht:

$$L(p) = G_s(p)\,G_r(p) = \frac{V(1+\tau_1 p)(1+\tau_2 p)\ldots}{p^k(1+T_1 p)(1+T_2 p)\ldots(1+T_{12}\,p+T_{22}^2\,p^2)}\,. \tag{5.1}$$

Als Folge dieser Normierung treten im Zähler und im Nenner die Zeitkonstanten τ_i und T_i als Vorfaktoren der komplexen Frequenz p auf.

Im Hinblick auf die nachfolgenden Überlegungen sind zwei Fälle von besonderer Bedeutung:

$k = 0$: die Reihenschaltung $G_s(p)\,G_r(p)$ enthält keinen Integralanteil und

$k = 1$: die Reihenschaltung $G_s(p)\,G_r(p)$ enthält einen einfachen Integralanteil.

Es soll jetzt untersucht werden, wie sich die Übertragungsfunktion des offenen Kreises, die zum Teil von der wählbaren Regler-Übertragungsfunktion mitbestimmt wird, auf die Eigenschaften des geschlossenen Kreises auswirkt. Verfolgt man im Signalflußbild 5.1 den Signalpfad von der Ausgangsgröße $y(t)$ rückwärts, so erhält man im Frequenzbereich die Beziehung

$$Y(p) = D_y(p) + G_s(p)\big[\,D_u(p) + G_r(p)\big(R(p) - D_m(p) - Y(p)\big)\big]. \tag{5.2}$$

Löst man diese Gleichung nach $Y(p)$ auf, so ergibt sich für die

<u>*Ausgangsgröße*</u>:

$$Y(p) = \frac{L(p)}{1+L(p)}R(p) + \frac{1}{1+L(p)}D_y(p) + \frac{G_s(p)}{1+L(p)}D_u(p) - \frac{L(p)}{1+L(p)}D_m(p) \tag{5.3}$$

bzw. abgekürzt

$$Y(p) = T(p)\,R(p) + T_{dy}(p)\,D_y(p) + T_{du}(p)\,D_u(p) - T(p)\,D_m(p) \tag{5.4}$$

mit

$$T(p) = \frac{L(p)}{1 + L(p)} \quad \textit{Führungsübertragungsfunktion} \tag{5.5}$$

$$T_{dy}(p) = \frac{1}{1 + L(p)} \quad \textit{Störübertragungsfunktion} \text{ für Laststörungen} \tag{5.6}$$

$$T_{du}(p) = \frac{G_s(p)}{1 + L(p)} \quad \textit{Störübertragungsfunktion} \text{ für Störung der Stellgröße.} \tag{5.7}$$

Wir stellen anhand von (5.3) fest, daß eine Störung der Meßgröße - abgesehen vom Vorzeichen - sich auf die Ausgangsgröße auswirkt wie die Führungsgröße. Ein gutes Führungsverhalten bedingt daher gleichzeitig eine hohe Empfindlichkeit gegenüber Meßfehlern in dieser Konfiguration. Der Regelungs-Mechanismus kann hierbei die Wirkung einer Meßstörung nicht ausgleichen, weshalb man andere Maßnahmen treffen muß, um die Meßgröße störungsarm zu halten.

Ehe aus dem Zusammenhang (5.4) weitere Folgerungen gezogen werden, wollen wir zunächst ermitteln, wie der Regelfehler e von den einzelnen äußeren Einflußgrößen abhängt. Wenn man den im Signalflußbild ausgedrückten kausalen Zusammenhang für den Fehler $E(p)$ auswertet, erhält man nach kurzer Rechnung:

Regelfehler:

$$E(p) = \frac{1}{1 + L(p)} \left[R(p) - D_y(p) - D_m(p) - G_s(p)\, D_u(p) \right]. \tag{5.8}$$

Das Übertragungsverhalten von den einzelnen Größen in der eckigen Klammer auf den Regelfehler, der im Sinne der Regelaufgabe möglichst klein sein soll, ist also durch dieselbe Übertragungsfunktion gegeben, die den Zugriff der Laststörungen auf die Ausgangsgröße in (5.3) beschreibt.

Schließlich wollen wir uns überlegen, wie es sich auf das Verhalten des geschlossenen Kreises auswirkt, wenn sich in der Streckenübertragungsfunktion *Parametervariationen* einstellen, d. h. wenn sich Parameter wie die Verstärkung, die Zeitkonstanten oder die Dämpfung eines konjugiert komplexen Polpaares im Laufe des Betriebes ändern oder auch bei der Modellierung der Strecke ungenau identifiziert wurden. Wir betrachten also die Situation, daß statt der *nominalen* Strecken-Übertragungsfunktion $G_s(p)$ wegen der genannten Gründe eine veränderte *tatsächliche* Übertragungsfunktion $\tilde{G}_s(p)$ wirksam ist:

$$G_s(p) \xrightarrow[\textit{variationen}]{\textit{Parameter-}} \tilde{G}_s(p)\,.$$

Man erhält damit die veränderte Führungs-Übertragungsfunktion nach (5.5)

$$\tilde{T}(p) = \frac{\tilde{G}_s(p)\, G_r(p)}{1 + \tilde{G}_s(p)\, G_r(p)}\,. \tag{5.9}$$

Als ein Maß für die *Empfindlichkeit* des geschlossenen Kreises gegenüber solchen Parametervariationen in der Strecke, die auch als *innere Störungen* des Regelkreises bezeichnet werden, führen wir den folgenden Quotienten ein, für den wir nach kurzer Zwischenrechnung den Ausdruck auf der rechten Seite erhalten:

relative Empfindlichkeit:

$$S(p) = \frac{\tilde{T}(p) - T(p)}{\tilde{T}(p)} = \frac{1}{1 + L(p)} \left[\frac{\tilde{G}_s(p) - G_s(p)}{\tilde{G}_s(p)} \right]. \tag{5.10}$$

Hiermit wird die Differenz aus der durch Parametervariationen veränderten und der unveränderten Übertragungsfunktion bezogen auf die veränderte Übertragungsfunktion, was einer relativen (z. B. prozentualen) Bewertung der Abweichung entspricht. Daß wir die Differenz nicht auf die nominelle Übertragungsfunktion (ohne Tilde) beziehen, wird durch das Ergebnis auf der rechten Seite begründet. An diesem sehen wir, daß eine relative Änderung in $G_s(p)$ (Term in eckigen Klammern), mit einem Vorfaktor gewichtet, zu einer entsprechenden relativen Änderung des Übertragungsverhaltens des geschlossenen Kreises führt. Dieser Vorfaktor ist identisch mit der Störübertragungsfunktion $T_{dy}(p)$ für Laststörungen und war auch die entscheidende Übertragungsfunktion für den Regelfehler in (5.8).

Wir haben hiermit Ausdrücke gefunden, die das Verhalten des geschlossenen Regelkreises gegenüber der Führungsgröße und gegenüber äußeren und inneren Störungen beschreiben. Um aus diesen Ergebnissen Folgerungen ziehen zu können, sei an die spektrale Deutung der Frequenzbereichsdarstellung erinnert, die im Abschnitt 3.2.5 behandelt wurde. Hierzu schreiben wir die Beziehung für das Führungsverhalten (Störgrößen in (5.3) zu Null gesetzt) noch einmal mit $p = \mathrm{j}\omega$ hin:

$$Y(\mathrm{j}\omega) = \frac{L(\mathrm{j}\omega)}{1 + L(\mathrm{j}\omega)} R(\mathrm{j}\omega) = T(\mathrm{j}\omega) R(\mathrm{j}\omega). \tag{5.11}$$

Nach Abschnitt 3.2.5 stellt $R(\mathrm{j}\omega)$ das Spektrum der Führungsgröße $r(t)$ dar, d. h. $R(\mathrm{j}\omega)$ beschreibt - vereinfacht ausgedrückt -, wie sich die Amplituden von harmonischen Teilschwingungen, in die man $r(t)$ zerlegen kann, auf der ω-Achse verteilen. Die Werte von $R(\mathrm{j}\omega)$ bei niedrigen Kreisfrequenzen ω sind dabei verantwortlich für die langsamen Bewegungsanteile in $r(t)$, die bei hohen Kreisfrequenzen ω für die schnellen Bewegungen von $r(t)$. Insbesondere erhält man für $\omega = 0$ die spektrale Dichte, die einem Gleichanteil in $r(t)$ entspricht. Gleichung (5.11) besagt dann, daß der Frequenzgang des geschlossenen Kreises als Funktion von ω die spektrale Verteilung der Eingangsgröße $R(\mathrm{j}\omega)$ zur spektralen Verteilung der Ausgangsgröße umformt. Bleiben z. B. niederfrequente Anteile durch den Frequenzgang ungeschmälert, werden langsame Bewegungen der Führungsgröße r gut auf die Ausgangsgröße y übertragen.

Vor diesem Überlegungshintergrund setzen wir in den oben abgeleiteten Beziehungen jeweils $p = \mathrm{j}\omega$ und stellen für ein gutes Führungsübertragungsverhalten und eine gute Störunterdrückung eines Regelkreises die folgenden *allgemeinen Forderungen* auf:

$T(\mathrm{j}\omega) = \dfrac{L(\mathrm{j}\omega)}{1 + L(\mathrm{j}\omega)}$ sei beginnend bei $\omega = 0$ in einem möglichst großen Frequenzbereich konstant und nahe 1, um eine gute und schnelle Führung der Ausgangsgröße zu gewährleisten.

$\dfrac{1}{1 + L(\mathrm{j}\omega)}$ sei beginnend bei $\omega = 0$ in einem möglichst großen Frequenzbereich klein und nahe 0, damit die Störgrößenübertragung, die Parameter-Empfindlichkeit und der Regelfehler in diesem Frequenzbereich gering sind.

Die Formulierung "in einem möglichst großen Frequenzbereich" soll zum Ausdruck bringen, daß wir diese Forderungen nicht für den gesamten Frequenzbereich von $\omega = 0$ bis $\omega = \infty$ erheben können. Einerseits müssen wir aufgrund des meist durch die Strecke gegebenen Tiefpaßverhaltens eine obere Grenze hinnehmen, ab der der Frequenzgang der Führungsübertragungsfunktion betragsmäßig abfällt. Andererseits nimmt bei den in der Praxis üblichen Führungsgrößen r das Spektrum zu höheren Kreisfrequenzen hin ab, weshalb eine Übertragung dieser Anteile auch weniger wichtig wird.

Wir wollen diese Forderungen noch etwas im Hinblick auf die Darstellung von $L(p)$ in (5.1) präzisieren. Setzt man diese Darstellung in die Ausdrücke für $T(\mathrm{j}\omega)$ bzw. $T_{dy}(\mathrm{j}\omega)$ ein, so ergibt sich

$$T(\mathrm{j}\omega) = \frac{V(1+\tau_1\mathrm{j}\omega)(1+\tau_2\mathrm{j}\omega)\ldots}{(\mathrm{j}\omega)^k(1+T_1\mathrm{j}\omega)(1+T_2\mathrm{j}\omega)\ldots + V(1+\tau_1\mathrm{j}\omega)(1+\tau_2\mathrm{j}\omega)\ldots} \tag{5.12}$$

und

$$T_{dy}(\mathrm{j}\omega) = \frac{(\mathrm{j}\omega)^k(1+T_1\mathrm{j}\omega)(1+T_2\mathrm{j}\omega)\ldots}{(\mathrm{j}\omega)^k(1+T_1\mathrm{j}\omega)(1+T_2\mathrm{j}\omega)\ldots + V(1+\tau_1\mathrm{j}\omega)(1+\tau_2\mathrm{j}\omega)\ldots}\,. \tag{5.13}$$

Wie man hieran sieht, sind die oben aufgestellten Forderungen $T(\mathrm{j}\omega) \approx 1$ und $T_{dy}(\mathrm{j}\omega) \approx 0$ für niedrige ω-Werte insbesondere dann gut erfüllt, wenn

- der offene Kreis eine hohe Verstärkung V
- und / oder einen Integralanteil (d. h. $k \geq 1$) besitzt.

Diesen Forderungen steht allerdings, wie wir im Kapitel 4 gesehen haben, die Forderung nach Stabilität gegenüber: sowohl eine hohe Verstärkung als auch ein I-Anteil verschieben den Verlauf der Ortskurve des offenen Kreises $L(\mathrm{j}\omega)$ weiter in die linke Halbebene hinein und gefährden die Erfüllung des Nyquist-Kriteriums.

5.2 Statisches Verhalten von Regelkreisen

Es sei jetzt angenommen, daß der Regelkreis nach Bild 5.1 stabil ist und daß damit seine Eigenbewegungen mit wachsender Zeit abklingen. Wir stellen uns nun die Frage, wie der Kreis im eingeschwungenen Zustand auf verschiedene Führungs- und Störgrößen reagiert. Es ist dies die Frage nach der *statischen Genauigkeit* des Regelkreises.

Beispielhaft für eine solche Untersuchung werden die beiden folgenden Fälle eines

$$\textit{Führungssprungs} \quad r(t) = \sigma(t); \quad R(p) = \frac{1}{p} \tag{5.14}$$

und eines

$$\textit{Lastsprungs} \quad d_y(t) = \sigma(t); \quad D_y(p) = \frac{1}{p} \tag{5.15}$$

für $t \to \infty$ $(p \to 0)$ untersucht. Weitere Fälle mit anderen Eingangsfunktionen und anderen Störorten (z. B. Störung der Stellgröße) lassen sich sinngemäß behandeln.

Für den *Führungssprung* erhält man mithilfe des Grenzwertsatzes der Laplace-Transformation (alle Störgrößen in (5.4) zu Null gesetzt):

$$y(t \to \infty) = \lim_{p \to 0} p\, Y(p) = \lim_{p \to 0} p\, T(p) \cdot \frac{1}{p}\,. \tag{5.16}$$

(Die Anwendung des Satzes setzt voraus, daß der Grenzwert im Zeitbereich existiert; dies ist aber durch die Annahme, daß der Kreis stabil ist, gewährleistet.)

Setzt man $T(p)$ aus (5.12) ein und ersetzt darin $j\omega$ durch p, ergibt sich

$$y(t \to \infty) = \begin{cases} \dfrac{V}{1+V} & \text{für } k = 0 \\ 1 & \text{für } k \geq 1\,. \end{cases} \tag{5.17}$$

In gleicher Weise ergibt die Rechnung für den Lastsprung mit $T_{dy}(p)$ nach (5.13)

$$y(t \to \infty) = \lim_{p \to 0} p\, T_{dy}(p) \cdot \frac{1}{p} = \begin{cases} \dfrac{1}{1+V} & \text{für } k = 0 \\ 0 & \text{für } k \geq 1\,. \end{cases} \tag{5.18}$$

Ebenso läßt sich der Grenzwert für den Regelfehler gemäß (5.8) und die Empfindlichkeit der stationären Ausgangsgröße gegenüber Parameterschwankungen berechnen. Man erhält aus diesen Untersuchungen die folgende Tabelle 5.1, in die auch eine Rampenfunktion $t\,\sigma(t)$ als Sollwertverlauf aufgenommen wurde.

Tabelle 5.1: Statisches Verhalten des einschleifigen Regelkreises

	$y(\infty)$ $r(t) = \sigma(t)$ Sprungfktn.	$y(\infty)$ $d_y(t) = \sigma(t)$ Sprungfktn.	$e(\infty)$ $r(t) = \sigma(t)$ $d_y(t) = -\sigma(t)$	$e(\infty)$ $r(t) = t\sigma(t)$ Rampenfktn.	$\frac{\tilde{y}(\infty) - y(\infty)}{\tilde{y}(\infty)}$ $r(t) = \sigma(t)$
$k = 0$ kein I-Anteil	$\frac{V}{1+V}$	$\frac{1}{1+V}$	$\frac{1}{1+V}$	∞	$\frac{1}{1+V}$
$k = 1$ einfacher I-Anteil	1	0	0	$\frac{1}{V}$	0
$k = 2$ doppelter I-Anteil	1	0	0	0	0

Mit diesen Ergebnissen, die unter der Voraussetzung der Stabilität hergeleitet wurden, lassen sich die folgenden Regeln aufstellen.

- Die Sprungantwort kommt ohne I-Anteil desto näher an den Wert 1 heran, je größer die Verstärkung V ist; wenn ein I-Anteil im Vorwärtszweig des Regelkreises liegt, nähert sich die stationäre Sprungantwort asymptotisch dem Wert 1 ohne bleibenden Fehler.

- Ohne I-Anteil ist die bleibende Auslenkung der Regelgröße y infolge eines Lastsprungs desto kleiner, je größer V ist; mit einem I-Anteil wird jeder Lastsprung mit wachsender Zeit t vollständig ausgeregelt.

- Der stationäre Regelfehler ist ohne I-Anteil nach einem Führungssprung wie nach einem Lastsprung desto kleiner, je größer die Kreisverstärkung V ist; mit einem I-Anteil wird der stationäre Regelfehler zu Null.

- Einer Rampenfunktion als Führungsgröße kann der Regelkreis ohne I-Anteil nicht folgen; der Regelfehler wächst unbegrenzt. Mit einem I-Anteil ergibt sich ein bleibender Fehler von $1/V$. Mit einem doppelten I-Anteil kann sogar der bleibende Fehler der Rampenantwort zu Null ausgeregelt werden.

- Die prozentuale bleibende Abweichung der Ausgangsgröße infolge von Parameteränderungen ist für einen Führungssprung desto kleiner, je größer V ist; mit einem I-Anteil im Vorwärtszweig wird sie ganz ausgeregelt.

5.3 Grundsätzliche Betrachtungen zur dynamischen Güte

Die soeben erhaltenen Ergebnisse für die statische Genauigkeit von Regelkreisen wurden unter der Prämisse der Stabilität abgeleitet. Nun wird man bei einem Übergangsvorgang von einem gut dimensionierten Regelkreis nicht nur ein gutes statisches Verhalten erwarten, das theoretisch erst nach unendlich langer Zeit vorliegt, sondern auch fordern, daß dieser Zustand sich auch schnell und ohne größeres Überschwingen einstellt. Das bedeutet aber, daß wir nicht nur die Stabilität des Kreises schlechthin, sondern auch eine gewisse, noch zu definierende *Stabilitätsgüte* im Sinne eines angemessenen Abstands von der Stabilitätsgrenze fordern müssen. Diese Forderung ist schon aus Sicherheitsgründen zweckmäßig, um zu gewährleisten, daß geringe Parametervariationen den Kreis nicht an oder über die Stabilitätsgrenze hinausbringen.

Um ein gewünschtes Verhalten des geschlossenen Kreises zu erreichen, steht uns die Regler-Übertragungsfunktion mit frei wählbarer Struktur und wählbaren Parametern zur Verfügung, während Strecke und Stellglied meist fest vorgegeben sind. Wie man aus den Gleichungen (5.1) und (5.5) erkennt, beeinflußt der Regler die Übertragungsfunktion des offenen Regelkreises $L(p)$ *direkt*, in die seine Übertragungsfunktion multiplikativ eingeht. Die Verstärkung V_r, Pole, Nullstellen und ein möglicher Integral-Anteil können hier durch den Regler unmittelbar eingebracht werden. Im Gegensatz dazu ist der Einfluß des Reglers auf die Übertragungsfunktion des geschlossenen Kreises *weniger transparent*, da in dieser Zähler und Nenner in unüberschaubarer Weise durch die Regler-Übertragungsfunktion verändert werden. Wir werden daher im folgenden versuchen, eine Verbindung herzustellen zwischen den Eigenschaften der Übertragungsfunktion des offenen Kreises $L(p)$ und dem daraus resultierenden Verhalten des geschlossenen Kreises. Wenn wir über solche Beziehungen verfügen, können wir mit Blick auf gewisse Anforderungen an den geschlossenen Kreis den Regler gezielt so wählen, daß er die dazu notwendigen Voraussetzungen beim offenen Kreis schafft.

Diese Überlegungen lassen sich durch folgendes Entwurfsschema wiedergeben:

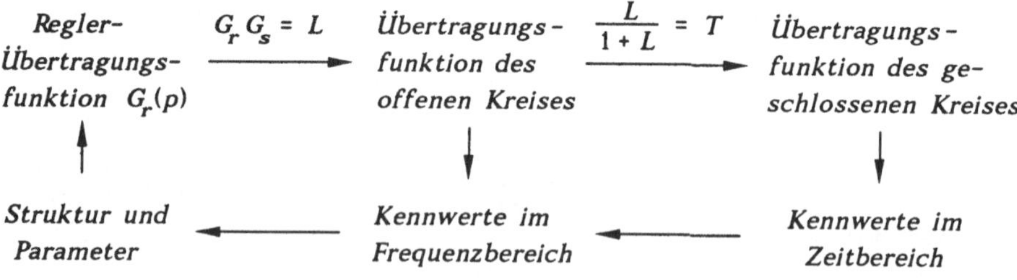

Ein solches Vorgehen, das man wegen seines "Umwegs" über das Übertragungsverhalten des offenen Kreises auch eine *indirekte Synthese* nennt, ist sehr effektiv und hat gegenüber direkten Verfahren (z. B. Verfahren der Polfestlegung nach [1] und [26] oder die direkte numerische Synthese von $T(p)$ nach Abschnitt 5.6 bzw. [10] und [25]) manchen Vorteil. Bei den folgenden Überlegungen wird uns das Nyquist-Kriterium, das ja ebenfalls vom offenen auf den geschlossenen Kreis rückschließt, eine wertvolle Richtlinie sein.

Wir beginnen diese Überlegungen mit der Betrachtung der Ortskurve $L(j\omega)$ des offenen Kreises in der komplexen Ebene nach Bild 5.2. Als Maß für den *Abstand* von der Stabilitätsgrenze bieten sich in dem Bild zwei Größen an:

die *Amplitudenreserve* A_r und die *Phasenreserve* Φ_r.

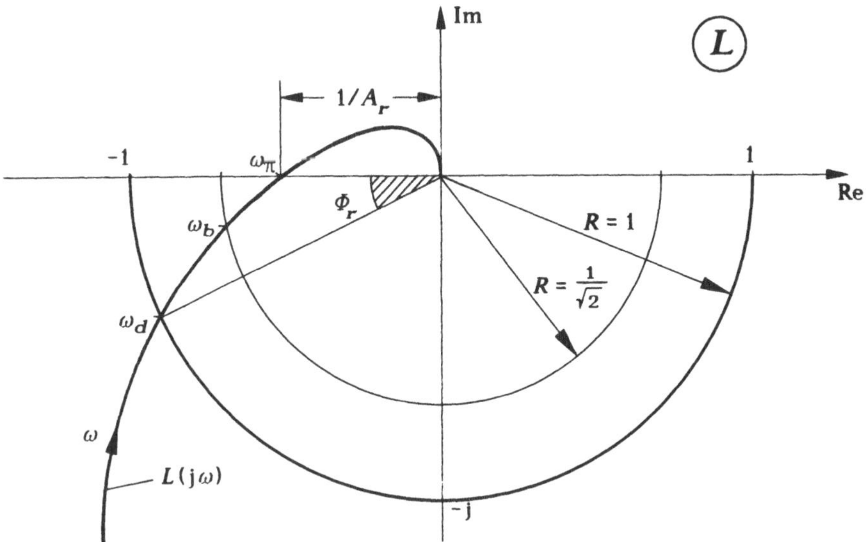

Bild 5.2. Orstkurve $L(j\omega)$ mit Kenngrößen

Die Amplitudenreserve A_r ist derjenige Faktor, um den wir die Verstärkung V und damit den Betrag von $L(j\omega)$ vergrößern können, bis der Schnittpunkt mit der negativen reellen Achse bei $\omega = \omega_\pi$ zum Punkt $[-1;\ j0\ ]$ wandert, d. h. bis der Kreis an der Stabilitätsgrenze ist. A_r ist demnach definiert durch

$$A_r = \frac{1}{|L(j\omega_\pi)|} \quad . \tag{5.19}$$

Die Phasenreserve Φ_r beschreibt diejenige Phasendrehung, um die die Ortskurve beim Durchtritt durch den Einheitskreis (*Durchtrittsfrequenz* ω_d mit $|L(j\omega_d)| = 1$) noch in negativer Drehrichtung verschoben werden müßte, damit sie bei $\omega = \omega_d$ durch den Punkt $(-1,\ j0)$ läuft. (Eine solche zusätzliche Phasendrehung ohne

Veränderung des Betrages von $L(j\omega)$ könnte z. B. durch ein zusätzliches Totzeitglied in der Kreisschleife bewirkt werden.) Die Phasenreserve kann nun durch folgende Beziehung definiert werden:

$$\Phi_r = \angle L(j\omega_d) + 180^0 . \tag{5.20}$$

In den meisten Fällen reicht eine der beiden Größen, um ein Maß für die *Stabilitätsgüte*, d. h. für den Abstand von der Stabilitätsgrenze, anzugeben. Mitunter, wenn der Schnittpunkt der Ortskurve mit dem Einheitskreis oder mit der negativen reellen Achse sehr flach verläuft, ist es zweckmäßig, beide Werte zu betrachten, da in solchen Fällen zu einer befriedigenden Phasenreserve eine kleine Amplitudenreserve (bzw. umgekehrt zu einer guten Amplitudenreserve eine geringe Phasenreserve) gehören kann, wie man sich anhand von Bild 5.2 klarmachen kann.

Eine weitere Kenngröße, die wir bereits im Kapitel 2 kennengelernt haben, ist die *Bandbreite* ω_b, die den Durchtritt der Ortskurve durch den Kreis mit dem Radius $1/\sqrt{2}$ markiert:

$$|L(j\omega_b)| = \frac{1}{\sqrt{2}} . \tag{5.21}$$

(Es sei darauf hingewiesen, daß in der Nachrichtentechnik der Begriff der Bandbreite eines Übertragungssystems durch $|L(j\omega_b)| = L(j0)/\sqrt{2}$ festgelegt wird, was mit (5.21) nur dann übereinstimmt, wenn die Übertragungsfunktion keinen I-Anteil hat und $V = 1$ ist.)

Schließlich haben wir im Abschnitt 5.2 gesehen, daß die *Verstärkung* V ein wichtiger Parameter der Übertragungsfunktion des offenen Kreises ist, der für die statische Genauigkeit des geschlossenen Kreises maßgeblich ist.

Die genannten Kenngrößen sollen nun mit dem Verhalten des geschlossenen Regelkreises in Verbindung gebracht werden. Leider gibt es hierfür keine strengen funktionalen Abhängigkeiten. Wir müssen daher auf *empirische Näherungsbeziehungen* zurückgreifen, die aber dennoch für die Reglerauswahl sehr nützlich sind. Da wir primär am Zeitverhalten des geschlossenen Kreises interessiert sind, sollen die gesuchten Korrespondenzen gleich für den *Zeitbereich* formuliert werden. Wir betrachten hierzu die Sprungantwort des geschlossenen Kreises nach Bild 5.3.

Drei Kennwerte sollen nun die statische und die dynamische Qualität dieses Übergangsverhaltens charakterisieren:

t_r : die *Anstiegszeit* als Maß für die Schnelligkeit der Reaktion (Dynamik),

M : die *Überschwingweite* als Maß für den Dämpfungsgrad (Dynamik),

e_∞: die *bleibende Regelabweichung* als Maß für die statische Genauigkeit.

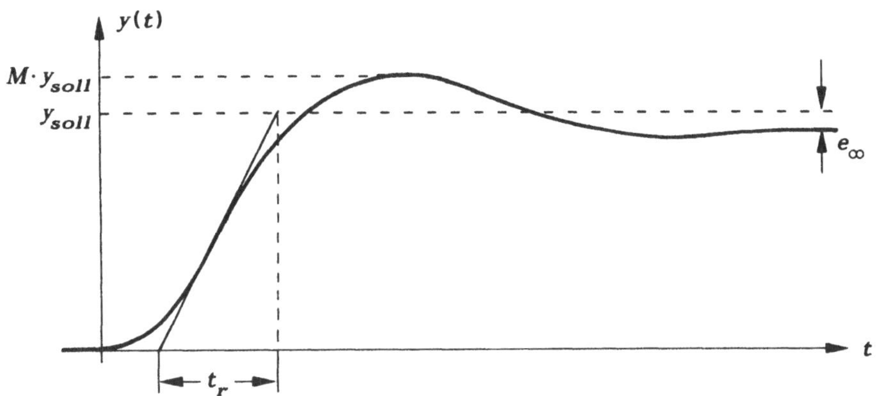

Bild 5.3. Kennwerte der Sprungantwort des geschlossenen Kreises

Zwischen diesen im Zeitbereich festgelegten Kennwerten des geschlossenen Kreises und den oben im Frequenzbereich definierten Kenngrößen des offenen Kreises bestehen nun folgende, in der Tabelle 5.2 aufgelistete Näherungs-Zusammenhänge (vgl. [15]).

Tabelle 5.2: Kennwerte des offenen und des geschlossenen Kreises

Kennwerte des offenen Kreises	Kennwerte des geschlossenen Kreises	empirischer Zusammenhang
Φ_r ↑	M ↓	$\Phi_r(M - 0{,}7) \approx 20^0$ (in $20^0 \leq \Phi_r \leq 60^0$)
ω_b ↑	t_r ↓	$\omega_b t_r \approx 2{,}3$
V ↑	e_∞ ↓	$e_\infty = \frac{1}{1+V}, \left(\frac{1}{V}\right)$

Wenn diese Näherungszusammenhänge auch nicht immer erfüllt sind, so geben sie doch die Richtung an, in der Kenngrößen des offenen Kreises über die Reglerparameter zu ändern sind, um Verbesserungen im Verhalten des geschlossenen Kreises zu erzielen. Wir wollen dies in den folgenden Regeln ausdrücken.

- Eine Vergrößerung der Phasenreserve Φ_r von $L(j\omega)$ verringert das Überschwingen der Übergangsfunktion des geschlossenen Kreises.

- Wenn die Bandbreite ω_b des offenen Kreises erhöht wird, sinkt die Anstiegszeit t_r des geschlossenen Kreises; dies erfordert aber eine Vergrößerung der Stellenergie.

- Eine hohe Verstärkung V senkt die bleibende Regelabweichung e_∞ , sofern diese nicht durch einen I-Anteil zu Null gemacht wird (siehe Tabelle 5.1).

Daß diese einfachen Regeln nicht konfliktfrei durch die Änderung der jeweiligen Reglerparameter befolgt werden können, zeigen die folgenden Überlegungen, die man sich auch anhand des Ortskurvenverlaufs in Bild 5.2 plausibel machen kann.

1. Eine Vergrößerung von V erhöht die statische Genauigkeit, weitet aber die Ortskurve auf, so daß die Phasenreserve sinkt und das Überschwingen größer wird. Die Kreisfrequenz ω_b, bei der die Ortskurve den Kreis mit Radius $1/\sqrt{2}$ schneidet, verschiebt sich zu höheren Werten, was die Systemantwort beschleunigt.

2. Eine zusätzliche Nullstelle im Zähler des Reglers (PD-Anteil) bringt eine zusätzliche Anhebung des Betrags der Ortskurve und eine Phasenvoreilung. Dies führt zu einer Vergrößerung der Phasenreserve Φ_r , aber auch zu einer Erhöhung des Stellgrößenaufwands (wegen der Vergrößerung des Verhältnisses $U(j\omega)/E(j\omega) = G_r(j\omega)$ im höheren Frequenzbereich). Bandbreite ω_b und bleibender Regelfehler e_∞ bleiben etwa gleich.

3. Die Hinzunahme eines I-Anteils zum Regler erhöht zwar die statische Genauigkeit, allerdings bringt dieser Anteil für sich allein bereits eine Phasennacheilung von -90^0, die die Phasenreserve verringert und die Stabilität gefährdet. Ein solcher Anteil wird daher meistens als PI-Term, d. h. zusammen mit einer Nullstelle eingebracht, die die Phasennacheilung weitgehend kompensiert (vgl. Tabelle 3.3). Oft muß für die Wahl eines I-Anteils der Verstärkungsfaktor reduziert werden, um eine hinreichende Phasenreserve beizubehalten, wodurch die Bandbreite ω_b und die Schnelligkeit des Kreises wiederum sinken.

Durch geeignete Kombination von dynamischen Elementen im Regler kann man gezielt darauf hinwirken, daß die gewünschten Anforderungen an Schnelligkeit, Dämpfung und Präzision in einem gewissen Rahmen gleichzeitig erfüllt sind. Allerdings wird man dabei häufig einen Kompromiß zu finden haben zwischen hoher statischer Genauigkeit, guter Störunterdrückung und geringer Parameterempfindlichkeit einerseits und schneller Reaktion bei hinreichender Dämpfung, also guten dynamischen Eigenschaften andererseits. Gehen die Vorgaben für den geschlossenen Kreis an den Eigenschaften der Strecke zu weit vorbei, so führt das - auch wenn sich ein entsprechender Regler entwerfen läßt - zu nicht realisierbar hohen Stellgrößen.

5.4 Einstellregeln für den Reglerentwurf

Bei *systematischen* Syntheseverfahren, wie den in den beiden folgenden Abschnitten beschriebenen Verfahren, dem hier nicht behandelten Wurzel-Ortskurvenverfahren [20] und den verschiedenen Optimierungsverfahren [11] wird eine genaue Beschreibung der Regelstrecke in Form eines mathematischen Modells im Zeitbereich (z. B. eine Zustandsbeschreibung) oder in Form des Frequenzgangs bzw. der Übertragungsfunktion vorausgesetzt. In vielen Anwendungsfällen, insbesondere aus der Verfahrenstechnik, ist eine solche exakte Beschreibung der Regelstrecke nur durch eine aufwendige Analyse und Identifizierung des Systems beizubringen. Oftmals ist dabei das dynamische Verhalten der Regelstrecke unkritisch und hinreichend gedämpft, so daß eine Synthese des Regelkreises mit einfachen Standard-Reglern, die nur wenige Parameter als Freiheitsgrade haben, bereits zu recht guten Ergebnissen führt. Für solche Fälle wurden *empirische, halbexperimentelle Einstellregeln* entwickelt, die es ermöglichen, den Regler ohne detaillierte Kenntnis der Strecke und ohne ein aufwendiges Syntheseverfahren zu dimensionieren. Wir wollen hier drei dieser Einstellregeln kennenlernen; weitere sind in der Literatur, z. B. bei [20] oder [21] zu finden.

5.4.1 Die Methode des Stabilitätsrandes (nach Ziegler-Nichols)

Es seien folgende Annahmen erfüllt:

- die Regelstrecke sei stabil und habe Proportional-Verhalten (P-Verhalten);
- als Alternativen stehen je nach Anforderungen an den geschlossenen Kreis ein P-, ein PI- und ein PID-Regler zur Auswahl mit den Übertragungsfunktionen:

P-Regler:
$$G_r(p) = K_r , \tag{5.22}$$

PI-Regler:
$$G_r(p) = K_r\left(1 + \frac{1}{T_I p}\right) = \frac{K_r(1 + T_I p)}{T_I p} , \tag{5.23}$$

PID-Regler:
$$G_r(p) = K_r\left(1 + \frac{1}{T_I p} + T_D p\right) = \frac{K_r(1 + T_I p + T_I T_D p^2)}{T_I p} . \tag{5.24}$$

Das Einstellverfahren besteht nun aus den folgenden beiden Schritten.

1. *Schritt*: Man verbinde die Strecke mit einem P-Regler, schließe den Regelkreis und erhöhe die Reglerverstärkung K_r bis an der Stabilitätsgrenze Schwingungen einsetzen. Hierfür notiere man die *kritische Verstärkung*

$$K_r = K_{krit} \tag{5.25}$$

und die Periodendauer der Schwingung der Ausgangsgröße

$$T_{krit} = \frac{2\pi}{\omega_{krit}} . \tag{5.26}$$

2. _Schritt_: Mit diesen beiden experimentell ermittelten Werten wird je nach Anforderung ein *P*-, ein *PI*- oder ein *PID*-Regler nach folgender Tabelle dimensioniert.

Tabelle 5.3: Regler-Parameter nach *Ziegler-Nichols*

Reglertyp	Verstärkung K_r	Nachstellzeit T_I	Vorhaltzeit T_D
P-Regler	$0{,}5\ K_{krit}$	-	-
PI-Regler	$0{,}45\ K_{krit}$	$0{,}85\ T_{krit}$	-
PID-Regler	$0{,}6\ K_{krit}$	$0{,}5\ T_{krit}$	$0{,}12\ T_{krit}$

5.4.2 Die Wendetangenten-Methode

Wir gehen wieder von den gleichen Annahmen für die Strecke aus:
- die Regelstrecke sei stabil und habe Proportional-Verhalten (*P*-Verhalten);
- als Alternativen stehen ein *P*-, ein *PI*- und ein *PID*-Regler zur Wahl.

Das Vorgehen besteht wieder aus zwei Schritten.

1. _Schritt_: Man gebe eine Sprungfunktion $u(t) = U_0\, \sigma(t)$ auf die Strecke und nehme die Sprungantwort gemäß Bild 5.4 auf.

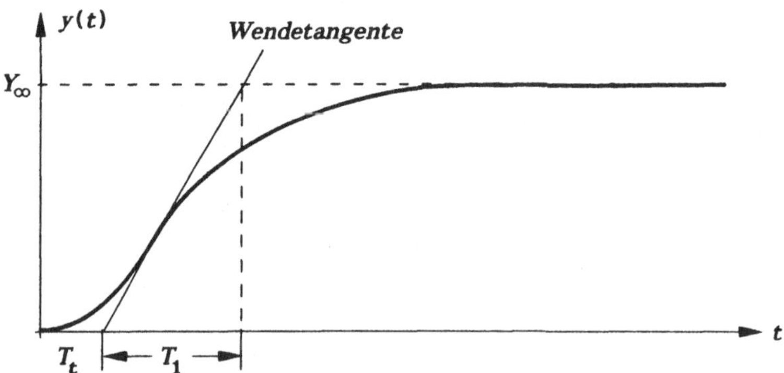

Bild 5.4. Sprungantwort der Regelstrecke

Aus dieser Sprungantwort werden die Kennwerte T_t, T_1 und Y_∞ abgelesen, aus denen die folgende Kenngröße bestimmt wird

$$K = \frac{Y_\infty}{U_0} \frac{T_t}{T_1} . \tag{5.27}$$

2. *Schritt*: Mit den Werten von K und T_t dimensioniere man je nach Anforderung einen P-, PI- oder PID-Regler nach folgender Tabelle.

Tabelle 5.4: Regler-Parameter nach der Wendetangenten-Methode

Reglertyp	Verstärkung K_r	Nachstellzeit T_I	Vorhaltzeit T_D
P-Regler	$\frac{1}{K}$	-	-
PI-Regler	$\frac{0{,}9}{K}$	$3{,}3\,T_t$	-
PID-Regler	$\frac{1{,}2}{K}$	$2\,T_t$	$0{,}5\,T_t$

5.4.3 Die Methode des 'Symmetrischen Optimums'

Bei dieser Einstellregel wird im Gegensatz zu den beiden vorangegangenen Verfahren vorausgesetzt, daß die Streckenübertragungsfunktion bekannt ist. Die Methode hat zwei Varianten, die im folgenden beschrieben sind.

1. *Variante*: Die Übertragungsfunktion der Strecke habe die Form

$$G_s(p) = \frac{V_s}{(1 + T_1 p) \prod_{i=2}^{n} (1 + T_i p)}\,, \tag{5.28}$$

wobei *eine* Zeitkonstante T_1 wesentlich größer ist als die anderen gemäß

$$T_1 > 4 \sum_{i=2}^{n} T_i = 4\,T_\Sigma\,. \tag{5.29}$$

Man wähle einen PI-Regler und dimensioniere ihn nach folgender Regel

$$K_r = \frac{1}{2 V_s} \frac{T_1}{T_\Sigma} \quad \text{und} \quad T_I = 4\,T_\Sigma\,. \tag{5.30}$$

2. *Variante*: Die Übertragungsfunktion liege diesmal in der Form vor

$$G_s(p) = \frac{V_s}{(1 + T_1 p)(1 + T_2 p) \prod_{i=3}^{n} (1 + T_i p)}\,, \tag{5.31}$$

wobei *zwei* große Zeitkonstanten vorhanden sind mit der Bedingung

$$T_1 > T_2 > 8 \sum_{i=3}^{n} T_i = 8\,T_\Sigma\,. \tag{5.32}$$

Man wähle einen PID-Regler und dimensioniere ihn gemäß

$$K_r = \frac{T_1 T_2}{8 V_s T_\Sigma T_\Sigma}\,; \qquad T_I = 16\,T_\Sigma\,; \qquad T_D = 4\,T_\Sigma\,. \tag{5.33}$$

5.5 Das Frequenzkennlinien-Verfahren

Wir kommen zurück auf die Überlegungen von Abschnitt 5.3 und werden uns nun mit einem Verfahren befassen, bei dem die dort erarbeiteten Erkenntnisse systematisch für die Reglerauslegung angewendet werden. Der Ausgangspunkt ist wieder die Konfiguration eines einschleifigen Regelkreises nach Bild 5.5, bei dem die Übertragungsfunktion des Reglers $G_r(p)$ zur Wahl steht, während die Strecken-Übertragungsfunktion als fest gegeben betrachtet wird. Im Gegensatz zu anderen Konfigurationen, wo z. B. zwischen der Führungsgröße r und der Vergleichsstelle oder auch im Rückführzweig ein zusätzliches, frei wählbares Übertragungsglied weitere Freiheitsgrade zur Synthese bietet, handelt es sich hier um einen Regelkreis mit nur *einem* Freiheitsgrad, der Reglerübertragungsfunktion $G_r(p)$.

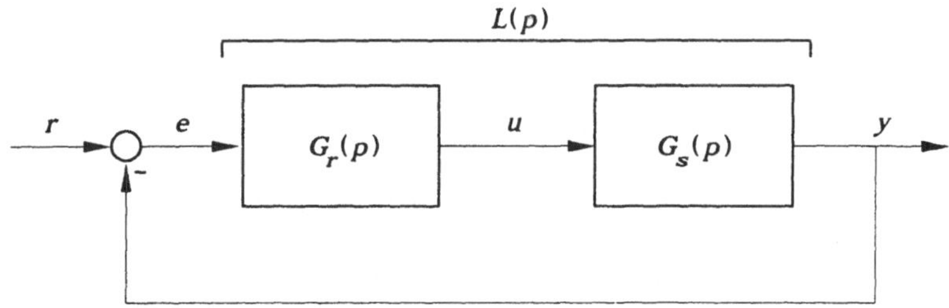

Bild 5.5. Einschleifiger Regelkreis mit einem Freiheitsgrad

Der Frequenzgang des offenen Kreises sei gemäß (5.1) gegeben durch

$$L(j\omega) = G_s(j\omega)\,G_r(j\omega) = \frac{V(1+j\omega\tau_1)(1+j\omega\tau_2)\,\ldots\,(1+j\omega\tau_m)}{(j\omega)^k\,(1+j\omega T_1)\,\ldots\,(1+j\omega T_{12}-\omega^2 T_{22}^2)\ldots(1+j\omega T_n)}\,, \tag{5.34}$$

d. h. wir gehen wieder von dieser Darstellungsform aus, bei der die Konstante in jedem Klammerfaktor zu 1 normiert wurde. Im Abschnitt 5.3 haben wir festgestellt, daß die frei wählbare Übertragungsfunktion des Reglers den Frequenzgang $L(j\omega)$ direkt beeinflußt, indem Zähler- und Nennerterme des Reglers *multiplikativ* in den Zähler und Nenner von $L(j\omega)$ eingehen. Auf welche Eigenschaften es dabei im Frequenzgang des offenen Kreises ankommt, um ein gewünschtes Übertragungsverhalten des geschlossenen Kreises zu erzielen, wurde im Abschnitt 5.3 dargelegt.

Nun ist die *Multiplikation* zweier komplexwertiger Funktionen für die numerische Auswertung von Hand eine etwas aufwendige Rechenoperation, die für einen schrittweisen, oftmals iterativen Vorgang wie die Reglerauslegung immer noch mühsam und zu wenig transparent ist. Hier bietet sich wie bei Produkten gewöhnlicher reeller Zahlen die *Logarithmierung* an, die die Multiplikation auf die einfachere und für den Syntheseablauf übersichtlichere *Addition* zurückführt.

Wir erinnern uns zu diesem Zweck der Darstellung eines Produkts zweier komplexer Zahlen durch Zeiger mit Betrag und Phase

$$z_1 z_2 = |z_1| e^{j \arg z_1} |z_2| e^{j \arg z_2} = |z_1| |z_2| e^{j(\arg z_1 + \arg z_2)} . \tag{5.35}$$

Hierin bedeutet $\arg z$ den Winkel, den der Zeiger z in der komplexen Ebene mit der positiv reellen Achse einschließt.

Logarithmiert man dieses Produkt, so erhält man

$$\log(z_1 z_2) = \underbrace{\log|z_1| + \log|z_2|}_{\textit{Realteil}} + \underbrace{j(\arg z_1 + \arg z_2) \log e}_{\textit{Imaginärteil}} . \tag{5.36}$$

Ebenso verfahren wir mit dem Frequenzgang des offenen Kreises nach (5.34):

$$\begin{aligned} \log\big(L(j\omega)\big) = \Big[& \log V + \log|1 + j\omega\tau_1| + \ldots + \log|1 + j\omega\tau_m| - k \log\omega \\ & - \log|1 + j\omega T_1| - \log|1 + j\omega T_{12} - \omega^2 T_{22}^2| - \ldots - \log|1 + j\omega T_n| \Big] + \\ & + j \log e \Big[\arg(1 + j\omega\tau_1) + \ldots + \arg(1 + j\omega\tau_m) - k\frac{\pi}{2} \\ & - \arg(1 + j\omega T_1) - \arg(1 + j\omega T_{12} - \omega^2 T_{22}^2) - \ldots - \arg(1 + j\omega T_n) \Big] . \end{aligned} \tag{5.37}$$

In diesem Ausdruck bildet die erste eckige Klammer auf der rechten Seite den *Realteil*, entsprechend dem *Gesamtbetrag* $|L|$, und die zweite eckige Klammer den *Imaginärteil*, entsprechend der *Gesamtphase* $\angle L$ (multipliziert mit dem konstanten Faktor $\log e$, der im folgenden keine Bedeutung hat).

Wir erkennen hieraus:

- Betrag und Phase des Gesamtfrequenzgangs $L(j\omega)$ ergeben sich in logarithmischer Darstellung durch einfache *additive Überlagerung* der Beträge und der Phasen der einzelnen Zähler- und Nennerfaktoren.

- Die Trennung von Real- und Imaginärteil entspricht einer getrennten Betrachtung von Betrag und Phase; der Faktor $\log e$ steht als Konstante vor der Phasensumme und ist ohne Belang für die Entstehung der Gesamtphase.

- Der Gesamtbetrag und die Gesamtphase ergeben sich durch die Addition von elementaren Teilsummanden, die teilweise im Aufbau gleich sind und sich nur durch die Zeitkonstanten τ_i, T_i unterscheiden. Diese Teilsummanden lassen sich nach ihrer Struktur in wenige Typen klassifizieren.

Wir wollen uns nun zunächst klar machen, wie diese Elemente als Bausteine eines Frequenzgangs in logarithmischer Darstellung wiederzugeben sind.

1. Faktor $\frac{V}{(j\omega)^k}$, Verstärkungsfaktor mit etwaigen *I*- oder *D*-Anteilen

Die Logarithmierung dieses Faktors ergibt

$$\log\left(\frac{V}{(j\omega)^k}\right) = \log\left(\frac{V}{\omega^k}\, e^{-jk\frac{\pi}{2}}\right) = \underbrace{\log V - k\log\omega}_{Betrag} + j\underbrace{\left(-k\frac{\pi}{2}\right)}_{Phase}\log e\,. \tag{5.38}$$

Wir interpretieren dieses Ergebnis nun für folgende häufig vorkommende Fälle.

<u>$k = 0$: kein *I*-Anteil und kein *D*-Anteil</u>

Für den *Betrag* (entsprechend dem Realteil) erhalten wir

$$\log V = \text{const} \quad \text{für alle } \omega. \tag{5.39}$$

Über einer (beliebig skalierten) ω-Achse aufgetragen ergibt dieser Term eine *waagerechte Gerade.* Für die *Phase* (entsprechend dem Imaginärteil ohne dem Faktor $\log e$) ergibt sich

$$\arg(V) = 0^0 = \text{const}\,; \tag{5.40}$$

d. h. ein Verstärkungsfaktor allein liefert keinen Phasenbeitrag entlang der gesamten ω-Achse. (Wir setzen hierbei den Normalfall mit $V > 0$ voraus; für $V < 0$ bliebe der Betrag $\log|V|$ unverändert; das Argument wäre nach (5.38) konstant -180^0 über die ganze ω-Achse.)

<u>$k = 1$: einfacher *I*-Anteil</u>

Für den <u>*Betrag*</u> erhält man hier aus (5.38)

$$\log\left|\frac{V}{j\omega}\right| = \log V - \log\omega\,. \tag{5.41}$$

Wenn man diese Beziehung in ein Diagramm mit *doppelt-logarithmischer Teilung* einträgt, dann wird die Logarithmierung der einzelnen Terme durch die Skalierung von Abszisse und Ordinate durchgeführt (auf diesem Prinzip beruhte auch der durch die Taschenrechner abgelöste Rechenschieber), so daß (5.41) dann die Form hat

$$y = k - x\,. \tag{5.42}$$

Dies ist aber die Gleichung einer *Geraden* mit der Steigung -1, die für $\omega = 1$, d. h. für $x = \log\omega = 0$ durch den Punkt $y = k$, das ist $\log \left| V/\mathrm{j}\omega \right| = \log V$ geht.

Für die <u>*Phase*</u> erhält man mit

$$\arg\left(\frac{V}{\mathrm{j}\omega}\right) = -\frac{\pi}{2} = \text{const} \tag{5.43}$$

einen konstanten Betrag dieses Terms für alle ω-Werte.

<u>$k = -1$: einfacher D-Anteil (Faktor $\mathrm{j}\omega$ im Zähler von $L(\mathrm{j}\omega)$)</u>

Entsprechend (5.38) ergibt sich hier für den *Betrag*

$$\log |V\mathrm{j}\omega| = \log V + \log\omega\,, \tag{5.44}$$

was bei doppelt logarithmischer Skalierung einer *Geraden* mit der Steigung +1 durch den Punkt $[\,\omega = 1;\; V\,]$ entspricht. Für die *Phase* erhalten wir jetzt einen positiven konstanten Beitrag

$$\arg\left(V\mathrm{j}\omega\right) = +\frac{\pi}{2} = \text{const}\,. \tag{5.45}$$

Allgemein gilt:

> Ein k-facher I-Anteil (D-Anteil) ergibt für den Betrag bei doppelt logarithmischer Skalierung eine *Gerade* mit der Steigung $-k$ ($+k$), die (im logarithmischen Maßstab) durch den Punkt $[\,\omega = 1;\; V\,]$ geht. Für die Phase liefert er einen konstanten Beitrag von $-k\,\frac{\pi}{2}$ ($+k\,\frac{\pi}{2}$).

Für $V = 1{,}4$ sind die sich ergebenden Geraden für $k = 0,\ 1,\ -1$ in Bild 5.6 wiedergegeben, wobei für den Betrag eine doppelt logarithmische Teilung, für die Phase eine einfach logarithmische Teilung gewählt wurde.

<u>Bemerkung:</u> Die logarithmische Teilung der Achsen bewirkt, daß nur jeweils einige Dekaden der ω-Achse und des Betrages dargestellt werden können. Insbesondere liegt der Punkt $\omega = 0$ im negativ Unendlichen; er ist also nie in diesen Diagrammen, den *logarithmischen Frequenzkennlinien* (*Bode-Diagramm*), erfaßbar.

Es kann nun sein, daß der interessierende Frequenzbereich (z. B. sehr kleine oder sehr große ω-Werte) den Wert $\omega = 1$ nicht enthält. Man muß dann den

Bezugspunkt für die Gerade entsprechend extrapolieren. Z. B. geht bei einem einfachen I-Anteil die fallende Gerade für $\omega = 1$ durch den Punkt V, für $\omega = 0{,}1$ durch $10\,V$, für $\omega = 10$ durch $V/10$, für $\omega = 100$ durch $V/100$ u. s. f.

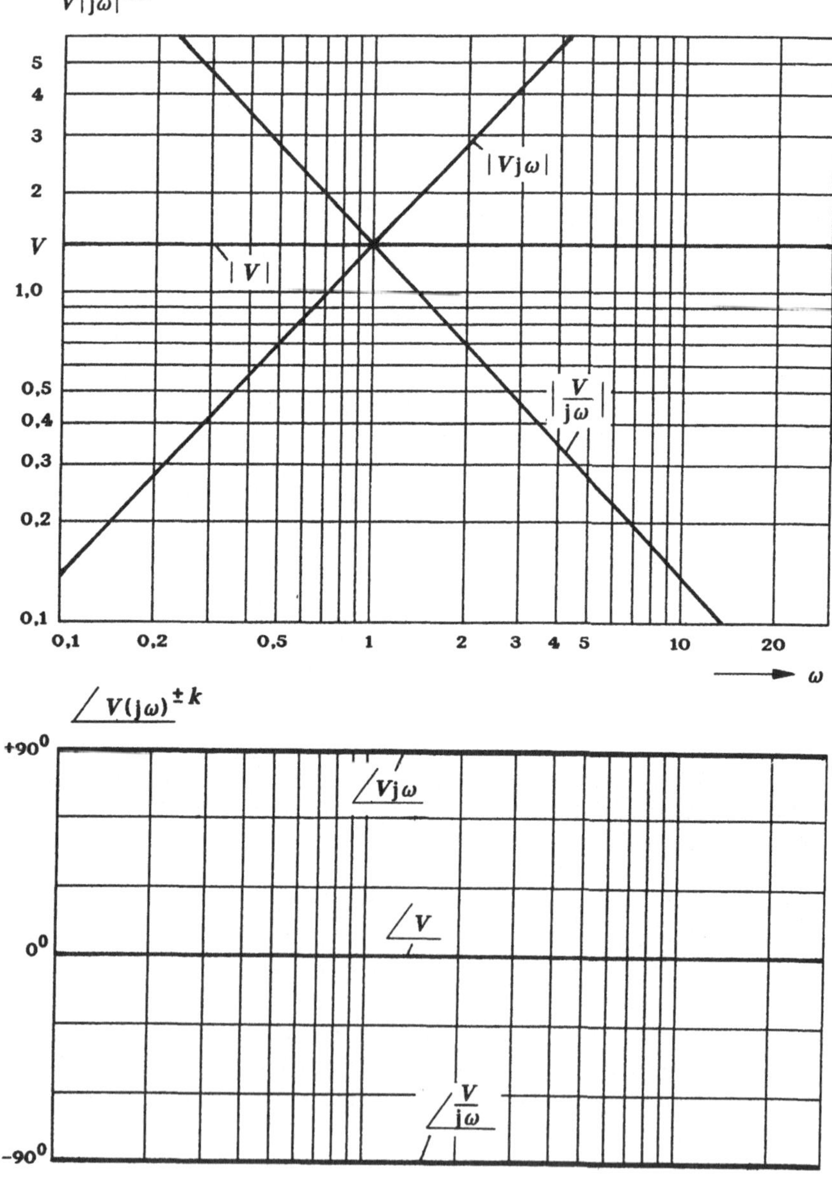

Bild 5.6. Betrag und Phase für die Terme V, $\frac{V}{j\omega}$ und $Vj\omega$

2. Faktor $(1 \pm j\omega T)^{\pm 1}$, einfache Pol- oder Nullstelle

Der Exponent in diesem Linearfaktor entscheidet, ob in der nachfolgenden Rechnung eine Nullstelle (+1) oder eine Polstelle (-1) betroffen ist. Plus- oder Minuszeichen in der Klammer berücksichtigt, daß wir entweder eine Polstelle (Nullstelle) in der linken (+) oder in der rechten (-) Halbebene vorliegen haben. Alle diese Varianten lassen sich durch die gleiche, im folgenden beschriebene Betrachtung abhandeln. In Bild 5.7 ist hierfür zur Verdeutlichung der Zeiger der komplexen Zahl $1 + j\omega T$ bzw. $1 - j\omega T$ dargestellt.

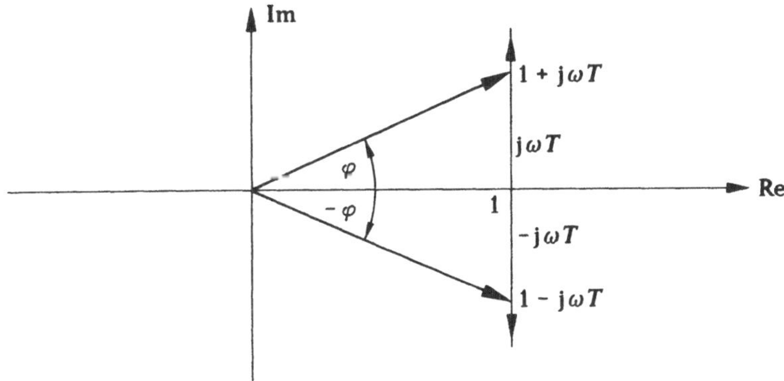

Bild 5.7. Lage des Zeigers $1 \pm j\omega T$ in der komplexen Ebene

Wie man hieraus ersieht, ist der Vorzeichenwechsel vor dem Imaginärteil für den Betrag ohne Bedeutung, während die Phase das Vorzeichen ebenso wechselt.

Wenn es sich um einen Faktor im Zähler, d. h. um eine <u>*Nullstelle*</u> handelt, erhalten wir aus Bild 5.7 für den <u>*Betrag*</u>:

$$\log|1 \pm j\omega\tau| = \log\sqrt{1 + \omega^2\tau^2} = \begin{cases} \approx \log 1 = 0 & \text{für } \omega \ll \frac{1}{\tau} = \omega_E \\ = \log\sqrt{2} & \text{für } \omega = \frac{1}{\tau} = \omega_E \\ \approx \log\omega - \log\frac{1}{\tau} & \text{für } \omega \gg \omega_E \,. \end{cases} \quad (5.46)$$

Für ω-Werte, die viel kleiner sind als die *Eckfrequenz* $\omega_E = \frac{1}{\tau}$, ist der Beitrag dieses Terms eine Waagerechte auf der Höhe $\log 1 = 0$ (Linie 1 = const bei logarithmischer Skalierung), d. h. bei der Addition in der logarithmischen Darstellung ist der Beitrag Null. Für ω-Werte, die viel größer sind als die Eckfrequenz ω_E, ergibt sich in doppelt logarithmischer Darstellung eine Beziehung der Form

$$y = x - x_E . \tag{5.47}$$

Dies ist eine *Gerade* mit der Steigung +1 durch den Punkt [ω_E; 1] in der doppelt logarithmisch skalierten Ebene. Zwischen diesen beiden Asymptoten gibt es etwa über den Bereich einer ω-Dekade einen sanft gebogenen Übergang, der durch den Punkt [ω_E ; $\sqrt{2}$] geht, wie in Bild 5.8 dargestellt.

Für die <u>*Phase*</u> läßt sich aus Bild 5.7 herleiten:

$$\arg(1 \pm j\omega\tau) = \pm \arctan \omega\tau = \begin{cases} \approx 0^0 & \text{für } \omega \ll \omega_E \\ = \pm 45^0 & \text{für } \omega = \omega_E \\ \approx \pm 90^0 & \text{für } \omega \gg \omega_E . \end{cases} \tag{5.48}$$

Der Verlauf der Phase wird ebenfalls durch zwei Asymptoten bestimmt, die hier beide waagerecht verlaufen und zwar bei 0^0 für $\omega \ll \omega_E$ und bei $+90^0$ bzw. bei -90^0 für $\omega \gg \omega_E$ je nach Lage der Nullstelle. Der durch die Arcus-Tangens-Funktion bestimmte Übergang erstreckt sich bei der Phase allerdings über *zwei* Dekaden, wie man aus Bild 5.8 ersehen kann.

Wenn es sich um eine <u>*Polstelle*</u> handelt, d. h. wenn der Faktor im Nenner steht, sind nach (5.37) sowohl der Betrag als auch die Phase bei der Logarithmierung mit einem Minuszeichen zu versehen. Man erhält dann mit $\omega_E = 1/T$ für den

<u>*Betrag*</u>

$$\log\left|(1 \pm j\omega T)^{-1}\right| = -\log\sqrt{1 + \omega^2 T^2} = \begin{cases} \approx -\log 1 = 0 & \text{für } \omega \ll \omega_E \\ = -\log\sqrt{2} & \text{für } \omega = \omega_E \\ \approx -\log\omega + \log\omega_E & \text{für } \omega \gg \omega_E . \end{cases} \tag{5.49}$$

Das negative Vorzeichen bewirkt nun, daß die Kennlinien spiegelsymmetrisch zu denen einer Nullstelle verlaufen (siehe Bild 5.7)).

Für die <u>*Phase*</u> ergibt sich hier

$$-\arg(1 \pm j\omega T) = \mp \arctan\omega T = \begin{cases} \approx 0^0 & \text{für } \omega \gg \omega_E \\ = \mp 45^0 & \text{für } \omega \gg \omega_E \\ \approx \mp 90^0 & \text{für } \omega \gg \omega_E . \end{cases} \tag{5.50}$$

Verlauf von Betrag und Phase sind für einen Nenner- und einen Zählerfaktor, wenn die zugehörige Pol- oder Nullstelle in der linken Halbebene liegen, in Bild 5.8 dargestellt.

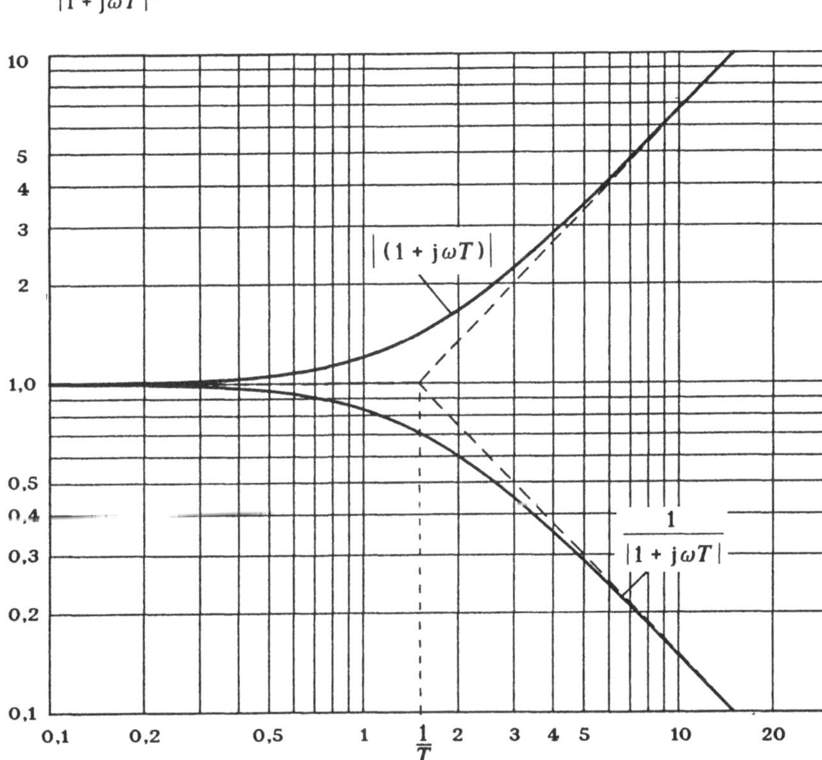

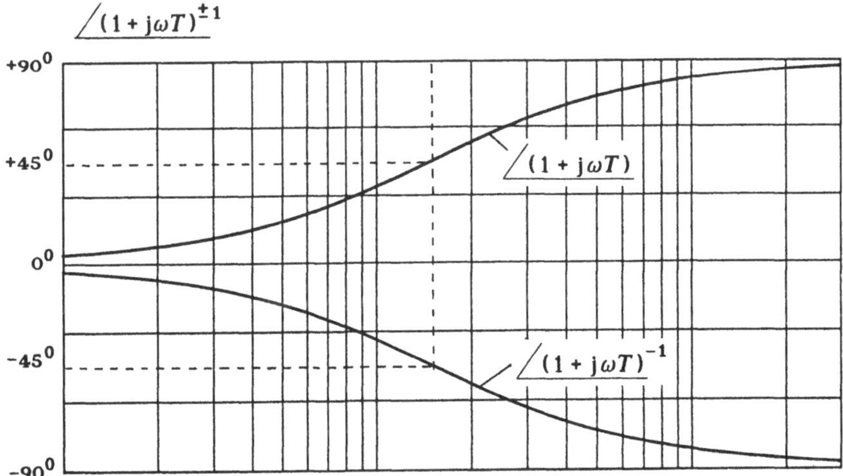

Bild 5.8. Betrag und Phase für den Faktor $(1 + j\omega T)^{\pm 1}$

Wenn eine Pol- oder eine Nullstelle in der rechten Halbebene liegt, kehren sich die Phasenverläufe entsprechend Bild 5.7 um, während die Betragskennlinien unverändert bleiben. Die vier Möglichkeiten sind noch einmal in Tabelle 5.5 einander gegenübergestellt.

Tabelle 5.5: Frequenzkennlinien für einen einfachen Pol- oder Nullstellenterm

Zählerfaktor		Nennerfaktor	
$(1 + j\omega\tau)$	$(1 - j\omega\tau)$	$\frac{1}{(1 + j\omega T)}$	$\frac{1}{(1 - j\omega T)}$
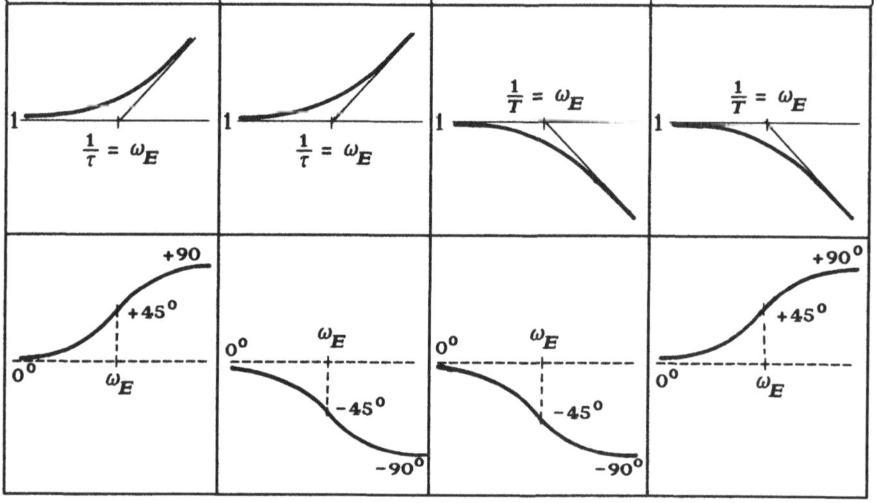 1; $\frac{1}{\tau} = \omega_E$	1; $\frac{1}{\tau} = \omega_E$	1; $\frac{1}{T} = \omega_E$	1; $\frac{1}{T} = \omega_E$
+90; +45°; 0°; ω_E	0°; ω_E; -45°; -90°	0°; ω_E; -45°; -90°	+90°; +45°; 0°; ω_E

Bemerkung 1: Wie man hieraus sieht, wirkt eine Nullstelle in der rechten Halbebene auf den Betrag wie eine Nullstelle in der linken Halbebene; in der Phase bringt sie aber eine Phasennacheilung wie eine stabile Polstelle. Diese Eigenschaft hat für ein System mit einer solchen Nullstelle zur Bezeichnung *Nichtminimumphasen-System* geführt, da die Gesamtphase über den aus der bloßen Anzahl von Pol- und Nullstellen zu schließenden Verlauf hinaus eine zusätzliche Nacheilung erfährt. (Hinsichtlich der Auswirkung auf die Zeitantwort sei hier auch an die Betrachtung im Abschnitt 4.1.2 erinnert.) Ein Sonderfall eines Übertragungsgliedes liegt vor, wenn zu jeder (stabilen) Polstelle des Nenners im Zähler der Term einer rechten Nullstelle mit der gleichen Eckfrequenz auftritt; während sich dabei die Wirkungen bezüglich des Betrages zu einem für alle Frequenzen konstanten Betragsverlauf kompensieren, summieren sich die Phasennacheilungen von Pol- und Nullstellen. Ein solches Übertragungssystem heißt ein *Allpaß.*

Bemerkung 2: Während sich der Übergang von der einen Asymptote zur anderen beim Betrag in einem begrenzten Bereich in der Nachbarschaft der Eckfrequenz vollzieht, erstreckt sich der gleiche Übergang beim Phasenverlauf über etwa zwei Dekaden. Dies kann man sich im nachfolgenden Syntheseverfahren zunutze machen, indem z. B. die Eckfrequenz einer Nullstelle des Reglers so gelegt wird, daß die zugehörige frühe Phasenanhebung zu einer Verbesserung der Phasenreserve führt, wohingegen die Betragsänderung erst bei höheren Frequenzen ihren Beitrag liefert, wenn der Gesamtbetrag deutlich unter 1 (d. h. die Ortskurve innerhalb des Einheitskreises) liegt.

Bemerkung 3: Für die Konstruktion eines Gesamtfrequenzgangs reicht beim Betrag meist der asymptotische Verlauf und der Stützpunkt bei $\omega = \omega_E$, der um die "Strecke" $\sqrt{2}$ über (Zählerfaktor) oder unter (Nennerfaktor) dem Asymptotenschnittpunkt liegt. Beim Phasenverlauf muß man mehrere Zwischenpunkte als Stützpunkte aufzeichnen, um die Kontur einigermaßen genau festzulegen. Hierfür hat sich ein sogenanntes *Phasenlineal* bewährt, das man an den Punkt $\omega_E = 1/T$ anlegt; die Winkelbeiträge der Phasenvor- bzw. -nacheilung entnimmt man dann der Skala auf dem Phasenlineal (Bild 5.9). Man achte allerdings darauf, daß die Dekadeneinteilung von Diagramm und Lineal übereinstimmen müssen.

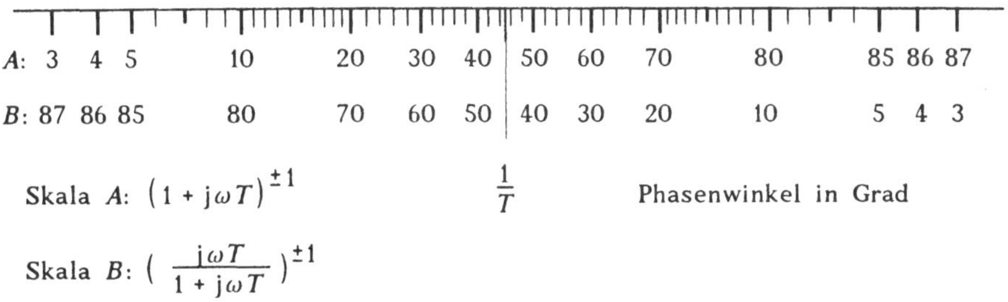

A:	3	4	5	10	20	30	40	50	60	70	80	85	86	87
B:	87	86	85	80	70	60	50	40	30	20	10	5	4	3

Skala A: $(1 + j\omega T)^{\pm 1}$ $\quad \frac{1}{T} \quad$ Phasenwinkel in Grad

Skala B: $\left(\frac{j\omega T}{1 + j\omega T}\right)^{\pm 1}$

Bild 5.9. Phasenlineal zur Konstruktion der Phasenkennlinien

3. Quadratischer Faktor $(1 + j\omega T_{12} - \omega^2 T_{22}^2)^{\pm 1} = \left(1 + j\omega \frac{2\zeta}{\omega_n} - \frac{\omega^2}{\omega_n^2}\right)^{\pm 1}$

konjugiert komplexes Pol- oder Nullstellenpaar

Zu diesem Faktor gehört, wenn er im Nenner steht, als Eigenbewegung eine gedämpfte harmonische Schwingung. Wir wählen hier die Parametrisierung mit den Kennwerten ζ und ω_n, die im Abschnitt 2.2.2 bereits eingeführt wurde (Gl. (2.85)) und die sich hier als zweckmäßig erweist.

In entsprechender Vorgehensweise wie bei dem zuvor behandelten Linearfaktor erhalten wir hierfür die folgenden Beziehungen.

Für den <u>Betrag</u> ergibt sich hier

$$\log\left|1 + j\omega\frac{2\zeta}{\omega_n} - \frac{\omega^2}{\omega_n^2}\right|^{\pm 1} = \pm\log\sqrt{\left(1 - \frac{\omega^2}{\omega_n^2}\right)^2 + \frac{4\zeta^2\omega^2}{\omega_n^2}} = \begin{cases} \approx \log 1 = 0 & \text{für } \omega \ll \omega_n \\ \pm\log 2\zeta & \text{für } \omega = \omega_n \\ \approx \pm 2(\log\omega - \log\omega_n) & \text{für } \omega \gg \omega_n \end{cases} \tag{5.51}$$

Der Betragsverlauf wird hier wiederum durch zwei Asymptoten bestimmt: für ω-Werte weit unterhalb der Eckfrequenz ω_n (der *Resonanzfrequenz*) ist es wieder die Waagerechte mit dem Beitrag $\log 1 = 0$ zum Gesamtbetrag. Für ω-Werte weit oberhalb von ω_n ist es eine Gerade durch den Punkt $[\omega_n; 1]$ (im logarithmischen Maßstab), die im Falle eines Nennerfaktors mit der Steigung -2 fällt, im Falle eines Zählerfaktors mit der Steigung +2 ansteigt. Der Bereich um die Eckfrequenz ω_n ist hier stark durch den Dämpfungsbeiwert ζ geprägt, wobei es insbesondere für niedrige ζ-Werte zu starken Abweichungen vom Asymptotenschnittpunkt, der sogenannten *Resonanzüberhöhung*, kommt, wie man aus Bild 5.10 ersehen kann. Für $\zeta = 1$ erhalten wir eine reelle Doppelpolstelle. Der Betragsverlauf entspricht dann der Überlagerung zweier Linearfaktoren nach (5.49).

Für die <u>Phase</u> gilt

$$\pm\arg\left(1 + j\frac{2\zeta}{\omega_n}\omega - \frac{\omega^2}{\omega_n^2}\right) = \pm\arctan\frac{2\zeta\omega_n\omega}{\omega_n^2 - \omega^2} = \begin{cases} 0^0 & \text{für } \omega \ll \omega_n \\ \pm 90^0 & \text{für } \omega = \omega_n \\ \pm 180^0 & \text{für } \omega \gg \omega_n . \end{cases} \tag{5.52}$$

Auch hier wird der Verlauf durch den Dämpfungsbeiwert ζ stark beeinflußt. Bei niedrigen ζ-Werten kommt es im Bereich der Eckfrequenz ω_n zum "Phasensprung", bei dem die Phase von Werten nahe Null steil auf fast -180^0 (Nennerfaktor) oder $+180^0$ (bei einem Zählerfaktor) wechselt.

Die mit ζ parametrisierten Frequenzkennlinien für Betrag und Phase sind für den häufigeren Fall des Nennerfaktors in Bild 5.10 wiedergegeben. Im Fall eines Zählerfaktors mit zwei konjugiert komplexen Nullstellen verlaufen die Kurven spiegelsymmetrisch zur Linie 1 bzw. zur Linie 0^0. Wenn ζ negativ ist, d. h. wenn das konjugiert komplexe Polpaar oder Nullstellenpaar in der rechten Halbebene liegt, erhalten wir die gleichen Verhältnisse wie beim Linearfaktor: die Betragsverläufe bleiben unverändert, während die Phasenverläufe sich an der 0^0 - Linie spiegeln. Ein Nennerfaktor mit einem konjugiert komplexen Polpaar in der rechten Halbebene bringt dann eine Phasenanhebung von 0^0 auf 180^0 und der entsprechende Zählerfaktor bewirkt eine Phasenabsenkung von 0^0 auf -180^0.

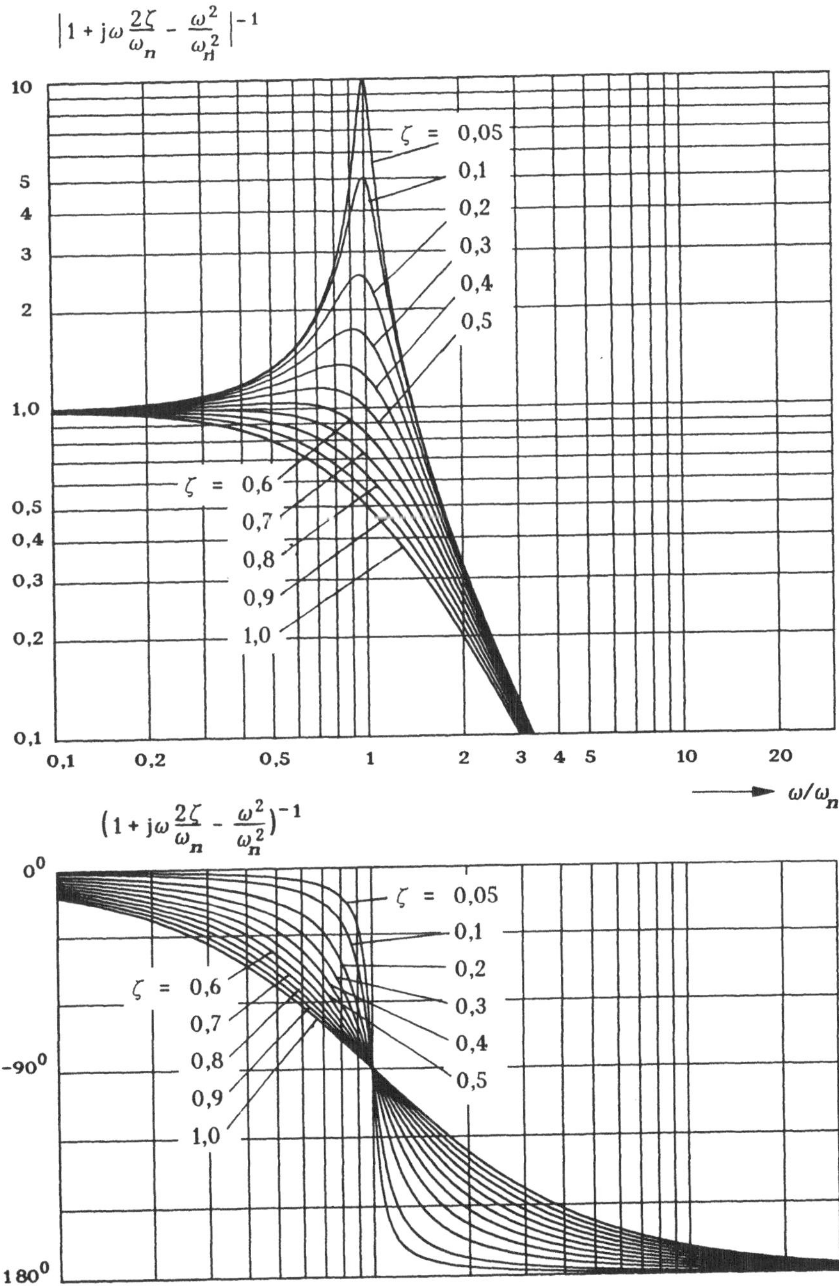

Bild 5.10. Frequenzkennlinien eines quadratischen Nennerfaktors mit konjugiert komplexen Wurzeln ($0 < \zeta \leq 1$)

5. Totzeitglied $e^{-j\omega T_t}$

Einige Regelstrecken, vorwiegend aus der Verfahrenstechnik aber auch bei der Fernwirktechnik, sind mit einer Transporttotzeit behaftet, deren Übertragungsfunktion multiplikativ in die Streckenübertragungsfunktion eingeht. Ein solcher Faktor wurde zwar nicht in die Darstellung (5.34) aufgenommen; er sei hier aber ergänzend behandelt. Die Logarithmierung des Frequenzgangs einer Totzeit ergibt folgende Beziehungen:

Betrag:

$$\log\left|e^{-j\omega T_t}\right| = \log 1 = 0 \qquad \text{für alle } \omega. \tag{5.53}$$

Phase:

$$\arg\left(e^{-j\omega T_t}\right) = -\omega T_t = \begin{cases} \approx 0^0 & \text{für } \omega \ll 1/T_t \\ -57^0 & \text{für } \omega = 1/T_t \\ -180^0 & \text{für } \omega = \pi/T_t \\ -360^0 & \text{für } \omega = 2\pi/T_t \\ & \text{u. s. f.} \end{cases} \tag{5.54}$$

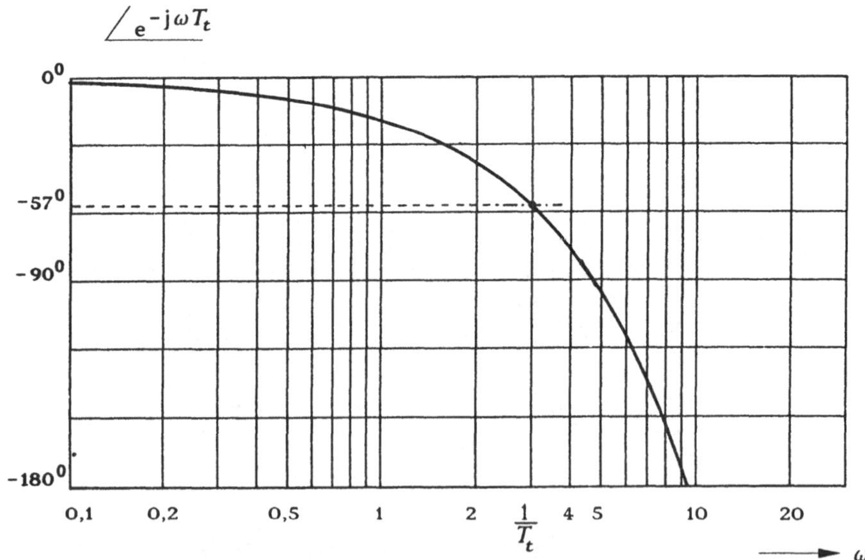

Bild 5.11. Phasenverlauf eines Totzeitgliedes

Dieser Faktor liefert also keinen Beitrag zur Betragskennlinie. Der Phasenverlauf ist gekennzeichnet durch einen beschleunigten Abfall oberhalb der Kreisfrequenz $\omega = 1/T$, wobei er hier im Gegensatz zu den vorangegangenen Elementarfaktoren keinem festen, endlichen Wert zustrebt, sondern unbegrenzt fällt. Dieser Verlauf ist in Bild 5.11 dargestellt. Auch hierfür läßt sich ein Phasenlineal, ähnlich dem in Bild 5.9 gezeigten, herstellen, das, entsprechend auf der ω-Achse positioniert ($\omega_t = 1/T_t$), den Verlauf für beliebige Totzeiten T_t zu konstruieren erleichtert.

Nachdem wir somit alle gängigen additiven Bausteine der logarithmischen Darstellung des Frequenzganges nach (5.37) kennengelernt haben, können wir eine zweckmäßige Vorgehensweise für die Konstruktion der logarithmischen Frequenzkennlinien für ein allgemeines, lineares Übertragungsglied angeben.

Der *Betrag* wird zweckmäßigerweise in folgenden Schritten konstruiert:

1. Es wird zunächst festgestellt, ob ein Faktor $(\mathrm{j}\omega)^k$ mit $k \neq 0$ im Zähler oder Nenner des Frequenzgangs vorhanden ist. Wenn das zutrifft, beginnt man mit einer Geraden der Steigung $\pm\, k$ ($+k$ für einen Zählerfaktor, $-k$ für einen Nennerfaktor), die für $\omega = 1$ durch den Punkt $|L(\mathrm{j}1)| = V$ geht (Beide Werte beziehen sich auf eine logarithmische Skalierung der Achsen). Andernfalls (d. h. für $k = 0$) beginnt man mit einer Waagerechten auf der Linie $|L| = V$.

2. Man ordnet nun die Eckfrequenzen $\omega_{Ei} = 1/T_i$ bzw. $\omega_{Ei} = 1/\tau_i$ oder $\omega_{Ei} = \omega_n$ nach ihrer Größe. Ausgehend von der unter 1. gefundenen Geraden geht man von niedrigen Kreisfrequenzen schrittweise zu höheren vor und konstruiert "von links nach rechts" den asymptotischen Verlauf nach folgender Regel: an jeder Eckfrequenz ändert der Polygonzug seine bisherige Steigung um $\pm\, 1$ ($\pm\, 2$ bei quadratischen Faktoren) entsprechend dem Einfluß des jeweiligen Zähler- oder Nennerfaktors.

3. Schließlich wird der genaue Verlauf unter Berücksichtigung der additiven Korrekturen im Bereich der Eckfrequenzen, die den Bildern 5.8 und 5.10 zu entnehmen sind, bestimmt und aufgezeichnet.

Die *Phase* wird in einfach-logarithmischer Darstellung aus der additiven Überlagerung der Einzelverläufe gewonnen. Hier werden zweckmäßigerweise alle Beiträge einzeln über der ω-Achse aufgezeichnet oder darunter als Zahlenwerte notiert. Die Phasenverläufe von einfachen, linearen Zähler- und Nennerfaktoren sowie von einem eventuell vorliegenden Totzeitglied lassen sich dabei mit Hilfe eines Phasenlineals nach Bild 5.9 konstruieren, wobei die Marke $1/T$ (bzw. $1/T_t$) des Lineals auf die jeweilige Eckfrequenz gelegt wird und die Winkelbeträge der zugehörigen Zahlenskala an den entsprechenden Teilstrichen entweder als Punkte im Diagramm oder als Zahlenwert darunter notiert werden. Anschließend werden alle Teilbeträge zum gesamten Phasenverlauf aufaddiert.

Mit dieser Prozedur steht uns ein Konstruktions-Schema zur Verfügung, mit dem in einfacher Weise Frequenzgänge von in Reihe geschalteten Teilsystemen zum Gesamtfrequenzgang zusammengefaßt werden können. Die durch die Logarithmierung erreichte *additive* Überlagerung aller Elementarfaktoren bietet nun eine sehr überschaubare Möglichkeit, den Frequenzgang eines Reglers $G_r(j\omega)$ schrittweise so zu wählen, daß der Frequenzgang $L(j\omega)$ des offenen Kreises, wie im Abschnitt 5.3 besprochen, spezifische Merkmale erhält, die ihrerseits wiederum gewünschte Eigenschaften des geschlossenen Kreises nach sich ziehen.

Wie wir im Abschnitt 5.3 erkannt haben, kommt dem Verlauf von $L(j\omega)$ beim Durchtritt durch die Linie $|L(j\omega)| = 1$, d. h. beim Durchtritt durch den Einheitskreis in der komplexen Ebene, eine besondere, kritische Bedeutung zu. (Mitunter wird die Ordinate der Betragskennlinie auch im logarithmischen Dezibel-Maß (dB) skaliert, wobei $|L|_{dB} = 20 \log |L|$. Die Linie $|L| = 1$ wird dann zur 0-dB-Linie.)

Zwei Synthese-Elemente werden oft im Frequenzkennlinien-Verfahren angewandt und sollen hier als Regeln besonders hervorgehoben werden.

1. Eine hohe statische Genauigkeit des geschlossenen Regelkreises kann durch ein *PI*-Glied oder durch eine große Verstärkung V zusammen mit einem *PDT1*-Glied mit $T_1 > T_D$ erzielt werden (siehe auch Tabelle 3.3). In beiden Fällen sind die zugehörigen Eckfrequenzen $1/T_I$ bzw. $1/T_1$ und $1/T_D$ soweit unterhalb der Durchtrittsfrequenz ω_d beim Durchtritt des Betrags durch die Linie "1" zu legen, daß die mit beiden Gliedern verbundene Phasennacheilung durch die jeweilige Nullstelleneckfrequenz bei $1/T_I$ oder bei $1/T_D$ im Bereich der Durchtrittsfrequenz weitgehend ausgeglichen ist, die Phasenreserve also kaum noch beeinträchtigt ist.

2. Um die Phasenreserve bei der Durchtrittsfrequenz ω_d zu erhöhen, verwendet man ein *PDT1*-Glied mit $T_1 < T_D$, bei dem im Frequenzgang die Betrags- und Phasenanhebung durch den Zählerfaktor zuerst wirksam wird, ehe bei höheren Frequenzen die Absenkung durch den Nennerfaktor erfolgt. Die Eckfrequenzen werden dabei so gelegt, daß $1/T_D$ in der Nähe oder wenig über und $1/T_1$ weit oberhalb der Durchtrittsfrequenz ω_d liegt. Hierdurch kommt die durch den Zählerfaktor bedingte Phasenvoreilung im Bereich der Durchtrittsfrequenz bereits gut zur Wirkung, während die Betragsanhebung erst oberhalb der Durchtrittsfrequenz einen durch die Strecke gegebenen Abfall meist nur abschwächt, aber nicht aufhebt.

Die Vorgehensweise der Reglerauslegung durch das Frequenzkennlinien-Verfahren wird am besten an einem Beispiel demonstriert.

Beispiel 5.1: Reglerentwurf für einen Positionier-Regelkreis

Die Positionierung der Elektrode eines Lichtbogen-Schmelzofens soll so erfolgen, daß zwischen der Elektrode und der Metallschmelze ein konstanter Elektrodenstrom i_E fließt. Dies erfordert bei konstanter Elektrodenspannung u_E = const, daß der Abstand zwischen der Elektrode und der veränderlichen Oberflächenhöhe der Schmelze in einem schnell reagierenden Regelmechanismus konstant gehalten wird.

Eine Linearisierung dieses an sich nichtlinearen Problems habe zu folgendem Modell des Stromregelkreises geführt.

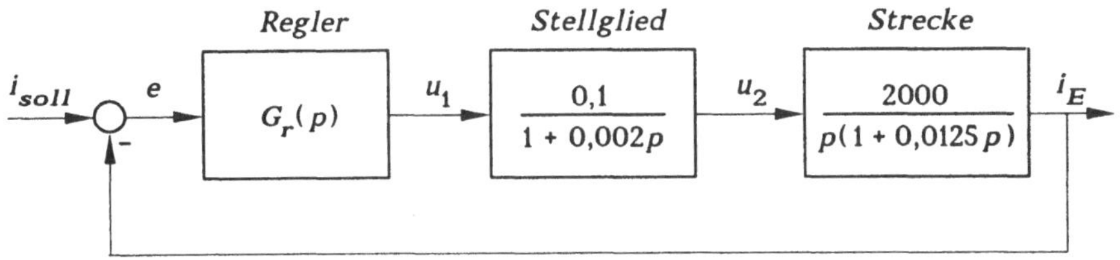

Bild 5.12. Signalflußbild des Stromregelkreises

Für den Frequenzgang des offenen Kreises entnimmt man aus Bild 5.12

$$L(j\omega) = \frac{200}{j\omega(1 + j\omega 0,0125)(1 + j\omega 0,002)} G_r(j\omega). \tag{5.55}$$

Es sei gefordert, daß der geschlossene Kreis eine Sprungantwort hat, die höchstens 15 % Überschwingen ($M \leq 1,15$) und eine kurze Anstiegszeit von nur $t_r \approx 7\,ms$ hat. Der bleibende Regelfehler e_∞ nach einem Sollwertsprung sei 0.

Mit diesen Vorgaben erhält man aus Tabelle 5.2 die folgenden Spezifikationen für den Frequenzgang des offenen Regelkreises:

$$\Phi_r \geq 45^0 \quad \text{und} \quad \omega_b \approx 330\ s^{-1}. \tag{5.56}$$

Aus der Bedingung $e_\infty = 0$ leiten wir die Forderung ab, daß $L(j\omega)$ einen I-Anteil enthalten muß, was hier bereits durch die Strecken-Übertragungsfunktion erfüllt wird.

Die Übertragungsfunktion $G_r(p)$ des Reglers ist noch unbekannt und soll so gewählt werden, daß die genannten Forderungen erfüllt werden.

Wir wählen zunächst einen P-Regler mit der Verstärkung 1

$$G_r(p) = K_r = 1. \tag{5.57}$$

Für diese Wahl konstruieren wir die logarithmischen Frequenzkennlinien für $L(j\omega) = G_s(j\omega)\cdot 1$. Die Konstruktion folgt dabei den oben beschriebenen Schritten.

a) Da die ω-Achse nur einen Ausschnitt von wenigen Dekaden umfaßt, muß sie zunächst so skaliert werden, daß der Bereich der Eckfrequenzen, in dem die entscheidenden Veränderungen von Betrag und Phase stattfinden, zentral erfaßt wird. Hier ist $\omega_{E1} = 80\ s^{-1}$ und $\omega_{E2} = 500\ s^{-1}$, so daß wir die im Bild 5.13 vorhandenen drei Dekaden in den Bereich $10\ s^{-1} \le \omega \le 10\ 000\ s^{-1}$ legen.

Entsprechend den oben genannten Regeln beginnt die Betragskennlinie mit einer fallenden Geraden der Steigung -1, die durch die Punkte $[\omega = 1;\ |L| = 200]$, $[\omega = 10;\ |L| = 20]$ und $[\omega = 100;\ |L| = 2]$ läuft (der erste Punkt mit $\omega = 1$ liegt nicht mehr in dem eben gewählten Ausschnitt). Um diese Gerade und die folgenden Absenkungen an den Eckfrequenzen gut im Diagramm zu plazieren, wählen wir die entscheidende Linie $|L| = 1$ im oberen Drittel des Diagramms, womit auch die Skalierung der Ordinate festliegt.

Der I-Anteil bedingt eine konstante Phasennacheilung von -90^0, zu der noch weitere nacheilende Beiträge der beiden anderen Nennerfaktoren kommen. Der Ausschnitt des Phasendiagramms wird daher so skaliert, daß er Winkel zwischen -90^0 und -270^0 darstellen kann, worin die kritische Linie $\angle L = -180^0$ enthalten ist.

b) Den Konstruktionsregeln folgend beginnen wir nun mit einer Geraden der Steigung -1 durch den Punkt $[\omega = 100;\ |L| = 2]$. An der Stelle $\omega_{E1} = 80\ s^{-1}$ führt der erste lineare Nennerfaktor zu einem weiteren Betragsabfall. Die Addition des asymptotischen Verlaufs von Bild 5.8 ergibt an dieser Stelle einen Knick, so daß die Kennlinie sich als Gerade der Steigung -2 fortsetzt. Ein weiterer Abwärtsknick bei $\omega_{E2} = 500\ s^{-1}$, verursacht durch den letzten Nennerfaktor, führt schließlich zu einer Fortsetzung des Polygonzugs mit der Steigung -3. Der Verlauf ist zusammen mit den anschließend eingetragenen Korrekturen im Bereich der Eckfrequenzen im Bild 5.13 wiedergegeben.

c) Der Verlauf der Phase ergibt sich aus der Addition der beiden Absenkungen um jeweils -90^0 durch die linearen Nennerfaktoren zu dem konstanten Betrag von -90^0 des I-Anteils. Die beiden Teilbeiträge gemäß Bild 5.8 sind hier in Bild 5.13 von der -90^0-Linie aus gestrichelt abgetragen, da die 0^0-Linie außerhalb des gewählten Diagrammausschnitts liegt.

d) Wir versuchen jetzt, die geforderten Spezifikationen mit einem einfachen P-Regler zu erfüllen. Zunächst lesen wir für den hier gewählten Verstärkungsfaktor $K_r = 1$ aus dem Diagramm 5.13 ab

$$\Phi_{r1} = 20^0 \quad \text{und} \quad \omega_{b1} = 140\ s^{-1}. \tag{5.58}$$

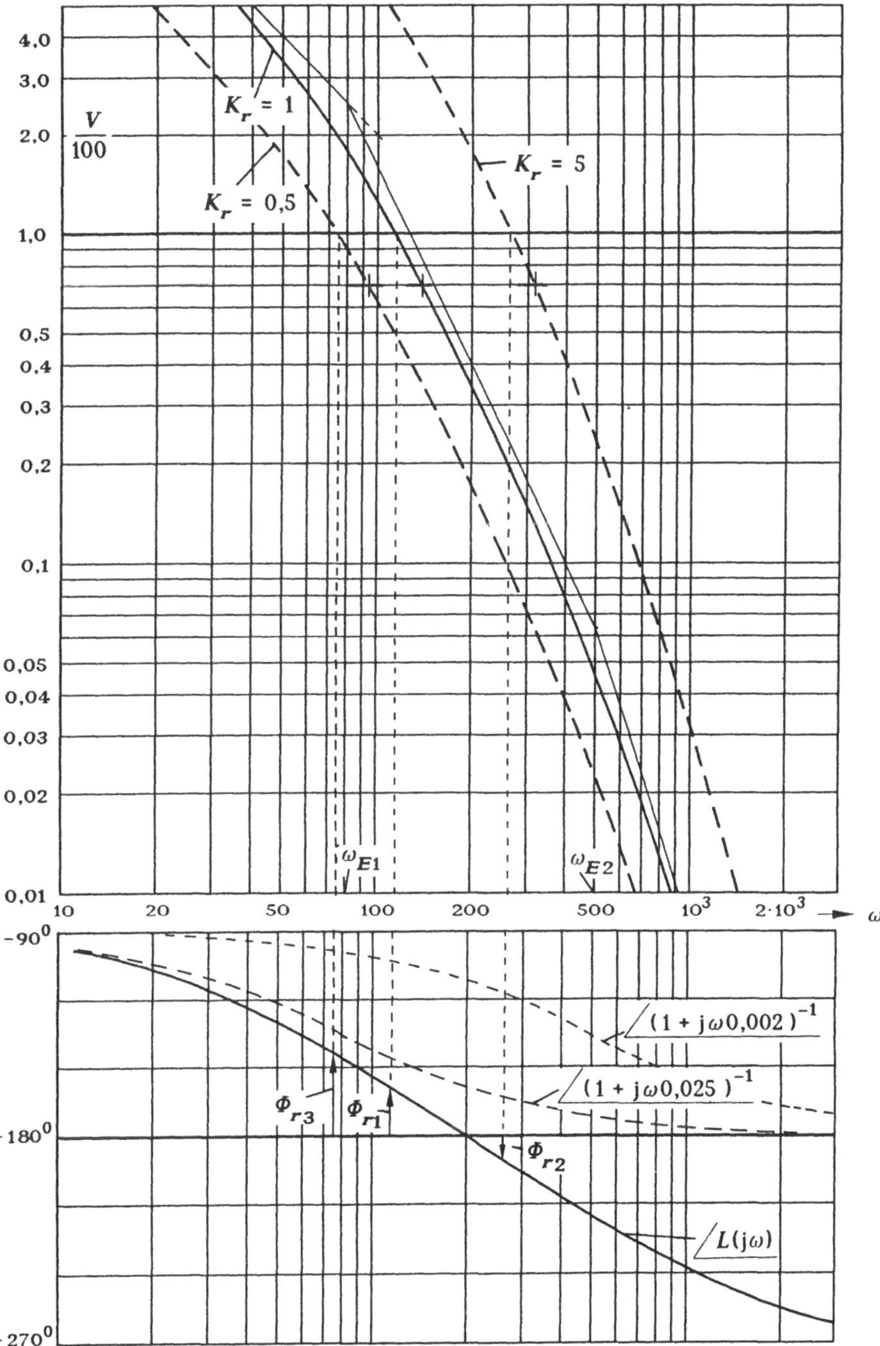

Bild 5.13. Frequenzkennlinien der Regelstrecke ($G_r(j\omega)$ = 1; 0,5; 5)

Daraus folgt, daß für diesen Verstärkungsfaktor die Phasenreserve zu gering ausfällt (zu großes Überschwingen) und die Bandbreite ebenfalls zu klein ist (der geschlossene Regelkreis wäre damit zu langsam).

Wir erhöhen nun die Reglerverstärkung auf $K_r = 5$, wodurch der Betragsverlauf insgesamt entsprechend angehoben wird (gestrichelte Linie in Bild 5.13), während die Phase unverändert bleibt. Man liest jetzt ab

$$\Phi_{r2} = -12^0 \quad \text{und} \quad \omega_{b2} = 320\ s^{-1}. \tag{5.59}$$

Damit entspricht die Bandbreite zwar der Vorgabe (5.56), aber die Phasenreserve ist jetzt negativ, d. h. der geschlossene Kreis wäre bereits instabil.

Eine gedankliche Verkleinerung der Reglerverstärkung auf $K_r = 0{,}5$ senkt den gesamten Betragsverlauf um die "Strecke" 2 im Diagramm ab bei weiterhin unveränderter Phase. Es ergibt sich damit

$$\Phi_{r3} = 38^0 \quad \text{und} \quad \omega_{b3} = 93\ s^{-1}. \tag{5.60}$$

Damit kommt die Phasenreserve näher an die Vorgabe heran, aber die Bandbreite und damit die Reaktionsgeschwindigkeit des Regelkreises sind zu klein.

Als Folgerung ergibt sich, daß die geforderten Eigenschaften mit einem P-Regler nicht zu erfüllen sind.

e) Wir versuchen nun, einen dynamischen Regler zu dimensionieren, der im Bereich der Durchtrittsfrequenz ω_d und darüber die Phase soweit anhebt, daß wir trotz einer für die Erhöhung der Bandbreite erforderlichen Verstärkung $K_r > 1$ noch eine hinreichende Phasenreserve erhalten. Hierzu wird ein $PDT1$-Glied (d. h. ein realer PD-Regler) gewählt, dessen Zähler-Eckfrequenz etwas oberhalb der jetzigen Durchtrittsfrequenz liegt, während die Nenner-Eckfrequenz eine Dekade später folgt. Die Verstärkung wird zunächst noch bei $K_r = 1$ belassen:

$$G_r(j\omega) = 1 \cdot \frac{1 + j\omega \frac{1}{120}}{1 + j\omega \frac{1}{1500}}\ . \tag{5.61}$$

In Bild 5.14 ist der sich hiermit ergebende Verlauf der Frequenzkennlinien von $L(j\omega) = G_s(j\omega)\, G_r(j\omega)$ aufgezeichnet. Der Zählerfaktor des Reglers führt dabei zu einer Betragsanhebung an der Stelle $\omega_{E3} = 120\ s^{-1}$, so daß der Betrag ab dieser Frequenz statt mit der Steigung -2 nur mehr mit der Steigung -1 fällt (Addition des Nullstellenbeitrags nach Bild 5.8). Die nachfolgende Abknickung des asymptotischen Betragsverlaufs durch den Nennerfaktor des Reglers erfolgt dann bei der Eckfrequenz $\omega_{E4} = 1500\ s^{-1}$, einem unkritischen Bereich, der weit oberhalb der Durchtrittsfrequenz ω_d liegt.

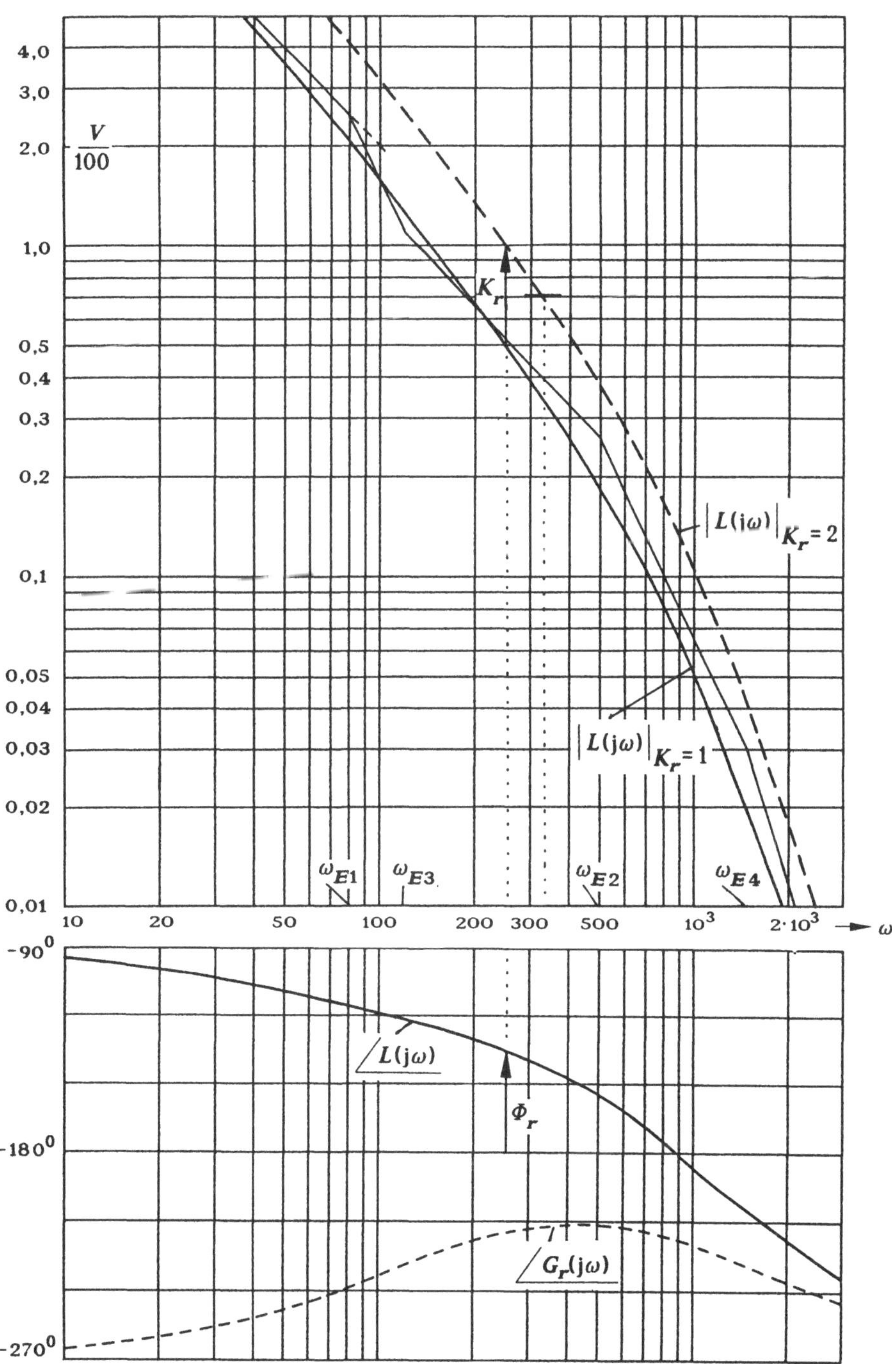

Bild 5.14. Frequenzkennlinien von $L(j\omega)$ mit dynamischem *PDT1*-Regler

Die Korrekturen am Phasenverlauf durch den Zählerfaktor mit einem Übergang von 0^0 auf $+90^0$ und den Nennerfaktor mit einem Abfall von 0^0 auf -90^0 (beide Wirkungen überlagert als $\angle G_r$ gestrichelt über der -180^0-Geraden als Bezugslinie aufgezeichnet) ergeben wie erwartet eine deutliche Phasenanhebung im Bereich der Durchtrittsfrequenz ω_d .

f) Wir erkennen, daß für $K_r = 1$ die Bandbreite $\omega_b = 190\ s^{-1}$ noch zu gering, die Phasenreserve $\Phi_r = 55^0$ aber größer als gefordert ist. Entsprechend den Erfahrungen unter Punkt d) erhöhen wir nun die Reglerverstärkung auf $K_r = 2$, wodurch die Betragskennlinie um diese Strecke im Diagramm angehoben wird, die Phasenkennlinie aber unverändert bleibt. Aus dem so modifizierten Verlauf liest man ab

$$\Phi_r = 45^0 \qquad \text{und} \qquad \omega_b = 330\ s^{-1}, \tag{5.62}$$

womit die Vorgaben (5.56) offensichtlich erfüllt werden. Der gefundene Regler hat damit die Übertragungsfunktion

$$G_r(j\omega) = \frac{2\left(1 + \frac{1}{120}\,p\right)}{\left(1 + \frac{1}{1500}\,p\right)} \,. \tag{5.63}$$

In einem allgemeinen Synthesevorgang wird man den gesuchten Regler allerdings meistens nicht auf Anhieb, sondern erst nach einigen Iterationen der hier vorgeführten Syntheseschritte erhalten. Es muß sich dann noch eine simulative Erprobung des Ergebnisses anschließen, in der überprüft wird, ob der geschlossene Regelkreis tatsächlich die Anforderungen erfüllt, die nur durch die Näherungsbeziehungen der Tabelle 5.2 mit den hier erzielten Kennwerten des offenen Kreises verknüpft sind.

Dieses Beispiel sollte die Vorgehensweise des Frequenzkennlinienverfahrens und die Vorzüge einer additiven Komposition verschiedener Regleranteile in der logarithmischen Darstellung demonstrieren.

Beispiel 5.2: Frequenzgang einer Fahrzeugfederung

Die Federung eines Fahrzeugs läßt sich vereinfachend durch folgendes mechanische Zweimassen-Modell darstellen:

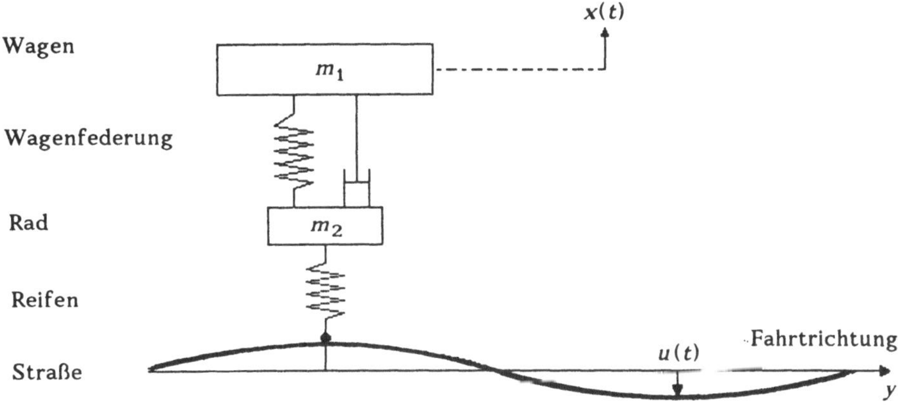

Bild 5.15. Skizze des Zwei-Feder-Masse-Modells

Nach Aufstellen der Bewegungsgleichungen für den Zusammenhang zwischen $x(t)$ und $u(t)$ habe man durch Übergang in den Frequenzbereich folgende Übertragungsfunktion für vorgegebene physikalische Modellparameter erhalten:

$$G(p) = \frac{X(p)}{U(p)} = \frac{7{,}744 \cdot 10^5 \left(1 + 0{,}05p\right)}{\left(p^2 + 44p + 12100\right)\left(p^2 + 3{,}2p + 64\right)} .$$

a) Es soll zunächst der Amplitudengang $|G(j\omega)|$ in ein Bode-Diagramm eingesetzt werden.

Zunächst wird der Frequenzgang auf die erforderliche normierte Darstellung gebracht:

$$G(j\omega) = \frac{\left(1 + 0{,}05\, j\omega\right)}{\left(1 + 3{,}636 \cdot 10^{-3}\, j\omega - 8{,}264 \cdot 10^{-5}\omega^2\right)\left(1 + 0{,}05\, j\omega - 15{,}625 \cdot 10^{-3}\omega^2\right)} .$$

Hieraus entnehmen wir folgende, für die Konstruktion des Bode-Diagramms erforderlichen Parameter:

Verstärkung:		$V = 1$,	
Eckfrequenzen:	Zähler:	$\omega_{E1} = 20$,	
	Nenner:	$\omega_{n1} = 110$,	$\zeta_1 = 0{,}2$,
		$\omega_{n2} = 8$,	$\zeta_2 = 0{,}2$.

Hiermit läßt sich zunächst der asymptotische Verlauf des Amplitudengangs konstruieren. Mit Hilfe der Diagramme 5.8 und 5.10 können die jeweiligen Korrekturen ergänzt werden, die zum wirklichen Verlauf führen.

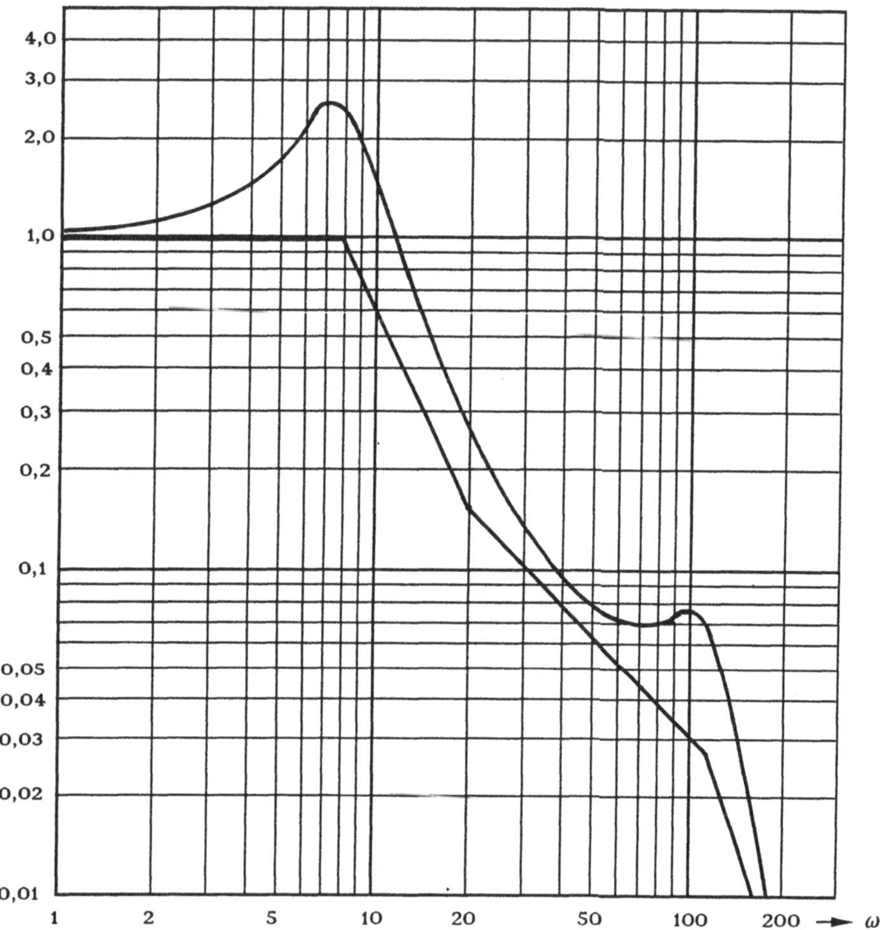

Bild 5.16. Amplitudengang des gefederten Fahrzeugs

b) Die befahrene Straße habe nun sinusförmige Unebenheiten entlang der Fahrtrichtung, die den Wagen beim Überfahren zu Schwingungen anregen:

$$u(y) = 0{,}05m \cdot \sin\left(\frac{2\pi}{10m} \cdot y\right).$$

Für welchen Geschwindigkeitsbereich tritt eine Resonanzüberhöhung von über 100% in der Hubbewegung x(t) der Wagenkarosserie auf?

Wenn das Fahrzeug - wie hier angenommen - mit der konstanten Geschwindigkeit v fährt, dann gilt zwischen Fahrweg y und der Zeit t der einfache Zusammenhang

$$y = v \cdot t \; .$$

Setzt man dies in $u(y)$ ein, erhält man

$$u(t) = 0{,}05 \cdot \sin\left(\frac{2\pi \cdot v}{10} \cdot t\right) ,$$

d.h. der wellenförmige Untergrund wirkt jetzt wie eine zeitliche harmonische Anregung des doppelten Feder-Masse-Systems mit der Kreisfrequenz

$$\omega = \frac{2\pi \cdot v}{10} \; .$$

Aus dem Diagramm 5.16 liest man ab, daß der Amplitudengang für harmonische Anregungen im Frequenzintervall

$$6\left[s^{-1}\right] \le \omega \le 9\left[s^{-1}\right]$$

größer als 2 ist, d.h. daß in diesem Bereich eine Resonanzüberhöhung von über 100 % auftritt.

Setzt man die Grenzen für ω ein und löst die obige Beziehung nach v auf, er- erhält man den zugehörigen Geschwindigkeitsbereich, bei dem diese Resonanzüberhöhung auftritt

$$9{,}86 \,\frac{m}{s} \le v \le 14{,}96 \,\frac{m}{s}$$

bzw.

$$35{,}5 \,\frac{km}{h} \le v \le 53{,}9 \,\frac{km}{h} \; .$$

Beispiel 5.3: Dimensionierung eines PDT1-Reglers

In diesem Beispiel soll noch einmal demonstriert werden, wie sich im Bodediagramm konstruktiv ein Regler dimensionieren läßt. Es liege die Aufgabe vor, eine Regelstrecke mit zweifach integrierendem Verhalten (z.B. ein Positioniersystem ohne nennenswerte Reibung) mit einem PDT1-Regler (realer PD-Regler) zu einem stabilen Regelkreis zu verbinden gemäß dem Signalflußbild.

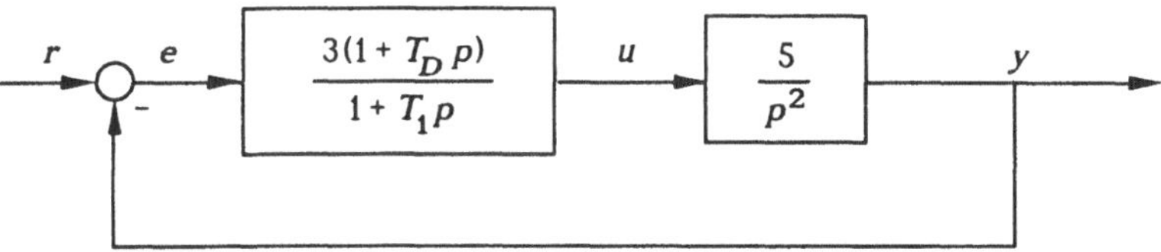

Bild 5.17. Signalflußbild des Regelkreises

Die Verstärkung des Reglers ist vorab mit $K_r = 3$ festgelegt. Die Zeitkonstanten T_D und T_1 sind geeignet zu wählen unter der Nebenbedingung, daß sie sich aus Gründen der Realisierbarkeit maximal um den Faktor 5 unterscheiden dürfen.

Es besteht folgende Aufgabenstellung: Die Zeitkonstanten des Reglers T_D und T_1 sind so zu wählen, daß die Phasenreserve Φ_r des offenen Kreises maximal wird. Welche Bandbreite ω_b ergibt sich dann für den offenen Kreis und was kann aus den Werten von Φ_r und ω_b für das Zeitverhalten des geschlossenen Kreises gefolgert werden?

Als Ausgangspunkt für den Lösungsweg wird zunächst der Frequenzgang des offenen Kreises ohne die Polstelle und Nullstelle des Reglers konstruiert, d.h. es wird das Bode-Diagramm für

$$L^{o}(j\omega) = -\frac{15}{\omega^2}$$

aufgezeichnet.

Die Betragskennlinie ist eine Gerade durch den Punkt $\{15,\ \omega = 1\}$, die mit der Steigung -2 fällt. Die Phasenkennlinie ist eine Waagerechte bei $\varphi = -180^{o}$. (Siehe Bode-Diagramm 5.18). Hieraus läßt sich ablesen, daß der Kreis ohne Nullstelle und Polstelle im Regler, d.h. nur mit einem P-Regler keine Phasenreserve hat, also an der Stabilitätsgrenze liegt. Um nun eine positive Phasenreserve $\Phi_r > 0$ zu erhalten, muß die Eckfrequenz $1/T_D$ des Zählers kleiner sein als die Eckfrequenz $1/T_1$ des Nenners. Wenn man das Phasendiagramm in Richtung steigender ω-Werte durchläuft, kommt es bei Annäherung an $\omega_{E1} = 1/T_D$ zu einer Phasenanhebung, die später durch die Nennereckfrequenz $\omega_{E2} = 1/T_1$ wieder kompensiert wird. Es entsteht also eine Ausbuchtung des Phasenverlaufs in Richtung positiver Phasenreserven. (Wäre die Reihenfolge der Eckfrequenzen umgekehrt, würde die Ausbuchtung in Richtung negativer Phasen verlaufen, der Kreis könnte also nicht stabilisiert werden.) Man überzeugt sich weiterhin leicht davon, daß die Ausbuchtung umso höhere Phasenwerte erreicht, je weiter die beiden Eckfrequenzen auseinander liegen. Das bedeutet, daß im Sinne einer Maximierung der Phasenreserve der zugelassene Faktor von 5 zwischen T_1 und T_D und damit auch zwischen ω_{E1} und ω_{E2} voll ausgenutzt werden muß.

Damit das Maximum der so erreichten Phasenvoreilung der Phasenreserve zugute kommt, ist es bei der Durchtrittsfrequenz zu plazieren, die allerdings ihrerseits wiederum von der Lage der Eckfrequenzen abhängt. Am besten nähert man sich der Lösung mit wenigen Iterationen. So seien die Eckfrequenzen in einem ersten Versuch symmetrisch zur Durchtrittsfrequenz der bis jetzt vorhandenen Grundkennlinie des Betrags gelegt. Dies ergibt nach den Regeln der additiven Korrektur im Bode-Diagramm die gestrichelten Verläufe, wobei für den Betrag zunächst noch der asymptotische Verlauf reicht.

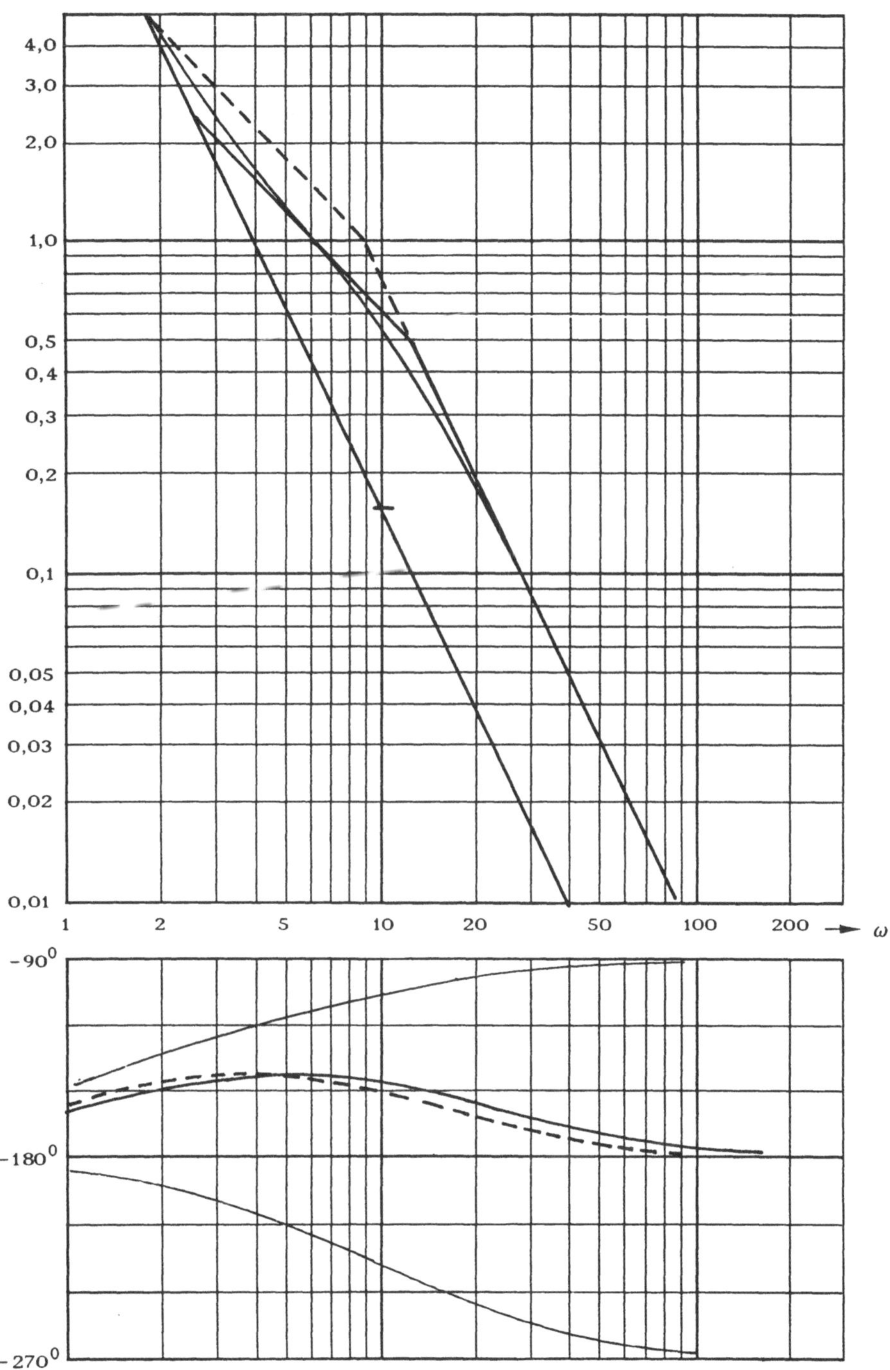

Bild 5.18. Logarithmische Frequenzkennlinien (Bode-Diagramm) zum Beispiel

Man liest hieraus ab, daß das Phasenmaximum mit dieser Wahl vor der Durchtrittsfrequenz liegt, die ihrerseits durch die Korrektur im Betragsverlauf in Richtung höherer Frequenzen verschoben wurde. Im nächsten Versuch wird man beide Eckfrequenzen unter Beibehaltung des Abstands "5" ein gewisses Stück nach rechts verschieben, wodurch allerdings die Durchtrittsfrequenz wieder verringert wird. Nach ein oder zwei solchen Iterationen gelangt man zu der Positionierung

$$1/T_D = \omega_{E1} = 2{,}5\ s^{-1}; \quad 1/T_1 = \omega_{E2} = 12{,}5\ s^{-1},$$

die das Maximum der Phase zu der dann resultierenden Durchtrittsfrequenz bringt. (Ausgezogene Linie im Diagramm.)

Für die Bandbreite und Phasenreserve liest man ab

$$\omega_b = 8{,}3\ s^{-1}; \quad \Phi_r = 40^\circ .$$

Nach den Näherungsbeziehungen in Tabelle 5.2 lassen diese Zahlen folgende Kennwerte für das Zeitverhalten des geschlossenen Kreises erwarten:

Anstiegszeit	$t_r \approx 0{,}28$ s ,
Überschwingweite	$M \approx 1{,}2$ (20 % Überschwingen) .

5.6 Regelkreissynthese mit Zustandsrückführung

Im Kapitel 2 haben wir die Zustandsbeschreibung eines dynamischen Systems durch ein System von Differentialgleichungen 1. Ordnung als eine besondere Darstellungsform kennengelernt. Diese Beschreibung bietet Vorteile bei der Systemanalyse und auch bei der Systemsimulation, wo viele Verfahren diese Form voraussetzen. Es wird nun in diesem Abschnitt gezeigt, daß die Zustandsbeschreibung auch für die Synthese eines Regelkreises von besonderer Bedeutung ist.

Wir beginnen mit der vektoriellen Schreibweise für ein lineares, zeitinvariantes Übertragungssystem nach (2.101)

$$\begin{aligned} \dot{\boldsymbol{x}}(t) &= \boldsymbol{A}\boldsymbol{x}(t) + \boldsymbol{b}u(t) \\ y(t) &= \boldsymbol{c}'\boldsymbol{x}(t) . \end{aligned} \tag{5.64}$$

Es wird nun angenommen, daß wir nicht nur die Ausgangsgröße $y(t)$ sondern auch alle Zustandsgrößen messen können, wobei man diese meistens so wählt, daß die Ausgangsgröße selbst bereits eine Zustandsgröße ist. In der Praxis steht dieser Annahme oft entgegen, daß der hiermit verbundene gerätetechnische Aufwand unvertretbar hoch ist oder daß einige Zustandsgrößen meßtechnisch nur schwer zugänglich sind. Hier kann man sich aber mit *Zustandsbeobachtern* oder *Zustandsschätzern*, wie z. B. dem *Luenberger*-Beobachter oder dem *Kalman*-Filter, behelfen (siehe hierzu [3], [19] oder [24]). Dies sind dynamische Systeme, die durch analoge Netzwerke oder durch Algorithmen realisiert werden und aus dem Zeitverlauf der Ausgangsgröße (und ggf. weiterer Meßgrößen) alle weiteren Zustandsgrößen zuverlässig rekonstruieren, solange die Messung der Ausgangsgröße nicht zu stark durch Rauschen gestört ist. Vor dem Hintergrund dieser Möglichkeiten ist die Annahme, daß wir über eine vollständige Information über den Verlauf des gesamten Systemzustands verfügen können, durchaus realistisch.

Unter Ausnutzung der Kenntnis des vollständigen Systemzustands setzen wir die Stellgröße $u(t)$ als eine Linearkombination aller Zustandsgrößen $x_i(t)$ und der Führungsgröße $r(t)$ mit zunächst unbekannten Koeffizienten an (*lineares Regelgesetz*):

$$u(t) = \sum_{i=1}^{n} f_i x_i(t) + g\, r(t) = \boldsymbol{f}'\boldsymbol{x}(t) + g\, r(t) . \qquad (5.65)$$

Die zugehörige Struktur ist in Bild 5.19 dargestellt, worin Signalvektoren wie der Zustandsvektor durch Doppellinien gekennzeichnet sind.

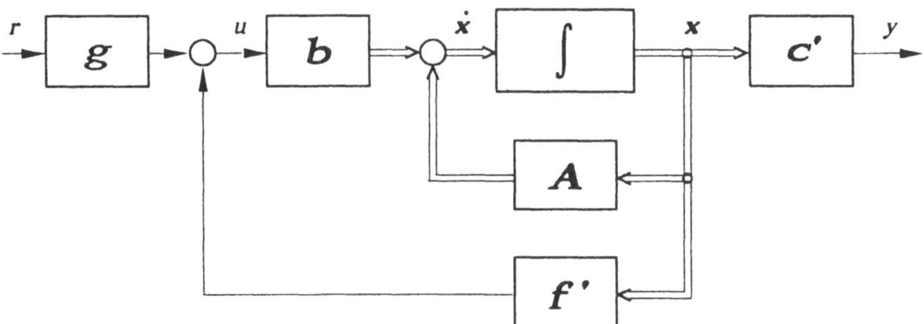

Bild 5.19. Regelkreis mit Zustandsrückführung

Auf diese Weise stehen uns mit f_i , $i = 1,\dots n$ und g $n+1$ Koeffizienten als Freiheitsgrade zur Verfügung, um dem Regelkreis ein gewünschtes Verhalten zu geben. Das Übertragungsverhalten des geschlossenen Kreises soll durch die Übertragungsfunktion $T(p)$ gekennzeichnet sein, die hier zunächst noch völlig beliebig angenommen sei. Mögliche Einschränkungen bei der Wahl von $T(p)$ werden sich im Laufe der folgenden Rechnung noch ergeben. (Dieses Verfahren wurde für die kompliziertere Synthese von Mehrgrößensystemen in [4] vorgestellt.)

Ähnlich wie im Abschnitt 3.3 können wir aus dem Signalflußbild bzw. aus den Gleichungen (5.64) und (5.65) einen Ausdruck für die Übertragungsfunktion des geschlossenen Kreises $T(p)$ gewinnen. Zunächst setzen wir hierfür das Regelgesetz (5.65) in (5.64) ein:

$$\begin{aligned} \dot{\boldsymbol{x}}(t) &= \boldsymbol{A}\boldsymbol{x}(t) + \boldsymbol{b}\big(\boldsymbol{f}'\boldsymbol{x}(t) + g\,r(t)\big) = \big(\boldsymbol{A} + \boldsymbol{b}\boldsymbol{f}'\big)\boldsymbol{x}(t) + \boldsymbol{b}\,g\,r(t) \\ y(t) &= \boldsymbol{c}'\boldsymbol{x}(t)\,. \end{aligned} \tag{5.66}$$

Dies ist die Zustandsbeschreibung für den geschlossenen Kreis, die sich von (5.64) dadurch unterscheidet, daß die Matrix $\boldsymbol{A}$ durch $(\boldsymbol{A} + \boldsymbol{b}\boldsymbol{f}')$ und der Spaltenvektor $\boldsymbol{b}$ durch $\boldsymbol{b}g$ ersetzt sind. Ein ähnliches Vorgehen, das uns im Abschnitt 3.2 zur Beziehung (3.33) geführt hat, ergibt nach Übergang in den Bildbereich über eine kurze Zwischenrechnung die Übertragungsfunktion des geschlossenen Kreises

$$T(p) = \boldsymbol{c}'\big(p\boldsymbol{I} - \boldsymbol{A} - \boldsymbol{b}\boldsymbol{f}'\big)^{-1}\boldsymbol{b}g\,. \tag{5.67}$$

Der unbekannte Zeilenvektor $\boldsymbol{f}'$ der Koeffizienten des Regelgesetzes erscheint hierin in einer nichtlinearen, schlecht auswertbaren Verknüpfung. Um zu einer Synthesebeziehung zu kommen, aus der wir Bedingungen für die Wahl von $T(p)$ ableiten und den Rückführvektor $\boldsymbol{f}'$ über einfache Rechenschritte berechnen können, stellen wir zunächst die Ausgangsgröße y in Abhängigkeit von der Stellgröße u und auch von der Führungsgröße r dar ($G_s(p)$ z. B. nach (3.33)):

$$Y(p) = G_s(p)\,U(p) = T(p)\,R(p)\,. \tag{5.68}$$

Diese Gleichung nach $U(p)$ aufgelöst ergibt

$$U(p) = G_s(p)^{-1}\,T(p)\,R(p)\,. \tag{5.69}$$

Andererseits ergibt sich die Stellgröße $U(p)$ aus dem Regelgesetz (5.65) zu

$$U(p) = \boldsymbol{f}'\boldsymbol{X}(p) + g\,R(p) = \boldsymbol{f}'(p\boldsymbol{I} - \boldsymbol{A})^{-1}\boldsymbol{b}\,U(p) + g\,R(p) \tag{5.70}$$

(auf der rechten Seite wurde der Zustandsvektor $\boldsymbol{X}(p)$ nach Beziehung (3.29) mit $\boldsymbol{x}(0) = \boldsymbol{0}$ ersetzt). Diese Gleichung läßt sich umformen zu

$$\big[1 - \boldsymbol{f}'(p\boldsymbol{I} - \boldsymbol{A})\;\;\boldsymbol{b}\big]\,U(p) = g\,R(p)\,. \tag{5.71}$$

Setzt man hierin $U(p)$ nach (5.69) ein, ergibt sich

$$\big[1 - \boldsymbol{f}'(p\boldsymbol{I} - \boldsymbol{A})^{-1}\boldsymbol{b}\big]\,G_s(p)^{-1}\,T(p)\,\cancel{R}(p) = g\,\cancel{R}(p)\,. \tag{5.72}$$

Durch einfache Umformungen erhalten wir hieraus die Ausgangsgleichung des Syntheseverfahrens (die vorangegangene Herleitung wird für die Bestimmung des Regelgesetzes $[\boldsymbol{f}', g]$ nicht weiter gebraucht):

$$\boxed{\boldsymbol{f}'(p\boldsymbol{I} - \boldsymbol{A})^{-1}\boldsymbol{b} = 1 - g\,T(p)^{-1}\,G_s(p)\,.} \tag{5.73}$$

In dieser Gleichung treten nun die unbekannten Reglerkoeffizienten $\boldsymbol{f}$ und g in einer linearen Verknüpfung auf, was für ihre nachfolgende Berechnung von großer Bedeutung ist.

Wir wollen uns jetzt überlegen, wie $T(p)$ zu wählen ist, damit diese Beziehung mit Sicherheit eine Lösung für die Parameter des Regelgesetzes hat. Zunächst vergegenwärtigen wir uns die Überlegungen aus Kapitel 3 im Anschluß an Gleichung (3.33). Danach ist die linke Seite von (5.73) darstellbar als eine gebrochen rationale Funktion

$$\boldsymbol{f}'(p\boldsymbol{I} - \boldsymbol{A})^{-1}\boldsymbol{b} = \frac{Z_f(p)}{\Delta(p)}\,, \tag{5.74}$$

wobei der Nenner das charakteristische Polynom n-ter Ordnung der Regelstrecke ist; er ist damit gleich dem Nenner der Strecken-Übertragungsfunktion. Das Zählerpolynom $Z_f(p)$ wird durch $\boldsymbol{f}$ bestimmt und ist ein Polynom höchstens $(n-1)$-ter Ordnung. Schreiben wir nun die Übertragungsfunktionen des offenen und des geschlossenen Kreises mit Zähler- und Nennerpolynomen

$$G_s(p) = \frac{Z_G(p)}{\Delta(p)}\,, \qquad T(p) = \frac{Z_T(p)}{N_T(p)}\,, \tag{5.75}$$

dann läßt sich (5.73) auch in folgender Form darstellen

$$\frac{Z_f(p)}{\Delta(p)} = 1 - g\,\frac{N_T(p)\;Z_G(p)}{Z_T(p)\;\Delta(p)}\,, \tag{5.76}$$

wobei diese Identität für alle p gelten muß. Zunächst betrachten wir den Grenzwert $p \to \infty$. Da der Zählergrad des Ausdrucks auf der linken Seite mindestens um eins niedriger ist als der Nennergrad, geht die linke Seite im Grenzwert gegen Null. Es ergibt sich demnach

$$0 = 1 - g\lim_{p\to\infty}\frac{N_T(p)\;Z_G(p)}{Z_T(p)\;\Delta(p)}\,. \tag{5.77}$$

Diese Beziehung ist nur erfüllbar, wenn der Grenzwert auf der rechten Seite von (5.77) existiert und eine von Null verschiedene Konstante ergibt. Hierzu ist es wiederum notwendig, daß die Differenzen zwischen Zählergrad und Nennergrad bei den Übertragungsfunktionen der Regelstrecke $G_s(p)$ und des geschlossenen Kreises $T(p)$ gleich sind, d. h.

$$\text{Grad}\ \Delta(p) - \text{Grad}\ Z_G(p) = \text{Grad}\ N_T(p) - \text{Grad}\ Z_T(p)\,. \tag{5.78}$$

Als nächstes machen wir uns klar, daß die Ordnung des geschlossenen Kreises gleich der Ordnung des offenen Kreises ist, da das Regelgesetz (5.65) keine dynamischen Elemente und damit keine zusätzlichen Energiespeicher enthält. Hieraus folgt unter Berücksichtigung von (5.78):

(i) Nenner- und Zählergrad von $T(p)$ sind gleich dem Nenner- und Zählergrad der Übertragungsfunktion der Regelstrecke $G_s(p)$ zu wählen.

Schließlich stellen wir fest, daß die Polstellen der linken Seite von (5.76) und damit von (5.73) gerade die Nullstellen von $\Delta(p)$ und somit die Polstellen der Regelstrecke sind. Folglich darf die rechte Seite von (5.76) auch nur diese Polstellen haben, was nur möglich ist, wenn sich $Z_T(p)$ gegen $Z_G(p)$ kürzen läßt, d. h. wenn gilt

$$Z_T(p) = k\ Z_G(p)\,, \tag{5.79}$$

was verbal auch durch die folgende Bedingung ausgedrückt werden kann:

(ii) Das Zählerpolynom von $T(p)$ ist so zu wählen, daß es gerade alle Nullstellen der Streckenübertragungsfunktion $G_s(p)$ enthält.

Weitere Forderungen sind an $T(p)$ für die Lösbarkeit von (5.73) nicht zu stellen. Beide Bedingungen (i) und (ii) lassen sich zu folgender Regel zusammenfassen.

> Die Übertragungsfunktion $T(p)$ des geschlossenen Regelkreises ist bei einer Zustandsrückführung so zu wählen, daß das Zählerpolynom $Z_T(p)$ bis auf eine Konstante mit dem Zählerpolynom $Z_G(p)$ der Regelstrecke übereinstimmt. (Nullstellen von $G_s\,(p)$ müssen auch Nullstellen von $T(p)$ sein.) Der Nenner von $T(p)$ ist als Polynom n-ter Ordnung zu wählen, wobei die Polstellen völlig frei vorgegeben werden können.

Durch eine Zustandsrückführung können wir also die Pole des geschlossenen Kreises in eine beliebige Position bringen mit der einzigen Einschränkung, daß komplexe Pole nur als paarweise konjugiert gewählt werden können. Es gilt allerdings zu bedenken, daß eine Verlagerung der Pole weit weg von den Streckenpolen in die linke Halbebene hinein schnelle (Eigen-) Bewegungen für den geschlossenen Kreis fordert, die sich dann nur durch hohe Stellgrößen erreichen lassen. Da die Stellgrößen in der Praxis fast immer begrenzt sind, ergibt sich von daher eine indirekte Einschränkung bei der "*Polverschiebung*".

Wenn die Übertragungsfunktion $T(p)$ des geschlossenen Kreises gemäß diesen Bedingungen gewählt ist, können die Parameter $\boldsymbol{f}$ und g des Regelgesetzes bestimmt werden. Der Verstärkungsfaktor g für die Führungsgröße läßt sich aus (5.77) berechnen

$$g = \lim_{p \to \infty} T(p)\, G_s(p) \quad . \tag{5.80}$$

Die Koeffizienten f_i der Zustandsrückführung werden nun aus der Synthesegleichung (5.73) bestimmt, indem man entweder n verschiedene Werte für p nacheinander in diese einsetzt und so n algebraische, lineare Bestimmungsgleichungen für die n unbekannten Parameter f_i erhält oder indem man beide Seiten von (5.73) in Partialbrüche zerlegt, was beim Gleichsetzen der einzelnen Partialbruchterme auf beiden Seiten wiederum zu n linearen Gleichungen führt. Während beim Einsetzen beliebig gewählter reeller p-Werte die lineare Unabhängigkeit des resultierenden Gleichungssystems nicht immer gewährleistet ist (man muß dann mitunter andere Werte für p wählen), läßt es sich zeigen, daß die Partialbruchzerlegung immer zu linear unabhängigen Bestimmungsgleichungen führt [4]. Seien $\{ p_i \,,\; i = 1, \ldots n\}$ die Pole der Strecken-Übertragungsfunktion; sei ferner

$$\boldsymbol{v}_i = \lim_{p \to p_i} (p - p_i)\,(p\boldsymbol{I} - \boldsymbol{A})^{-1}\boldsymbol{b} \tag{5.81}$$

und

$$w_i = \lim_{p \to p_i} (p - p_i)\left[\, 1 - g\; T(p)^{-1} G_s(p)\,\right], \tag{5.82}$$

wobei $\boldsymbol{v}_i$ ein $n \times 1$ - Spaltenvektor und w_i ein Skalar ist. Berechnet man $\boldsymbol{v}_i$ und w_i für alle n Pole p_i, dann erhält man für den Vektor $\boldsymbol{f}$ die lineare Bestimmungsgleichung

$$\boldsymbol{f}' \left[\, \boldsymbol{v}_1, \boldsymbol{v}_2, \ldots \boldsymbol{v}_n \right] = \left(w_1, w_2, \ldots w_n \right). \tag{5.83}$$

Damit ist das Regelgesetz bestimmt. Wir fassen dieses Syntheseverfahren noch einmal zu den folgenden Schritten zusammen.

1. *Schritt*: Man wähle die Übertragungsfunktion $T(p)$ des geschlossenen Kreises so, daß sie die gewünschten Übertragungseigenschaften hat und die oben genannten Bedingungen erfüllt. ($T(p)$ hat dann die gleichen Nullstellen wie die Strecken-Übertragungsfunktion $G_s(p)$ und denselben Nennergrad.) Die Pole sind frei wählbar, sollten aber im Hinblick auf den Stellgrößenaufwand nicht zu weit von den Streckenpolen entfernt sein.

2. *Schritt*: Der Koeffizient g des Regelgesetzes (5.65) wird jetzt mit dem Grenzwert (5.80) bestimmt.

3. *Schritt*: Man berechne nun den Vektor $(p\boldsymbol{I} - \boldsymbol{A})$ $\boldsymbol{b}$ mit gebrochen rationalen Elementen in p und den Ausdruck $\left[1 - g\ T(p)^{-1}G_s(p)\right]$.

4. *Schritt*: Es werden jetzt die Vektoren $\boldsymbol{v}_i$ und die Skalare w_i durch eine Partialbruchzerlegung der eben berechneten Ausdrücke (bzw. durch Einsetzen beliebig gewählter Werte für p) ermittelt.

5. *Schritt*: Hiermit stellt man schließlich das lineare Gleichungssystem (5.83) auf, das sich mit Standardroutinen (bei Systemen niedriger Ordnung auch von Hand) nach den Koeffizienten f_i auflösen läßt.

Beispiel 5.4: Polvorgabe mit Zustandsrückführung

Das hier beschriebene Verfahren zur Bestimmung eines Regelgesetzes mit Zustandsrückführung soll exemplarisch anhand der Syntheseaufgabe von Beispiel 5.1 vorgeführt werden.

Zunächst erstellen wir eine Zustandsbeschreibung für Geber und Strecke nach Bild 5.20, wobei wir im Hinblick auf die meßtechnische Erfassung physikalische Größen als Zustandsvariablen wählen.

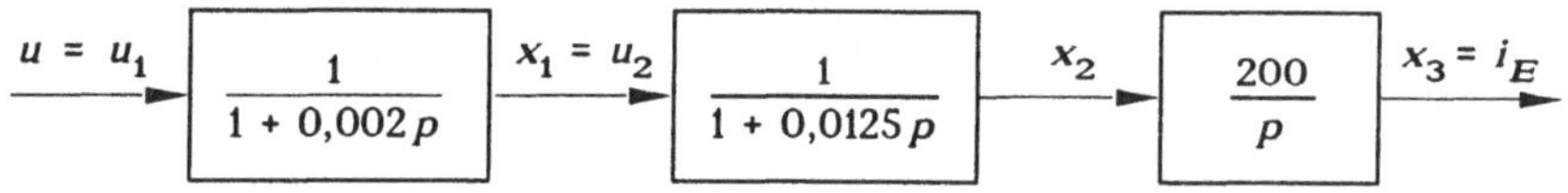

$$u = u_1 \longrightarrow \boxed{\frac{1}{1 + 0{,}002\,p}} \xrightarrow{x_1 = u_2} \boxed{\frac{1}{1 + 0{,}0125\,p}} \xrightarrow{x_2} \boxed{\frac{200}{p}} \xrightarrow{x_3 = i_E}$$

Bild 5.20. Auflösung der Regelstrecke in elementare Übertragungsglieder

Hierbei sind x_1 die Ausgangsgröße des Gebers, x_2 die normierte Geschwindigkeit der Elektrode und x_3 der Elektrodenstrom, der hier proportional zum Elektrodenabstand ist. Aus dieser Hintereinanderschaltung dreier Systeme 1. Ordnung liest man ab

$$\begin{bmatrix} \dot{x}_1 \\ \dot{x}_2 \\ \dot{x}_3 \end{bmatrix} = \begin{bmatrix} -500 & 0 & 0 \\ 80 & -80 & 0 \\ 0 & 200 & 0 \end{bmatrix} \begin{bmatrix} x_1 \\ x_2 \\ x_3 \end{bmatrix} + \begin{bmatrix} 500 \\ 0 \\ 0 \end{bmatrix} u\,.$$

1. *Schritt*: Für den geschlossenen Kreis haben wir nach der oben formulierten Regel eine Überteragungsfunktion 3. Ordnung mit einem konstanten Zähler zu

wählen. Im Hinblick auf die im Beispiel 5.1 genannten Anforderungen für den geschlossenen Kreis wählen wir nach wenigen Probesimulationen

$$T(p) = \frac{500}{(1 + 0{,}002p)(0{,}002p^2 + p + 500)}$$

mit den Eigenwerten $p_1 = -500$ und $p_{2,3} = -250 \pm j\,433$. Die hierzu gehörende Sprungantwort ist in Bild 5.21 wiedergegeben. Sie zeigt eine Anstiegszeit von ca 5 *ms* und ein Überschwingen von knapp 10% und liegt damit noch unter den im Beispiel 5.1 vorgegebenen Spezifikationen (15% Überschwingen, 7 *ms* Anstiegszeit).

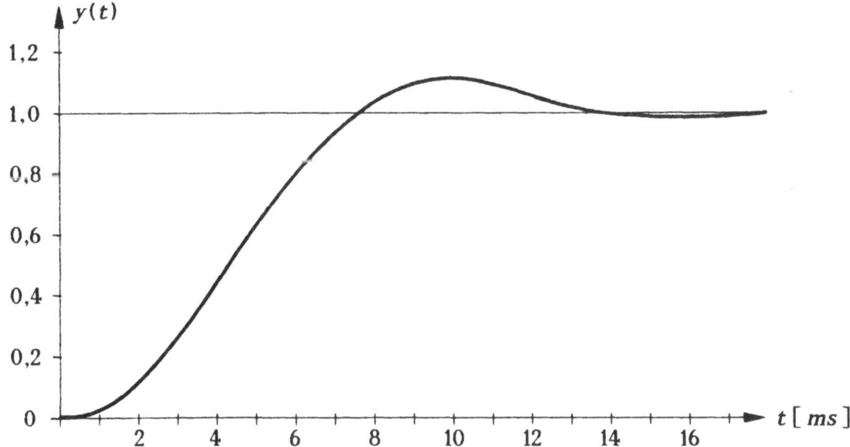

Bild 5.21 . Sprungantwort des geschlossenen Kreises

<u>2. *Schritt*</u>: Der Koeffizient g berechnet sich nach (5.80) zu

$$g = \lim_{p \to \infty} \frac{500\,p\,(1 + 0{,}0125p)(1 + 0{,}002p)}{(1 + 0{,}002p)(0{,}002p^2 + p + 500)\,200} = 15{,}625 \,.$$

<u>3. *Schritt*</u>: Aus der oben angegebenen Zustandsbeschreibung errechnet man

$$(p\boldsymbol{I} - \boldsymbol{A})^{-1}\boldsymbol{b} = \frac{500}{p(p+80)(p+500)} \begin{bmatrix} p(p+80) \\ 80p \\ 16\,000 \end{bmatrix}$$

4. *Schritt*: Die Vektoren $\boldsymbol{v}_i$ berechnen sich mit den Polen des offenen Kreises zu

$$\boldsymbol{v}_1 = \lim_{p \to 0} (p - 0)(p\boldsymbol{I} - \boldsymbol{A})^{-1}\boldsymbol{b} = \begin{bmatrix} 0 \\ 0 \\ 200 \end{bmatrix},$$

$$\boldsymbol{v}_2 = \lim_{p \to -80} (p + 80)(p\boldsymbol{I} - \boldsymbol{A})^{-1}\boldsymbol{b} = \begin{bmatrix} 0 \\ 95{,}24 \\ -238{,}1 \end{bmatrix},$$

$$\boldsymbol{v}_3 = \lim_{p \to -500} (p + 500)(p\boldsymbol{I} - \boldsymbol{A})^{-1}\boldsymbol{b} = \begin{bmatrix} 500 \\ -95{,}24 \\ 38{,}1 \end{bmatrix}.$$

Mit (5.82) erhält man die Konstanten w_i

$$w_1 = \lim_{p \to 0} (p - 0)\left[1 - 15{,}625\, T(p)^{-1} G_s(p)\right] = -3125\,,$$

$$w_2 = \lim_{p \to -80} (p + 80)\left[1 - 15{,}625\, T(p)^{-1} G_s(p)\right] = 2705\,,$$

$$w_3 = \lim_{p \to -500} (p + 500)\left[1 - 15{,}625\, T(p)^{-1} G_s(p)\right] = 0\,.$$

5. *Schritt*: Die Koeffizienten f_i der Zustandsrückführung für die gewählten Zustandsvariablen müssen nun Gleichung (5.83) erfüllen:

$$[\,f_1\,,\, f_2\,,\, f_3\,] \begin{bmatrix} 0 & 0 & 500 \\ 0 & 95{,}24 & -95{,}24 \\ 200 & -238{,}1 & 38{,}1 \end{bmatrix} = [\,-3125\,;\; 2705\,;\; 0\,]\,.$$

Löst man dieses auf, erhält man

$$f_1 = -0{,}84\,; \quad f_2 = -10{,}66\,; \quad f_3 = -15{,}625\,;$$

damit ist das Regelgesetz vollständig bestimmt.

Literaturverzeichnis

1 Ackermann, J.: Der Entwurf linearer Regelungssysteme im Zustandsraum. - *Regelungstechnik* 20, S. 297-300, 1972.

2 Arnold, L.: Stochastische Differentialgleichungen. - R. Oldenbourg-Verlag, München 1973.

3 Brammer, K. und G. Siffling: Kalman - Bucy - Filter. - R. Oldenbourg-Verlag, München 1975.

4 Cremer, M.: Festlegen der Pole und Nullstellen bei der Synthese linearer entkoppelter Mehrgrößen-Regelkreise. - *Regelungstechnik und Prozeßdatenverarbeitung* 21, Heft 5 und 6, 1976.

5 Doetsch, G.: Einführung in Theorie und Anwendung der Laplace-Transformation. - 3. Auflage, Birkhäuser-Verlag, Basel 1976.

6 Föllinger, O.: Laplace- und Fourier-Transformation. - 4. Auflage, Hüthig-Verlag, Heidelberg 1986.

7 Föllinger, O.: Über die Anfangsbedingungen bei linearen Übertragungsgliedern. - *Regelungstechnik* 9, S. 149-153, 1961.

8 Föllinger, O.: Regelungstechnik - Einführung in die Methoden und ihre Anwendung. - A. Hüthig-Verlag, Heidelberg 1984.

9 Föllinger, O.: Nichtlineare Regelungen. Band III. - R. Oldenbourg-Verlag, München 1969.

10 Hartmann, I.: Lineare Systeme - Grundlagen der Systemdynamik und Regelungstechnik. - Springer-Verlag, Berlin - Heidelberg - New York 1976.

11 Hsu, J.C. und A.U. Meyer: Modern Control Principles and Applications. - Mc Graw Hill Book Comp., New York 1968.

12 Jantscher, L.: Distributionen. - Walter de Gruyter - Verlag, Berlin 1971.

13 Kalman, R.E.: Mathematical Description of Linear Dynamical Systems. - *SIAM J. Control*, S. 152 - 192, 1963.

14 Kiendl, H.: Zur Behandlung von stückweise differenzierbaren Eingangsfunktionen von zeitinvarianten, linearen Differentialgleichungen n - ter Ordnung. - *Archiv für Elektrotechnik* 60, S. 259 - 266, 1978.

15 Landgraf, C. und G. Schneider: Elemente der Regelungstechnik - Springer-Verlag, Berlin - Heidelberg - New York, 1976.

16 Lauber, R.: Prozeßautomatisierung I. - Springer - Verlag, Berlin - Heidelberg - New York 1976.

17 Leonhard, W.: Einführung in die Regelungstechnik. - Vieweg - Verlag, Braunschweig 1981.

18 Ludyk, G.: Theoretische Regelungstechnik 1,2. - Springer - Verlag, Berlin Heidelberg - New York, 1995

19 Luenberger, D.G.: An Introduction to Observers. - *IEEE Trans. on Automatic Control* 16, S. 596 - 602, 1971.

20 Oppelt, W.: Kleines Handbuch technischer Regelvorgänge. - 5. Auflage, Verlag Chemie, Weinberg 1972.

21 Schmidt, G.: Grundlagen der Regelungstechnik. - Springer - Verlag, Berlin Heidelberg - New York 1982.

22 Schultz, D.G. und J.L. Melsa: State Functions and Linear Control Systems. - Mc Graw Hill Book Comp., New York 1967.

23 Thoma, M.: Theorie linearer Regelsysteme. - Vieweg - Verlag, Braunschweig 1973.

24 Unbehauen, H.: Regelungstechnik I, II, III. - Vieweg - Verlag, Braunschweig 1983 und 1985.

25 Weber, W.: Ein systematisches Verfahren zum Entwurf linearer und adaptiver Regelungssysteme. - *ETZ A* 88, S. 138 - 144, 1967.

26 Wonham, W.M.: On Pole Assignment in Multiinput Controllable Systems. - *IEEE Trans. on Automatic Control* 12, S. 660 - 665, 1967.

Sachverzeichnis